广告学
概论

薛　菁◎编著

中国建筑工业出版社

图书在版编目（CIP）数据

广告学概论/薛菁编著. —北京：中国建筑工业
出版社，2018.4
高等院校广告专业规划教材
ISBN 978-7-112-22010-6

Ⅰ.①广… Ⅱ.①薛… Ⅲ.①广告学—高等学
校—教材 Ⅳ.①F713.80

中国版本图书馆CIP数据核字(2018)第058410号

对广告主来说，广告是和公关、直销、人员推销等传播道具联合使用的沟通方式，对广告代理商、制作者和媒体来说，广告是他们获得经济利益的手段，而对消费者来说，广告则是他们认识、了解和熟悉商品或服务的途径。作为入门级教材，《广告学概论》意在为广告系同学或有学习需求的社会从业人员搭建一个了解广告运作原理，熟悉广告运作实践的平台，在梳理和概述相关知识的前提下，通过丰富的案例，启发和培养大家自我学习、自我研究的能力，以便在面对不断变化的营销环境时，能够条理清晰、目标明确地进行分析，并创造性地提出正确的解决方案，本书适用于广告学专业师生、广告从业者及广告爱好者。

丛书主编：高 彬 薛 菁
编 委：（按姓氏笔画排序）
于向荣 毛士儒 王喜艳 甘维轶 朱象清 李 静
李晨宇 李东禧 吴 佳 张 雯 庞 博 胡春瀛
钟 怡 郭 晶 唐 颖 窦仁安

责任编辑：吴 佳 朱象清 毛士儒 李东禧
责任校对：李美娜

高等院校广告专业规划教材

广告学概论

薛 菁 编著

*

中国建筑工业出版社出版、发行（北京海淀三里河路9号）
各地新华书店、建筑书店经销
北京锋尚制版有限公司制版
北京建筑工业印刷厂印刷

*

开本：787×1092毫米 1/16 印张：15¾ 字数：378千字
2018年7月第一版 2018年7月第一次印刷
定价：49.00元
ISBN 978 – 7 – 112 –22010 – 6
（31833）

自20世纪70年代末到90年代初，国际广告公司的成员们纷纷进入华人世界，从中国台湾、中国香港一直来到内地。至1998年，几乎所有的著名跨国公司都在中国设有了合资公司。与此同时，广告学科的建制也逐渐步入正轨，形成以新闻传播和市场营销为核心的专业体系，并源源不断地为广告、公关、营销、品牌、媒介等部门培养新生力量。

近三十年来，社会需求、竞争压力及以互联网和移动互联网为代表的技术革新导致了媒体形态的巨大改变，而它们所产生的合力在为整个广告行业带来机遇的同时，也带来了巨大的挑战。事实上，技术的进步促成了营销传播策略的丰富，却也在客观上带来了市场环境的嘈杂和传播效果的日渐式微，这使包括广告在内的从业人员在策划、创意及表现等各方面都面临日益增加的难度。

在这样的营销传播生态环境下，天津工业大学和北京工业大学的诸位老师联手编写了这套高等院校广告专业规划教材，正是希望从理论和实践两个方面为这个极速更新的时代提供更为及时的补充。这套教材由《广告学概论》、《广告策划》、《广告创意》、《广告媒介》、《平面广告设计》、《影视广告创意与制作》和《互联网广告设计与制作》七本教材构成。其中，《广告学概论》通过对广告学框架的搭建以实现对相关知识的梳理；《广告策划》、《广告创意》和《广告媒介》既是广告活动的三大基本环节，也对应着专业广告公司的三大职能部门，故对它们的详尽描述将构成广告学知识的重要内容；除此之外，《平面广告设计》、《影视广告创意与制作》和《互联网广告设计与制作》将针对不同的媒介类型，就广告技术和实际操作加以关注，从而介绍和推演最新的流行趋势。

广告学是一个开放的系统，不仅枝蔓繁杂，也堪称速生速朽，而这套丛书正是在大量参考、分析和研究前人经典教材的基础上，吸收和总结了诞生于当代的崭新内容，可以说，理论和固定范本依然保留，更多的努力却体现在与时俱进，尤其是实务操作与市场形势的密切结合上。

在波谲云诡的市场环境下，面对一日千里的互联网时代，尽可能地满足教学和实践的双重需要，在为在校学生提供专业指导的同时，也为有学习需要的从业人员提供理论更新，就这个角度而言，丛书的各位作者可谓殚精竭虑，用心良苦，而对于一个入行三十余年，在中国内地工作二十余年，曾经和正在亲历这些变化的广告人来说，我也将守望相助，乐见其成。

灵智精实广告公司首席创意官

2018年1月

前 言
Foreword

在科学派看来，广告是一门可以量化的技术，在艺术派眼中，广告必须具备情感和洞察，而在法兰克福学派的思考里，广告是大众文化的符号，是来自社会又改变社会的怪诞之物。广告自诞生之日起，似乎就具有多重身份，它是营销工具，也是流行文化，是规定动作，也是灵感表达。尽管大多数人都对广告作为专业不以为然，但几乎每个人的购物标准，生活态度，乃至思考方式都在不知不觉中受到它的影响，因它而发生着潜移默化的改变。

只要对广告稍加了解就不难获知，广告的本意是帮助企业在或近或远的未来达成销售，但如同现代社会的其他事物一样，好的广告除艰苦劳动和周密策划外，还将成为时代的烙印，正如加拿大原创媒介理论家马歇尔·麦克卢汉（Marshall Mcluhan）所说的那样：历史学家和考古学家最终会发现，我们这个时代的广告才是丰富多彩的日常生活最真实的再现，而这是社会中的一切其他活动所不能体现的。

作为服务市场营销的促销或传播手段，广告学的基础理论包括品牌学、市场营销学和传播学、心理学等，而伴随现代品牌和媒体的迅速发展，又使广告和各类学科间发生了千丝万缕的联系。就实践而言，广告行业是由发起广告活动的主体，即广告主和为之服务的广告公司，投放广告信息的媒体公司，以及接受信息的目标受众组成的，但这仅仅是理论框架，现实的广告世界是一个庞大而复杂的综合体，充满了分支领域和环境变数。

《广告学概论》是一门用于开启广告系学生专业认知的入门级课程，它将通过对广告运作理论的阐释，以及丰富多彩的案例，为同学架构起清晰的脉络，与此同时，它还将与相关课程紧密结合，深入浅出地介绍和梳理有关广告学的各种知识，以便他们在日后的学习中既能拥有坚实的理论基础，又能尽快找到个人的兴趣点，并有利于未来职业的规划。本书尽可能详尽地介绍了广告的"经典时代"，同时，也将尽可能及时地分析和说明正在进行中的世界的动向。此外，虽然作为教科书，它有其基本的功能和作用，我们却希望它同时能够成为一本普及读物，让每个对广告感兴趣的读者都能开卷有益。

本教材共分15章，其中，前2章是对广告及广告学的基本论述，包括"广告与广告学"、"广告发展史"；第3~5章则介绍了与广告关系密切的基本理论，包括"品牌学""市场营销学"和"传播学与消费者研究"；第6章是关于广告运作的实体准备，即"广告行业的构成"；第7~11章是关于广告运作各部分的阐释，具体内容分别为"营销策略及广告的工作流程"、"广告目标与广告预算"、"广告创意的思考模式"、"广告的媒体策略"和"广告评估"；第12～13章是对广告创意的具体陈述，也是理论与实践的结合，具体内容为"文案与美术"及"各类媒体的广告表现"；而之后的2章"整合营销传播"和"与广告相关的社会伦理及法律法规"则介绍了广告与其他传播道具及与营销本身的关系，并将广告置于广阔的社会文化环境下进行了更为宏观的探讨。

本教材的每一章都安排了富有启发性的经典案例，并在章节最后安排了课堂练习和思考题，这样设计的目的既可丰富课堂内容，也可启发课下的继续学习，并促使同学们养成随时观察、随时提问，随时探索的求知习惯，以提升同学们的综合素质及未来的就业竞争力。

目　录
Contents

第1章

广告与广告学

1.1 广告的基本概念

1.2 广告学

■ 案例：人民之车

20世纪30年代，阿道夫·希特勒（Adolf Hitler）希望生产一款可以广泛使用的"人民之车"，他对这款车的要求是：承载两个成人和三个儿童、最高时速100公里/小时、售价不超过1000马克。最初的三款"福斯"车于1936年10月问世，并在1938年参加了柏林汽车博览会。然而，在接下来的二战期间，"人民之车"却被大量用于战事，直到战后才得以名副其实。20世纪50年代，世界经济开始复苏，人民萌生了对汽车的需求，只是购买力依然有限，于是，大众公司（VW）生产的福斯车因经济耐用而畅销欧洲。在优良品质得到市场充分认可后，大众公司做出了进军美国的决定。

战后的美国经济欣欣向荣，但自信满满的美国人却偏爱福特（Ford）、通用（GM）公司制造的又大又长的豪华轿车，与那些大家伙相比，福斯车显然处于劣势，以至于进入美国市场10年后仍未打开局面。为突破困境，大众公司最终于1959年邀请美国DDB广告公司为其进行广告策划，而接受挑战的则是广告大师比尔.伯恩巴克（Bill Bernbach）。

伯恩巴克临危受命后做出的第一个行动就是选派创意及业务人员同他一起前往德国的大众工厂进行考察，他要求创意人员亲自去看、去听、去了解，而不是人云亦云或闭门造车。在实地考察的三周时间里，伯恩巴克和他的团队看到了他们若非亲临现场，很难想象的真实状况：他们看到了福斯车选材的精良耐用，看到了设计环节的严谨巧妙，看到了生产过程的简洁高效，也看到了投资巨大的检查系统和为避免错误而采取的令人难以置信的预防措施。他们因此了解到：福斯车的气冷发动使水箱从一开始就不会被冻坏；困扰底特律的高油耗问题在设计阶段就会被避免；而不管是整车，还是零件，一旦沾上美国人不以为然的那些瑕疵，在大众工厂都会被无情地淘汰……

诸多细节令他们眼界大开并且深感触动，考察结束后，伯恩巴克决定挑战人类贪得无厌的本性，以非常肯定的方式为福斯车打造一个全新定义。在他看来，这款车绝不像外人所认为的那样——没有电镀，没有流线型，没有无级变速，马力小、操作简单，低档，形状古怪，其貌不扬。恰恰相反，它诚实、可靠、明智，是一款简单实用、价格便宜、耗油低、精致而不虚浮的货真价实的小型车。

由于大众公司财力有限，所以，当其他公司在用明艳色彩、漂亮模特和广角镜头尽情夸耀轿车的外表时，伯恩巴克只能用可怜的资金为其宣传，但结果却显示出了其足以与美国豪车相抗衡的与众不同的魅力，甚至它那些饱受嘲笑的缺点也变得闪闪发光。事实上，从1960年DDB公司为福斯车制作的第一则广告开始，一切就发生了逆转（图1-1）。

Think small.

图1-1　福斯车广告："想想小的好处"

首先，这是一张极为朴素的报纸广告，画面的大部分都呈现为空白，只在画面左上方呆头呆脑地停了一辆很小的福斯车，没有美女陪伴，没有别墅陪衬，空白下方则是标题和内文。然而，就是这个简洁的版式，突破了几乎所有汽车广告惯用的大幅车体照片的常规手法，新颖的视觉表现以极强的暗示性让观者为之一振。

与独特的版式相比，它的文案表达更为别具一格。当所有豪车都在使用"让你享受脚踏油门的快感及收不住的笑容"之类的华丽辞藻时，福斯车的文案却冷峭犀利，鲜明而另类。从标题开始，它就以调侃的口吻对自己进行了深刻的剖析。"想想小的好处。"是啊，我就是那款又小又丑又古怪的欧洲车，那又怎么样呢？在接下来的正文里，福斯车继续正话反说，以退为进地阐释了作为小型车的种种不同："我们的小车并不标新立异。许多从学院出来的家伙并不屑屈身于它；加油站的小伙也不会问它的油箱在哪里；没有人注意它，甚至没人看它一眼。其实，驾驶过它的人并不这样认为。因为它耗油低，不需防冻剂，能够用一套轮胎跑完40000英里的路。这就是为什么你一旦用上我们的产品就对它爱不释手的原因。当你挤进一个狭小的停车场时，当你更换你那笔少量的保险金时，当你支付那一小笔修理账单时，或者当你用你的旧大众换得一辆新大众时,请想想小的好处。"

在"想想小的好处"赢来一片喝彩后，DDB公司依此策略推出了一系列自我反省式的精彩广告，比如"丑，仅是表象"、"我们的车鼻为何如此粗短上翻？"、"豪华的送葬车队"、"它使你的房子看起来更大"（图1-2）等，虽然切入点各不相同，内容角度也旨趣各异，但都使用了单纯的画面和醒目的标题，文案则继续以幽默、荒诞、出人意料的口吻，俏皮而又实在地引出了福斯车的种种过人之处。例如《柠檬篇》（图1-3）的标题呈现为与轿车信息

图1-2　福斯车广告："它使你的房子看起来更大"

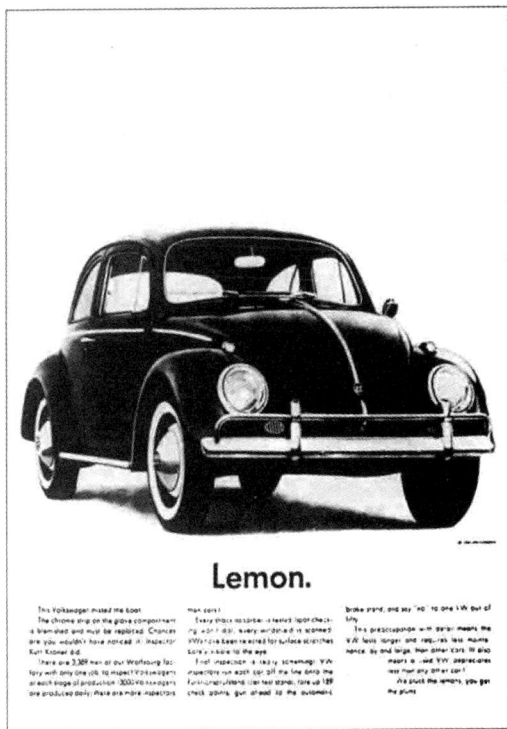

图1-3　福斯车广告："柠檬"

毫无关系的单词"柠檬"，乍看之下令人困惑不已，而读完内文却会拍案叫绝。原来"柠檬（Limon）"在英文里是双关语，除形容一款水果外，还有"次品"的意思，一辆看来完好无损的福斯车，只因车门处有一道肉眼难见的刮痕就被质管员无情地评为次品。这样残酷的故事，只会发生在大众公司。

1973年爆发了世界性的石油危机。在此之前，人们普遍认为汽车很大程度上是身份、财富及地位的象征，而制造商也不厌其烦地炫耀其更大、更长、更流线、更豪华的设计，但随着原油价格的增长及工薪阶层的扩大，一种更为朴实的生活方式成为大多数人追求的目标，而福斯车的简朴平实，恰好吻合了新时代的新要求。

DDB公司通过一系列有效的宣传使福斯车打开了近乎饱和的美国市场，也使大众公司成为欧洲第一、世界第四的汽车公司。而伯恩巴克针对福斯车的广告策略不仅使这款另类小车获得畅销，也深远地改变了广告的历史，因为，它在某种程度上赋予了人们一种全新的审美趣味，以至于若干年后，《广告时代》（Advertising Age）如是评价到，"福斯车广告在广告史上是独一无二的，它的口吻、风格、智慧和不同寻常之处，这么多年来一直被模仿、抄袭、复制和改造，但从没有哪个广告能像它那样赢得如此多的关注与尊重。"

福斯车于1967年更名为"甲壳虫"，后者因更加形象而家喻户晓，甲壳虫在20世纪80年代初在欧洲停产，只在拉丁美洲的少数国家继续生产。1998年，在原版甲壳虫下线多年后，大众公司又推出了外形与其非常相似的"新甲壳虫"，彼时正值世纪之末，欧美民众因对乐观上进的20世纪60年代充满依恋而掀起怀旧之风，新版甲壳虫广告也在内容和形式上迎合了这种风潮，新版广告虽然没有了伯恩巴克时代的大段内文，颜色也变得更加鲜艳明媚，但简洁明快，大量留白的特色依然是30年前的经典

味道，所以，一经推出，就获得了普遍好评，并荣获了当年的戛纳大奖。

福斯车代表了人类进入工业化社会后创造的某种商业神话，也代表了作为重要传播工具的广告与其赖以存在的社会条件间的密切关系，而我们将从福斯车的故事开始，逐渐展开对广告、广告学以及相关理论和实践的认知。

通过本章的学习，我们应掌握以下内容：

（1）广告诞生的前提条件；

（2）广告的定义及运作框架；

（3）现代广告的分类、特征及作用；

（4）广告学的诞生及中国广告学的发展史；

（5）广告学与其他学科及社会文化的关系。

虽然人们每天都会接触大量广告，但大多数人对广告的认识都是浅显或有偏差的，作为一个涉及领域非常广，从业人员非常多，层次结构非常复杂的行业，即便是专业人士也很难对其进行全面、准确的阐释，更何况人们正身处一个不断更新、迅速瓦解的剧变时代。因此，对我们来说，对广告和广告学的描述既将构成某种知识，又将成为某种持续的过程。

1.1 广告的基本概念

广告主的广泛化，科学技术的飞速发展，以及营销观念的不断演变，导致了广告定义及其内涵和外延的不断变化，而在面对无限可能的未来之前，我们很有必要先来探讨一下广告的诞生，以及目前对它的定义和对其运作框架的认识。

1.1.1 广告诞生的前提

现代意义上的广告诞生不过百年，一些先决条件促成了它的诞生，其中包括：商品经济的兴起，生产商对渠道控制权的追求，

以及大众媒体的诞生与繁荣等。

1.1.1.1 商品经济的兴起

广告的诞生可以追溯到工业革命时期。工业革命是以机器取代人力，以大规模的工厂化生产取代手工生产的技术革命。工业革命促进了商品的批量生产和快速增长，商品的批量生产又要求需求市场的不断扩大，而广告，作为刺激需求市场的得力工具之一，将保证优胜者在竞争中获胜，从而更快地回收资金，继续扩大再生产。因此我们可以解释为何在供不应求的计划经济时代人们不知广告为何物，而在供大于求的商品经济时代，广告可以不断激发人类潜在欲望、不断创造新需求的原因。此外，工业革命造成了人口的快速增长和城市化进程的加速，这些也是广告被广泛使用的前提。

1.1.1.2 生产商对渠道控制权的追求

生产商对渠道控制权的追求也会导致广告的产生。只有当生产商成功地引起市场对某个品牌的大量需求时，这种商品才能在分销渠道中获得控制权，因为在这种情况下，它不仅可以迫使分销渠道的参与者购进这个品牌，还可以提高价格。而在生产商追求主动权的过程中，品牌战略应运而生。所谓品牌战略，就是生产商为某个产品或服务制定出名称，赋予这个名称以各种内在含义和外在形式，并通过对这些含义和信息的传达，引发消费者注意，从而产生兴趣、寻求了解，乃至尝试、购买，甚至重复购买的过程。在生产商追求渠道主动权的"拉式营销"中，最擅长吸引消费者注意力的手段——现代广告开始被普遍应用。

1.1.1.3 大众媒体的诞生与繁荣

大众媒体的诞生和繁荣是广告产生的客观条件。对广告主来说，将产品信息一对一地告诉消费者，例如人员推销，其成本是高昂的，而由于规模效应的作用，大众媒体将产生广泛的接触率和强大的影响力，将使购买注意力的成本远低于广告主自己发掘注意力的成本，所以，通过大众媒体，广告信息才能大规模地进入受众的关注范围；而另一方面，在现代经营理念的作用下，报社、杂志社、电视台等机构产生文章和节目的目标不仅是为大众提供信息或娱乐，更要为这些媒体组织本身争取合理的利润，而这些利润的主要来源就是广告，这是"二次销售"理论，该理论将交易的对象进行了统一，即受众的注意力，所以说，大众媒体促成了广告的兴盛，而广告反过来又促进了大众媒体的繁荣。

1.1.2 广告的定义及构成要素

专业的"广告"一词来源于英文"Advertising"，而英文"Advertising"又来源于拉丁文"Advertere"，原意是"注意"或"诱导"。

1.1.2.1 广告的定义

1890年前，西方社会对广告较为公认的定义是：有关商品或服务的新闻，其英文原文为"News about Product or Service"，这一时期，广告被视为一种起到告知作用，与新闻报道相类似的传播手段。

19世纪末20世纪初，"美国现代广告之父"阿尔伯特·拉斯克尔（Albert Lasker）对广告的看法开始流行，他将广告视为"一种纸上的推销术"（Salesmanship In Print），在数字媒体，甚至电波媒体尚未出现的年代，这一定义虽然体现了早期以生产为中心的观念，但"推销术"一词却相当敏锐地把握了广告万变不离其宗的商业本质。

此后，随着行业发展和社会变化，对广告的定义也不断增多，其中较有代表性或历史意义的定义有以下几类：

1932年，美国专业杂志《广告时代》公开向社会征求"广告"的定义。最后，得票最多的入选定义为"广告是由广告主支付费用，通过印刷、书写、口述或图画等，公开表现有关个人、商品、劳务或运动等讯息，用以达到影响，并促成销售、使用、投票或赞同的目的。"

1948年，美国营销协会的"定义委员会"（The Committee on Definitions of the American Marketing Association）为广告下了一个定义，后在此基础上做过几次修正，其表述如下："广告是由可确定的广告主，对其观念、商品或服务所作的任何方式的付款的非人员性的陈述与推广。"迄今为止，这个定义已被大多数国家的广告从业人员所接受。

我国最早对广告进行定义的是著名报学史家戈公振，他在1926年研究中国报学史的过程中，首次提出了对广告的看法："广告为商业发展之史乘，亦即文化进步之纪录。人类生活，因科学之发明日趋于繁密美满，而广告即有促进人生与指导人生之功能。故广告不仅为工商界推销出品之一种手段，实负有宣传文化与教育群众之使命也。"

此外，广告也因其社会性质而被各国政府通过法律方式进行了界定。例如，《中华人民共和国广告法（2015年）》中对广告的定义是："在中华人民共和国境内，商品经营者或者服务提供者通过一定媒介和形式直接或者间接地介绍自己所推销的商品或者服务的商业广告活动。"

1.1.2.2　广告的构成要素

通过对各种定义的总结，我们可以归纳出广告的基本要素，它们分别是：制作和传播信息的广告主以及作为其代理商的广告公司，负责传播的媒体和接受信息的广告受众。

其中，实施广告行为的主体，即付费的对整个广告活动行使主权的一方，便是广告主。最初的广告是由广告主自行发布的，渐渐地，广告主，即商品或服务的拥有者，开始专注于商品或服务的研发和改进，并将宣传工作交由代理公司，即广告公司来负责。所以，广告公司往往是广告的实际策划者和执行者，他们为广告主制作广告信息，选择发布信息的渠道。

而承载广告信息的渠道就是广告媒体。媒体是一个内涵极为丰富的词汇，它既可指代信息传递的载体，如报纸、电视等，也可指代拥有和经营这些传播载体的社会单位或机构，当然，后者应该被更清晰地称为"媒体组织"。当媒体承载的信息为广告信息时，它们就将成为广告媒体。

此外，信息的接受者就是广告受众，广告受众被广告主设定为希望其接受广告信息的群体，他们可能是消费者，也可能是潜在消费者。这是一个庞大的，分布极广的群体，他们身份不同、想法各异，具体做法千差万别，而广告传播的最终目标就是抓住他们的注意力，并用信息打动他们。

作为商业传播手段，广告是在极为广阔的社会环境中为受众提供商品信息的，与此同时，现代广告也像镜子一样，反映着社会生活的变迁及思维方式的差异。所以说，以上的论述不过是一个基本框架，在现实生活中，每个环节都会存在大量的变数和可能性。

1.1.3　现代广告的分类及特征

随着整个商业世界的多元化演变，曾经的规律正在变得模糊，曾经的常识正在受到质疑，但是，基于经验和历史的分类方式和主要特征，依然能够为我们的讨论提供理论基础。

1.1.3.1　现代广告的分类

按照最终目的，我们可将广告分为商业广告和非商业广告。我们日常接触到的大多是商业广告，如介绍某款特定产品，介绍某种新增服务等；但也有一些广告并非源于商业目的，却使用了类似商业广告的传播手段，例如观念广告和公益广告。其中，观念广告旨在教育受众，向他们传达某种特定的想法、方针或社会理念；公益广告则是指那些旨在为公众谋利益、提高社会福利或宣扬人类使命的广告，我国将有关社会服务和公众服务的广告统称为"公益广告"。

按照诉求方式，我们可将广告分为理性诉求广告和感性诉求广告。所谓理性诉求广告，是指采用具有说服性的事实作为广告内容，展示或介绍相关产品或服务，有理有据地论证该产品或服务带给消费者好处的广告；而感性诉求广告，则是指借助情绪渲染，激发人们对某种特定情感的向往，并移情于广告中商品或服务的广告。

除此之外，我们还可按照广告媒体的使用，将广告分为印刷媒体广告、电波媒体广告和数字媒体广告；按照媒体信息的传播区域，将广告分为国际性广告、全国性广告和地区性广告；按照行业种类，将广告分为药品广告、化妆品广告、食品广告、金融证券广告、服务娱乐广告等。

广告的最终呈现是由各种因素决定的，具体到某支广告，首先应该来自一个明确的营销决策，而将广告分类，尤其是通过终端形态进行分类的方式只不过是为了陈述和研究的方便。

1.1.3.2　现代广告的主要特征

现代广告自诞生之日起，就经历了无数次变迁，但无论是受到新技术的挑战，还是时代风尚的激励，一些基本特征却是始终不变的。

首先，广告是一种有偿的付费活动，也就是说，广告一定有明确的广告主，是由这个广告主出资进行的一系列活动，这是广告与新闻等信息传播活动的不同之处。广告是花钱购买的宣传，一些大公司，如苹果和微软的信息总能占据各大媒体的醒目版位，它们的新产品发布也会在第一时间刷屏。但是，如果苹果或微软公司没有购买过这些媒体的版面或播出时间，那它们就是新闻，如果花钱对这些版面或时间进行过购买，那它们就是广告了。

此外，广告的特征之一是它的目的性。几乎所有的广告都会包含"企图劝说"的功能，因为广告的本质就是为了实现传播目标而进行的带有较强自我展现特征的说服性活动，其目的是改变或强化受众的观念和行为，其中，商业广告企图劝说人们关注或购买某种商品或服务，非商业广告则企图劝说并改变人们的态度和行为。

广告的另一个突出特征是它的传播途径——广告是经由大众媒体进行传播的。作为一种非个人的传播行为，广告通过科学策划和艺术创造，将信息符号高度形象化后，再借助某种媒体向特定的目标人群进行传达，这就决定了广告是一种公开而非秘密的信息传播形式。而"非人员"的界定也是广告与人员销售等人员传播的不同之处，虽然在现实中，人们往往会误以为后者也隶属于广告的范畴。当然，伴随着数字媒体的崛起，互联网完全可以实现一对一的点式传播，所以"非人员"这个概念也势必会发生一些微妙的变化。

1.1.4　现代广告的作用

一般而言，广告是一种纯粹的商业手段，是受它希望达成的商业目的驱动的，但由于广告覆盖领域的广泛，以及与社会、文化和个人因素间的深刻互动，使其产生的影响和意义并不局限于文本自身，而会因受众在前理解基础上的多元化解读而扩大为一种社会文化载体。所以，我们在此将广告的作用分为对行业自身和对宏观社会两方面来解读。

1.1.4.1　针对行业自身

对广告主而言，广告是市场营销的重要环节，是在营销组合基础上产生的价值主张的具体反映，它的主要作用包括：实现有效的市场细分和定位，设计营销传播组合以及增强消费者的满足感等。

广告有利于实现有效的市场细分和定位。广告主如果想使广告发挥功效，就必须使广告与企业的总体营销策略高度契合，而后者是建立在市场细分，产品差别化以及精准定位的基础上的。市场为消费者提供了成千上万的商品，但消费者只能选择其中的几种，如何进行有效的市场细分和定位正是关键所在。作为传达定位价值的重要手段之一，企业需要利用广告有选择、有意识地将市场定位后的信息通过适当的媒体传递到消费者心中，消费者也需要通过广告找到自己喜爱的外观、功能、口味或某种感觉。

此外，广告被视为营销传播组合的有效工具。营销组合是指营销管理中的四个要素，即4P：产品（Product）、价格（Price）、分销渠道（Place）和销售促进（Promotion），或由4P发展而来的4C：消费者需求（Customer）、成本（Cost）、便利性（Convenience）和传播沟通（Communication）。广告属于其中的销售促进（Promotion）或传播沟通（Communication）环节，在现代营销理念的支持下，广告将作为传播道具中的重要组成部分，而和公共关系、销售推广、直接营销等密切合作，共同完成整合营销传播的任务。

除此之外，广告还将有助于增强消费者的满足感。当代消费者的价值观已不再局限于物质需求，他们认为自己的购物行为应达到某种社会标准，而广告则在产品不变的前提下，为消费者的消费经历提供了附加值，这些附加值使消费者能够获得除品牌使用价值之外的超额的满足感，也就是说，广告可以帮助某个品牌将它的形象、价值与更广阔的社会背景及文化背景联系起来，进而向消费者传递出某种惺惺相惜的感觉。《创造需求的人》（the want maker）一书中曾引用前英国啤酒联盟集团主管麦克·戴斯提尼（Mike Destiny）的话"大部分啤酒不论在口感、颜色及酒精含量上都几近相同，尤其在连喝过二瓶到三瓶后，就连专家也分不出其间的差异。所以，严格来说，在现代社会，我们消费的经常是广告，而不是商品本身。"

1.1.4.2 针对社会

除对行业的影响外，广告还有更为广泛的社会作用，其中既包括与宏观经济的联系，也包括建立在经济基础之上的社会文化。

首先，在一个商业社会里，广告将对GDP（gross domestic product，国内生产总值）产生影响。有人断言，作为刺激消费而采取的主动性行为，广告会激励竞争，从而促使企业生产更好的产品，开发更好的生产方式，发展更具竞争力的优势，最终使整个经济体受益。

其次，广告将对商品的价格产生影响。不同产品，不同市场条件，对广告费数额的要求也会不同，通常情况下，企业支付的广告费将占其销售额的1%~15%。但不管怎样，广告费会计入产品成本，在此情况下，有人认为这部分费用会转嫁到消费者头上，进而增加消费者的负担；也有人认为，规模经济会降低商品的价格，当市场大量需要某产品时，产品产量就会上升，从而分摊固定成本（例如租金和设备成本），最终导致单位生产成本的下降。

作为一种社会符号，广告与社会文化间的联系也非常紧密，广告虽不能直接生产人类的欲望，却能激发和传递欲望。在消费文化的语境中，商品不再是满足基本需求的消费，而转变为满足欲望的消费，因为商品本身已成为象征意义和价值符号。而且，这些变化不定的符号象征体系具有一种激发人类欲望的强大能力，成为人们"自我表达"和"身份认同"的重要手段，正如后现代主义大师让·鲍德里亚（Jean Baudrillard）所言："在符号消费的世界里，消费的前提是物必须成为符号，符号体现了物品中的人际关系及差异性。"而我们所谈论的广告，正是赋予或阐释这些符号的最佳方式，它们将帮助商业主体建立象征性价值和社会性价值，从而影响消费者对价值的判断和感觉。

此外，广告对于整个人类社会的影响也是巨大的。前可口可乐营销与广告总监彼德·希利（Peter Sealey）曾言，广告对柏林墙的拆除具有重要贡献，他说："在短短30秒的广告片里，孩子们喝着可口可乐，吃着麦当劳汉堡，戴着索尼随身听，穿着耐克球鞋，这些画面把梦想带给成人和儿童，其力量足以改变整个世界。"因为"广告里显示的不只是品牌，它传达出的欢乐、喜悦与生命的活力是如此打动人心。"事实上，在那个年代，的确有很多人认为自由竞争是自由社会的前提，而广告正是促成市场自由竞争的重要润滑剂。

1.2 广告学

现代学科建立的基础是学科分类，即针对共同的对象和领域（客体），由不同研究者（主体）所形成的不同"知识"。学科制度的建立带有注重科学精神和逻辑思维，凭借事实判断的特征，所以广告学的建立，也是将实践性知识进行规范化和体系化的结果。

1.2.1 广告学的诞生

广告学的发展与西方社会的发展，特别是西方的大学专业设置紧密相连。早在1902～1905年，美国的宾夕法尼亚大学（University of Pennsylvania）、加利福尼亚大学（University of California）、密西根大学（University of Michigan）和西北大学（Northwestern University）等大学就开始讲授

广告学方面的课程，这是广告学对广告实践经验进行总结的开端。此时，学者们自觉加强了对广告现象和广告理论的研究，并通过学术成果进一步建立了广告学知识谱系的基本逻辑构架。

我们一般将1895年美国心理学家哈洛·盖尔（Harlow Gale）通过设计问卷探索消费者行为和消费者心理的事实作为广告研究的开端，他在《广告心理学》中首先引入了心理学内容，将其作为广告学说的重要组成部分，这也成为广告学体系初步形成的标志。1903年，美国西北大学校长、心理学家瓦尔特·狄尔·斯柯特（Walter Dill Scott）出版了《广告理论》，1908年他又完成《广告心理学》一书，全面论述了广告学和心理学之间的关系，进一步确立了心理学在广告学体系中的地位。现代心理学理论及其实证研究的方法对早期广告学的建立产生了重要影响，可以说，心理学为广告学奠定了理论基础，很大程度上，正是由于它的介入，使广告学在知识谱系上更注重对消费者消费心理和行为的研究，并形成企图劝服的知识逻辑构架，而心理学理论的每一次发展和突破，也会推进广告学理论研究的不断深入。

另一方面，市场经济的发展，促使许多研究者致力于从市场营销的角度，解析广告的商业本质，强调其作为营销工具和手段的作用。1912年，哈佛大学（Harvard University）教授J.S.赫杰特奇（J. S. Hegertg）在对市场活动和广告活动进行研究后，编写了以讲授广告方法和推销方法为主的教科书，其中对广告理论做出了较为深入的探讨。1925年，美国广告大师克劳德·霍普金斯（Claude Hopkins）出版了《科学广告》（Scientific advertisement）一书，将广告学视为一门科学进行了全面论述。1926年，美国成立了"全美市场学与广告学教员协会"，对广告学展开了更加广泛的探讨，并推出

了一批关于广告学的教材和书籍。1938年，"国际广告协会"（International Advertising Association，简称IAA）在美国成立，这是一个旨在联合全球广告研究组织、机构和个人，以开展对广告综合性研究为目的的机构，它为广告研究的国际化架起了桥梁。

所以，人们一般认为，《科学广告》一书的出版，广告协会和广告行业组织的出现，是广告学作为独立学科被确认的标志。

1.2.2　中国的广告学

日本大约在明治五年（1872年）左右首次将英文单词"advertising"翻译为"广告"，而中国的"广告"一词正是来源于日本。

1.2.2.1　中国广告学的发展史

据考证，中文最先使用"广告"一词的是梁启超1899年在日本创办的《清议报》。梁启超深受西方社会政治学说和新闻理论的影响，认为办报是为了"去塞就通"，国情的"通"与"塞"关乎国家的强与弱，而"广告"则是"通"的具体表现。梁启超的"广告"理念很快影响了国内媒体。1901年，上海《申报》首次在国内报刊上使用了"广告"这一概念，刊登的内容则是《商务日报广告》。1907年，在清政府创办的《政治官报章程》中也认可了"广告"的存在。我国最早出版的广告学研究专著是《广告须知》，在其第十四章《稿本为广告之魂魄》中写道，广告"将有关发卖品之事实，布告于公众，并宣传其价目也。"1919年，徐宝璜出版了我国第一部新闻学专著《新闻学》，其中把《新闻纸之广告》列为专章探讨，也可以说是开设了将广告作为新闻学一部分来研究的先例。1927年，戈公振在《中国报学史》中提出了有关广告学的理论和观点，在他看来，广告除了具有推销商品的功能外，还具有宣传文化、指导人生和教育群众的功能。

就广告学科设置的层面而言，中国广告学设置的起源不是心理学或市场营销学，而是新闻传播学。从1920年开始，上海圣约翰大学、厦门大学、北京平民大学、北京国际大学、燕京大学、上海南方大学和广东国民大学等大学的报学系（科）、新闻系（科）就相继开设了广告课程，作为新闻学研究与教学的一个组成部分。1983年6月，我国第一个广告学专业在厦门大学新闻传播系创办，标志着我国广告学科的建制步入正轨。

原国家教委在20世纪90年代初对"文科专业目录"进行修订时，在新闻类别下增加了"广告学专业"。在2015年教育部公布的《普通高等学校本科专业目录》学科门类设置中，"文学"门类下设3个专业类，其中0503为"新闻传播学类"，而"广告学"隶属其下，专业代码为050303。

1.2.2.2　中国广告学专业分类

目前，从全国大学设置广告专业的情况来看，我国广告学专业设在新闻院系所占的比例最高，而且为国家教育主管机关所认同。根据现在教育部的学科分类，一级学科是新闻传播学，其下设置的二级学科为新闻学和传播学，广告学则是传播学下设的三级学科。当然，也有其他不同的专业设置方式，以下我们将对其进行简要介绍。

新闻传播院系。归属于新闻传播院系的广告专业侧重于传播策划，课程设置倾向于理论色彩较重的人文课程，而且，开设这种专业的学校比较重视对硕士或博士研究生的培养，更多关注宏观理论，对广告具体操作和执行能力的要求相对不高。

工商管理或市场营销。这类课程体系是将教学重点放在市场策划能力的培养上，课程设置主要为市场营销或工商管理类。以这种学科为背景的广告学专业比较注重市场的应用性，学生毕业后在广告公司就业的概率较大，也可从业于客户方，即广告活动中的甲方。

中文系。这类广告专业的设置往往是以中文系为基础，再与其他学科组合后开设而成的。在学科体系上，更侧重于对文案写作或创意能力的培养，课程设置更多为语言、文学类。这类教学模式的实质与新闻传播院系差别不大，不同之处在于前者更偏向语言文学，而后者更侧重新闻传播。

艺术院校。具有艺术背景的高校也多有开设广告学专业的先例。这种模式下的广告学设置往往更注重学生创意表现能力的培养，因归属院系多为艺术系统，故学生可在浓厚的艺术设计氛围中受到熏陶，对广告表现的感觉也相对敏锐，毕业后可从事广告创意等专业工作，但相对而言，对市场、品牌等商业知识的了解可能会稍显薄弱。

通过上述分类可以看出，广告学专业有着浓厚的交叉学科的特点，但不管是以新闻传播或中文为基础，还是以艺术设计或市场营销为基础，广告教学的培养重点都应该是让学生在了解全局的前提下，掌握某一领域的专门知识，以便在未来的职业生涯中获得竞争优势。

1.2.3 广告学与其他学科的关系

广告学是20世纪初才开始出现的一门综合性独立学科，作为独立学科，它已形成了自己的知识体系和内容架构，而综合性则体现在它所依赖的一些宏观或微观类课程上。首先，通过对广告发展脉络的梳理，我们可以了解到，它与传播、营销、心理、品牌等学科的关系最为密切。其次，由于其内核小、外延大的专业特征，使与其产生联系的相关学科非常之多，例如，艺术学、文学、伦理学、法律学等。最后，由于可为任何领域的广告主服务，所以我们甚至可以说，广告学几乎和任何学科或专

业都可能发生联系。

1.2.3.1 广告学与品牌学

品牌学是研究品牌结构及其基本运作规律的科学，和广告一样，它也是一门由营销学、管理学、形象学等诸多学科交叉而成的综合性学科。所谓品牌是一种识别标志，一种精神象征，一种价值理念，它包含显性因素和隐形因素，其中显性因素是指品牌的名称、标志、标准字、口号等，隐性因素则是指品牌属性、品牌价值、品牌个性，品牌体验等。当品牌的吸引力内化为消费者的需求后，消费者不仅能够在充斥商品的市场上发现某个品牌，还会购买这一品牌，并形成品牌忠诚度，而广告正是为累计这种影响力而采取的必要手段，所以说，广告学和品牌学是一种相辅相成的关系，它们都将在某种社会实践中不断被总结和完善。

1.2.3.2 广告学与市场营销学

广告学诞生于商业社会，是市场经济发展到一定阶段的产物，也必将随着市场经济的发展而继续发展。自20世纪以来，由于完善的现代市场营销理论的建立，以及对广告在市场营销中地位和作用的确立，使市场营销学的研究成果已直接作用于广告学，并产生了显著的效果。当今社会，大多数人已认可广告作为市场营销传播工具的作用和意义，也认可广告运作不是独立的、单项的、割裂的信息创作，而是基于各种营销学知识和市场思考的综合结果。另外，每一次广告的变革性实践也同样会对社会经济产生影响，促使经济学和市场学展开对新问题和新现象的分析与研究。

1.2.3.3 广告学与传播学

传播学是研究社会信息系统及其运行规律的科学，也是研究人类如何运用符号进行社会信息交流的学科。

广告学与传播学的联系密切，是因为广告的任务就是将特定的信息发送给设定人群

的过程，而除特定广告主发出的信息外，消费者还将收到大量的其他信息，这些信息被特定的广告主视为噪音，所以，广告主及广告公司需要在排除噪音的前提下，进行信息的编码和媒体的选择。此外，广告还将成为消费者日常生活的组成部分，它为消费者提供了"阅读"和"理解"的内容，通过大众媒体，广告中的人物形象、语言方式和象征暗示都将成为社会性交谈或思想的一部分，并在兜兜转转之后，重新回到它们的起点——社会文化之中。而那些新鲜有趣，有着丰富文化含义的广告还将超越本体，成为时代精神的表征，可以说，这也是广告学对传播学的一种反向补充。

1.2.3.4 广告学与心理学及文学艺术等其他学科

作为一种说服公众的艺术和技术，最早的广告学研究就是和心理学息息相关的。心理学提供了人的心理构成机理及心理活动的特点和性质，广告学正是借助这些理论和规律，得以实现其说服目的的，具体到广告实践，可以说从确立主题、构思内容、设计版面，到措辞的准确度、媒体发布的频率，无不要求心理学理论的准确运用。

广告还要利用各种文学和艺术手段来达到广告目标，因为文学和艺术可以通过特有的形式，影响、传达、感染甚至支配人们的感情，有时还能改变人的观念和行为。广告作为一种特殊的商业艺术，正是在吸收美学、文学、艺术的理论及方法的基础上，逐步形成自己独特表现方式的，同时，作为一种商业美术和商业文化，广告也推动了相应理论的发展。

广义的广告学几乎和所有的学科有关，例如，做医药广告需要懂得医学知识，做宠物用品广告需要懂得动物学，做化工产品广告需要粗通化工理论，做汽车广告需要了解汽车的基本机构及动力学常识等，由此可见，广告是一门开放性的学问，需要从业者和研究者对这个世界充满好奇，并随时充电。

综上所述，我们可以看出，广告学不是一门死记硬背的学科，它需要同学们有意识地观摩获奖作品或展览，上网寻找各种资料，还需要同学间开展讨论，并在讨论中思考和总结，此外，我们也希望同学们能够积极参加各类广告比赛、校外培训或广告社团，并尽可能地进行广泛的阅读。无论是专业书籍，还是非专业书籍，对广告人来说，开卷有益是一句永不过时的箴言。

小结：

作为一种通过大众媒体，有特定出资方，并包含企图说服目的的传播方式，广告是一项有着错综复杂的知识背景和约定俗成的运作模式的商业活动，本章旨在为同学们勾勒出广告的轮廓，并在此前提下，梳理和概述有关广告的基本知识。

课堂练习：

1. 可乐给人以刺激的感觉，茶给人以清雅的感觉，咖啡给人以浪漫的感觉，你认为这是产品的天然属性，还是广告长期宣传的结果？

2. 耐克（Nike）的"随时运动"（anytime）系列电视广告由八支短片组成，它们分别为：《迟到篇》《修车摊篇》《公交篇》《食堂篇》《地球仪篇》《爆米花篇》《送花篇》和《电工篇》。导演李蔚然用轻松幽默的手法诠释了一种对体育运动条件反射式的热爱，从而准确地传达出"just do it"（这就去做！）的品牌理念。观看这一系列广告，你可能会发现，其中的内容无不是生活场景的巧妙再现，所以，请就这个案例，谈谈你对观察生活、体验生活的切身感受。

3. 你听说过有人把冰箱卖给爱斯基摩人而赚了大钱的故事吗？你能否用不到100字的篇幅来设计一个把羽绒衣卖给非洲留学生的方案。

思考题：广告与社会文化

美国历史学家大卫·波特（David Porter）曾言，"现代广告的社会影响力可与具有悠久传统的教会和学校相匹敌，广告主宰着宣传工具，它对公众标准的形成起着巨大作用。"而珠宝品牌戴比尔斯和快餐品牌温迪汉堡就是很好的佐证。

可以说，戴比尔斯（De Beers）公司正是利用广告，将其销售的钻石与永久的浪漫结合在了一起。早期的钻石并不是爱情符号，而是政治符号，将钻戒当作订婚标志的做法也根本不存在。不仅如此，第一次世界大战后，开采商还面临着一个极其糟糕的前景：首先，人们并不喜欢钻石，因为它看上去和玻璃无异；其次，世界范围内的多处钻石矿藏被发现，使这种透明石头大有贬值的可能。然而，戴比尔斯通过垄断开采权的方式控制了钻石生产的源头，又通过广告宣传来改变消费者的态度。大约在1938年，戴比尔斯找到N.W.艾耶公司（N.W.Ayer & Son）为其制作广告宣传后，事情开始发生转机。在周密调查的基础上，艾耶公司为戴比尔斯创作出了更具针对性的广告，而1947年，艾耶公司的女文案弗朗西斯·格瑞特（Frances Gerety）更像是得到了"上帝的暗示"，写出了流传至今的"钻石恒久远，一颗永流传（A diamond is forever.）"。之后，钻石的象征意义被大大提升，以至于用钻戒来象征爱情和婚约的做法在全世界很多地方变成了约定俗成的惯例。

另一个有趣的案例发生在20世纪80年代。1983年，美国农业部的一项调查表明：麦当劳巨无霸双层汉堡号称有4盎司牛肉馅，

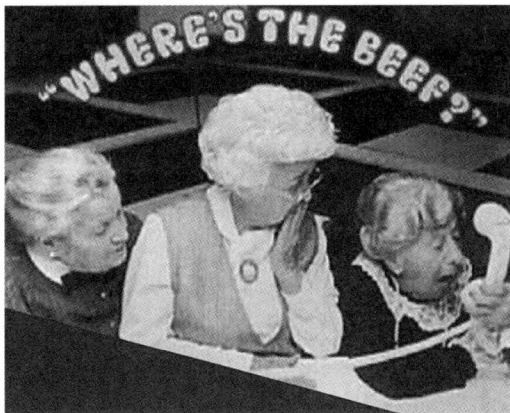

图1-4　温迪汉堡电视广告

但实际含肉量却从未超过3盎司，消息一出，麦当劳的竞争对手温迪汉堡（Wendy's）立刻抓住时机，以电视广告为武器，狠狠地反击了这个强大的对手。广告中，女星克拉拉·佩勒（Clara Peller）扮演了一位认真好斗、精致挑剔而又风韵犹存的时髦老太，她和另外两位老太太一起坐在餐桌前准备用餐，当她看到桌上摆着一个硕大无比的汉堡包时，立即眉飞色舞起来，但她满心欢喜地打开汉堡，却发现中间的牛肉片只有指甲盖儿那么点儿大，她禁不住愣在那里，然后，看了又看，越看越愤怒，最后，这个老太终于按捺不住，大声叫喊起来"牛肉在哪里？"（where is the beef?）（图1-4）这时，画外音响起，一个雄浑有力的声音告诉大家："如果她们去温迪汉堡吃午餐的话，就不会发生找不到牛肉的情形了。"这是一支竞争性商业广告，"牛肉在哪里"也是一句打击竞争对手的广告对白，但它却歪打正着、阴差阳错地成了美国人民热爱的口头禅，进而变成"实质在哪里"的代名词，就连1984年民主党总统候选人沃尔特·蒙代尔（Walter Mondale）参加竞选时，都用这句话来攻击对手罗纳德·里根（Ronald Reagan），请对方不要说大话，拿出实质性的东西给大家看。

通过以上案例，我们可以看出，消费者可以凭借自己的经验来理解广告，广告也会超出广告主的意愿来影响社会文化，那么，在你看来，这种互动的基础是什么？除此之外，你还能举出其他类似的案例吗？

第2章

广告发展史

■ 案例：可口可乐

1886年，美国亚特兰大市一位名叫约翰·潘伯顿（Dr. John S. Pemberton）的药剂师在自家后院做试验，他将碳酸水、糖及其他原料（最终成为"可口可乐"的高级机密）放在三脚壶中摇来摇去，最终摇出了一种口味独特的清凉饮料。1891年，潘伯顿去世，另一位名叫阿萨·坎德勒（Asa G. Candler）的药品批发商以2300美元的价格买下了这种饮料的配方专利和所有权，并于次年成立了可口可乐公司。1919年，坎德勒又以天价——2500万美元将可口可乐公司卖给了欧尼斯·伍德瑞夫（Mr. Earnest Woodruff）财团。当时，可能没有人会想到，这种滋味微苦、冒着小泡的咖啡色饮料能够风靡世界，还能拥有跨越两个世纪的漫长生命。

从第一瓶可口可乐问世到美国本土第一家工厂建立，是可口可乐发展的初级阶段，这一时期恰逢全美禁酒，作为酒精的替代品，可口可乐被认为最适宜在夏季饮用，并具有治疗作用，品牌宣传也围绕其药用功效展开，如：1886年可口可乐在《亚特兰大日报》上刊登的第一则广告就这样写道："可口可乐，清爽可口，提神健身，让你充满活力！它是一种全新的大众化饮料，含有神奇的可口植物和驰名的可乐果仁成分。"当时，药店是其重要的推广渠道，人们可在药店获得印有可口可乐手绘标志的商业名片，上面还常常注明促销信息——"持此名片，可在任何一家可口可乐分销店免费换取可口可乐一杯"。

在产品被逐渐接受和认知的前提下，可口可乐公司希望进一步突破时间和空间的局限，将功效导向变为"不分季节的使用"和"随时随地的享受"。而这些营销目标可以从当时的宣传口号中体现出来，例如，1922年可口可乐的口号是"口渴不论季节"，1923年是"享受渴望"，1927年是"任何地方的转角处"，1929年是"恢复精力的停顿"，1936年是"喝新鲜

饮料，做新鲜事"，1938年是"口渴最好的朋友"等。这一阶段，不仅广告语趋于感性，广告画面也更富艺术性，如在1928~1935年间，可口可乐公司就曾邀请著名插画家诺曼·洛克维尔（Norman Rockwell）为其创作招贴画。那些温馨明朗的广告画面很快就成为妇孺皆知的经典（图2-1、图2-2）。

图2-1　可口可乐的平面招贴1

图2-2　可口可乐的平面招贴2

第二次世界大战期间，可口可乐伴随美国大兵来到世界各地，战后是美国经济的高速发展期，也是可口可乐的快速成长期。这一时期，可口可乐在世界各地建立工厂，参与重大体育赛事，进行多种形式的广告宣传和促销活动。此外，20世纪50年代也是可口可乐广告宣传的分水岭，之前主要是平面广告，之后主要是电视广告。如果说前者已为可口可乐建立起了巨大声誉的话，那么当电视这一崭新媒体被启用后，可口可乐就立即捕捉到了它对提升品牌所具有的巨大能力。

1971年，麦肯公司（McCann Erickson）为可口可乐制作了名为《山顶》（Hilltop）的著名广告。导演让一群不同肤色、不同国籍的年轻人汇集在意大利一座山顶上，他们每人手中拿一瓶可乐，齐声唱起了一首名叫《我想让世界大声歌唱》的歌曲，整条广告用天籁般的歌声传递出了对和平、友爱、世界大同等人类理想的向往。广告在美国首播一周后，就收到了4000多封赞美信，有人抱怨60秒太短，有人则因为太喜欢而要求电台不断重播。可口可乐在20世纪70年代创作的另一条影响深远的电视广告是1979年的"米恩·乔·格林"篇。受挫的橄榄球前卫格林从赛场上垂头丧气地走下来，遇见了12岁的男孩球迷，男孩用崇拜的眼神望着他，并递上了自己手中的可口可乐，然后，男孩向心中的英雄吐露心声，"我只想让你知道，你永远是最棒的！"格林将可乐一饮而尽，他向男孩微笑，并将球衣留给了他。随后的广告歌曲唱到"一瓶可乐和一个微笑，让我感觉不错，世界本该如此，我希望看见全世界向我微笑。"这种超越成败、超越种族与肤色的人类理想再度感动了人们，连可口可乐公司自己也感受到了它的热度，随即决定将这种普世理念进行复制推广。于是，同样的创意被应用到了巴西、泰国、阿根廷等众多海外市场，只是主角换成了当地的明星运动员。

20世纪80年代，老冤家百事可乐（Pepsi-Cola）不断发起激烈挑战，局面之紧张让老派的可口可乐一度产生了前所未有的自我怀疑。为突破百年品牌带来的沉重包袱，可口可乐公司在1992年断然舍弃了已有38年业务关系的广告代理商，转而将品牌的宣传工作交给了一个名为"创造力艺术家代理商"（Creative Artists Agency，简称CAA）的好莱坞创意机构。CAA并非营销策略的行家里手，但它对热门题材、音乐、款式和运动都非常在行，其结果就是在之后的7年间产生了一个包括27条不同风格广告片，分别针对不同目标受众，并且毁誉参半的广告运动——"永远的可口可乐"（Always Coca-Cola）。

进入21世纪后，可口可乐依然压力重重，由于受到新消费趋势的影响，人们开始认识到碳酸饮料对健康的危害，与此同时，多元化和本土化也成为年轻人的新需求。为应对冲击，可口可乐采用了更具时代性的营销手段和更为国际化的思考模式。2009年，可口可乐启用全新广告语——"开启快乐"（Open Happiness），这场运动除一系列手段新颖、制作精良、传播度极广的广告大片外，还以"快乐"为核心，通过五花八门的创意形式将"快乐营销"推向极致。

然而，视觉盛宴赢得了口碑，却未能赢得市场。2016年，面对销售不振的态势，可口可乐高层再次决定将营销主题回归到产品本身，这次它变成了"品尝这滋味"（Taste the Feeling），并强调"畅饮任何一款可口可乐产品所带来的简单快乐，都让那一刻变得与众不同"（图2-3）。

企业强人罗伯特·伍德瑞夫（Robert Woodruff）曾有一句名言："99.61%的水、碳酸、糖浆，加上0.39%的神秘配方。如果不进行广告宣传，有谁会去喝它呢？"的确，人们在饮用一杯可乐时，喝到的是味道、心情还是感觉？这种感觉是某段过往的回忆，还

图2-3 可口可乐2016年主题"品尝这滋味"

是某种纯粹的习惯，或者是因为它所拥有的将这一切贯穿起来的文化象征？的确，像可乐这样没有高科技含量，没有复杂构造，甚至没有本质区别的产品，之所以能够撑起傲人的百年基业，广告真的可以说是居功至伟。

通过本章的学习，我们应掌握以下内容：

（1）西方广告的发展历程；

（2）广告在中国的发展历程；

（3）经典的广告理论和人物。

法国广告大师雅克·塞盖拉（Jacques Séguéla）曾说过这样一句话：想让广告成功，首先应该绞尽脑汁地去思考，同时还要不断回顾以往案例，因为了解昨天，才能帮助我们懂得未来。事实上，对广告历史的回顾，不仅是对广告专业的研读，也是对整个人类生活的梳理，因为那些内容本身就是人性的真实写照。

2.1 西方广告的发展历程

现代广告是伴随现代社会及现代大众媒体的产生而产生和发展的，它的诞生有一定的先决条件，而历史上那些与广告相似的事物，可以说是广告的前身或萌芽，却不具备科学含义。但即便如此，对广告历史及史前史的探索和梳理，也可以让我们回顾广告行业走向成熟的轨迹，重温那些迄今仍在社会

实践中发挥重要作用的经典理论，更能帮助我们在科技发展变幻莫测的今天，依然拥有洞察本质的信心。

2.1.1 前广告时期

我们将现代广告诞生的史前史分为三个阶段，即原始广告时期、近代广告时期及过渡时期。为了陈述的便捷，对那些尚不具备学科规范意义的"广告"，我们仍以广告相称。

2.1.1.1 原始广告时期（1450年以前）

广告是人类进行商品信息交流的必然产物，而叫卖或声响、实物悬挂、店头标记等是文字出现前广告的主要形式，其中，通过人声进行传播的叫卖式广告，在世界范围内是最原始、最简单也是最普及的。在一些早期文明中，人们正是通过公开吆喝出有节奏的声音来贩卖奴隶或牲畜的。

公元前6世纪，古罗马（Roman）建立了奴隶制共和国，罗马是一个环地中海的庞大帝国，由于经济的发达和商业活动的增多，类似广告的活动也繁荣起来，据说罗马市区曾竖立大量招牌和壁报以进行商业宣传，而"广告"一词，正源于拉丁文，其含义是"注意"、"诱导"和"传播"。

2.1.1.2 近代广告时期（1450～1850）

对西方世界来说，古登堡发明印刷术是一个标志性事件，这一事件也可视为原始广告和近代广告的分界线。此后，伴随人类传播技术的显著提高，作为商业传播手段的广告也进入了一个新境界。1472年，英国出版人威廉·坎克斯（William）第一次制作了一批宣传宗教内容的印刷品，"倘任何人，不论教内或教外人士愿意取得适用于桑斯伯莱大教堂的仪式书籍，而其所用字体又与本广告所使用者相同，请移驾至西敏斯特附近购买，价格低廉，出售处有盾形标记，自上至下有一红条纵贯以为辨识。"这些被张贴在伦敦街头的印刷品，被视为西方最早的印刷广告。

报纸出现在16世纪晚期至17世纪初叶。17世纪，在报纸的前身——新闻书上开始出现印刷广告。当时的广告以信息为主，刊登于最后一版。1625年，《英国信使报》曾刊载一则图书出版广告。1650年，英文报纸《新闻周报》在"国会的几则诉讼程序"一栏中，登载了某家因38匹马被盗而打出的"寻马悬赏启事"。在报纸广告盛行的同时，原始的杂志广告、广告代理商和广告公司也——出现。1610年，英国国王詹姆斯一世（James I）曾令两名骑士在伦敦成立了世界上第一家广告代理店，两年后，法国也出现了一家名为"高格德尔"的广告代理店，而在1666年，《伦敦报》正式开辟了广告专栏。

18世纪中期，英国及欧洲其他国家出现了一批广告画家，他们为周刊绘制插图广告，从而推动了品牌设计和广告表现水平的提高。例如，当时有一幅著名的沃伦鞋油广告画，版面上方是一双用沃伦鞋油擦过的锃亮无比的皮鞋，一只黑猫正怒视着鞋面上自己的倒影。

英国由于最早完成工业革命而成为最早的品牌和广告活动中心，但到19世纪时，广告中心的地位已逐渐转移至新崛起的美国。其实，直到18世纪，广告才开始在美国普及，1728年发行的《宾夕法尼亚公报》（Pennsylvania Gazette）被认为是美国最早的报纸，它不仅刊登广告，还用空白线条将广告与其他内容隔开，此外，《宾夕法尼亚公报》也是第一家在广告中采用插图的报纸。19世纪初，美国出现了售卖廉价报纸的"便士报运动"（Penny press），从而带动了媒体发行范围的扩大，只不过，便士报上的广告仍以技术劳动力的简单求职启事为主。

2.1.1.3 过渡时期（1850～1920）

19世纪是工业化时期，人们开始进入城市，并可从工厂定期领到工资，这笔固定收入导致了中产阶级的产生，所以，这一时期的广告在努力为越来越多的商品培育市场方面做出了贡献。虽然广告在工业化早期就已存在，但直到社会完全步入城市化和工业化正轨后，它才成为整个社会文化生活中不可分割的组成部分。大约在1885～1918年间，西方社会出现了后来被命名为消费文化（Consumer Culture）的社会风潮，所谓消费文化其实是一种以消费为核心的生活方式，从此，广告开始成为一个羽翼丰满的产业。

大众媒体，尤其是报业的发达，为广告的发展提供了现实依据，而铁路的出现也促使了报纸发行量的扩大。此外，城市人口不断增加，批量产品的出现，导致了商品供应的极大增长，而出售这些商品的需求又推动了广告的发展。但与此同时，由于对广告没有任何规范和限制，使广告的内容五花八门、夸张失实，导致包括部分商界人士在内的社会各阶层，都将发布广告视为一件令人难堪的事情。

链接：现代广告出现的前夜

1841年，伏尔尼·帕尔默（Volney Palmer）在费城开办公司，用来代理各种品牌的广告业务。1869年，弗朗西斯·W·艾耶（Francis W. Ayer）的"艾耶父子广告公司"也在费城成立，这是一家具有现代广告基本特征的公司，其经营重点从报纸版面推销转向了客户服务，所以"艾耶父子广告公司"被称为"现代广告公司的先驱"，费城也理所当然地成为现代广告的发源地。

19世纪末到20世纪初，在美国建立的广告公司有1200家之多。很多4A圈里的百年老店差不多都是在这个时期成立的。例如，智威汤逊广告公司（JWT）起源于智威·汤逊先生（J. Walter Thompson）1864年买下的一家宗教杂志；达美高广告公司（D'Arcy）1906年成立于密苏里州的圣鲁易斯（Saint Louis）；BBDO广告公司（Batten, Barton, Durstine &

Osborn）起源于1891年乔治·拜顿（George Batten）在纽约成立的拜顿（Batten）公司；麦肯·埃里克森广告公司（McCann Erickson）起源于1902年艾尔弗雷德·埃里克森（Alfred Erickson）在纽约成立的同名广告公司。甚至在日本，电通广告公司（Dentsu）的历史也可追溯到1901年创立的"日本广告"和1907年创立的"日本电报通讯社"。

这一时期，大量新技术被运用到传播领域。此时的广告主不仅在报纸、杂志、广播、电视等传统媒体上大做广告，还开始利用霓虹灯、路牌、购物点、邮递以及空中载体来宣传产品，而1896年美国联邦政府开始实行的"免费邮递政策"，更直接带动了广告业的繁荣。

美国最早出现了交通广告。1850年，纽约市一家名为洛德·泰勒的百货店，在马拉的车厢外部挂出了一幅进行品牌宣传的图片。1853年，《纽约每日论坛报》（New York Daily Tribune）首次采用照片为一家帽子店做广告，这时距摄影术发明只有几年时间。美国第一家大规模服装店的创始人约翰·瓦那曾将一面长约100英尺的大招牌悬挂于宾夕法尼亚到费城的铁路线上，同时采用气球、宣传车、实物馈赠等方式宣传自己的品牌。1869年，世界上第一张明信片在奥地利面世，商人们立即意识到了它作为宣传途径的价值，此后不久，一张印有旅馆外景的广告明信片就面世了。1891年，刚刚创建5年的可口可乐公司开始采用挂历广告进行宣传。1910年，法国物理学家乔尔朱·克罗德在巴黎汽车展览会上首次展出了他的科技成果——霓虹灯，到1912年，蒙马尔特14号大街的理发店门口就开始用红色霓虹灯管组成"豪华理发店"字样了。

此外，这也是广告传奇人物频频登场的时期，例如提出"纸上印刷术"的拉斯克尔正是当时最有影响力的广告公司——芝加哥洛德和托马斯公司（Lord and Thomas）的

老板。该时期还出现了著名的独立撰稿人约翰·E·鲍尔斯（John E.Powers）和设计界高手欧内斯特·埃尔默·卡尔金斯（Earnest Elmo Calkins），以及营销领域"推理"广告的创始人约翰·肯尼迪（John E. kennedy）等。其中一个有趣的现象是，这些广告人中，好几位的父亲都是牧师，当代文化批评家常把广告视为商品拜物教的最大传道者，由此看来，还真有几分道理。

2.1.2 现代广告的诞生与发展

20世纪20年代后，科学技术在很多方面都成了摩登时代的最高指示。此时，享乐和消费不仅令人尊敬，而且令人渴望，所以，现代广告正是在这种环境下迅速成长起来的。

2.1.2.1 现代广告的发生（1920～1950）

第一次世界大战后的消费社会为人们带来了许多新鲜事物，这一时期的广告正是用来阐释和鼓励这种渴望的。例如，消费者通过李施德林（Listerine）广告认识了口臭，通过卫康（Lifebuoy）广告认识了体臭。从风格上讲，这一时期的广告也比过去更直观，更生动。此外，世界各国的广告公司也在这一时期发生了显著变化：它们从创建伊始的广告版面经纪人，发展为提供品牌服务的咨询公司，并逐渐演变为集多种职能于一身的综合信息服务机构，也就是说，从这时起，广告公司开始收集市场信息，分析消费趋势，提出产品开发意见，并将产品推向市场。

这一时期，撰写了《科学广告》一书的霍普金斯作为最著名的广告人登上了历史舞台。他发明的"戏剧式推销术"中包括了迄今依然有效的新产品强行铺货、试销、用兑换券散发样品等方法，他还致力于广告文案的研究，他的研究对奥格威等人产生了重要影响。

虽然随后到来的大萧条时期（1929～

1941）令西方世界倍感压抑，但在广告领域，一个全新事物——收音机得到了应用和普及。1922年8月，美国电话电报公司（AT&T）在纽约创建了第一家商业广播电台WEAF，8月28日，WEAF电台用一种轻松缓慢的语调为长岛一家房地产公司做了广告，这是世界上第一条商业广播广告，广告自此开始了它的空中旅程。广播创造出一种新的交流感受，而广播广告自诞生之日起就广受追捧，这种状态一直持续到50年代电视媒体的出现才告一段落。

2.1.2.2　20世纪50年代

第二次世界大战后，欧美经济开始好转，整个世界又掀起了一轮消费狂潮，广告也再次成为不可或缺的助推力。这一时期出现了两位著名的广告人，他们是贝茨（Bates）公司的老板罗瑟·瑞夫斯（Rosser Reeves）和"动机研究之父"欧内斯特·迪希特（Ernest Dichter），前者以超级硬销售风格著称，后者则以动机调查闻名。罗瑟·瑞夫斯是一位伟大的广告文案和营销专家，在其1961年出版的《广告中的现实》（Reality in Advertising，中文版为《实效的广告》）一书中，瑞夫斯通过自己的实战经验总结出了一个著名的广告主张，也就是至今仍被提及的"USP理论"（Unique Selling Proposition），即独特的销售主张。而作为咨询专家，迪希特则因将弗洛伊德的精神分析法用于购买行为研究而受到瞩目，他发明了多种调查方法，如语言联想法、语句完成法、图画故事法和角色扮演法等。他在研究中指出，消费者购买一件商品，并非只为了购买商品的物理功能或效用，也并非只为取得商品的所有权，他们更希望通过购买商品获得心理的满足和愉悦。

这一时期，整合型广告公司已开始着手进行媒体策划和采购，但当时可供选择的媒体种类相当有限，所以，媒体执行也非常简单。此外，媒体方面的伟大成就则是电视的出现。早在1920年，美国就开始试验电视，1941年，商业电视正式开播，但商业性电视广告的应用并未同步，它们直到第二次世界大战结束后才逐渐发展起来。因为一开始，广告主对电视广告的使用感到迷惑，他们只会在电视上播出长达2~3分钟的产品演示，然而，在随后的学习和研究中，他们终于找到了电视特有的语言。虽然电视广告的诞生不那么顺利，可一旦突破，就有一飞冲天之势，这种集语言、画面、音乐于一体的媒体对品牌传播无疑具有天然优势，所以很快，电视广告就在众多传媒方式中独占鳌头。

2.1.2.3　20世纪60年代

第二次世界大战后的反思导致了性、摇滚、女性主义的接踵而至，它们种下的果实在20世纪60年代开出了鲜艳的花朵。这一时期，青年运动在世界范围内蓬勃开展，由于产品的丰富和品质的保证，人们对物质利益的关注开始下降，相应的精神需求开始上升，此时的广告业普遍意识到了自己在消费文化中的地位，所以，"创意革命"（creative revolution）应运而生。所谓创意革命是指创意人员在公司的经营管理中拥有了更大的发言权，广告重心也从"辅助性的服务，转向了创意产品，从科学和调查，转向了艺术、灵感和直觉"。这一时期的广告看起来干净、利落、简洁，有一种超越自我的幽默感。

创意革命常常与三家著名的广告公司联系在一起，它们分别是芝加哥的李奥贝纳公司（Leo Burnett）、纽约的奥美公司（Ogilvy & Mather）和恒美公司（Doyle Dane Bernbach，简称DDB），而这三家公司又分别是由三位著名的广告人，即李奥·贝纳（Leo Burnett）、大卫·奥格威（David Ogilvy）和比尔·伯恩巴克（Bill Bernbach）缔造的。

20世纪60年代，一家媒体采购公司的代表诺曼·金（Norman King）向广告客户证明，他们之前付给电视台的钱太多了，而他可以帮助客户减少这方面的开销。广告客户自此懂得了讨价还价的道理，并获知了购买媒体的其他方法。一些媒体采购公司，如西部公司（Western）、TBS和伯特威（Botway）公司也在此时迅速涌现，他们往往以一个协商好的价格，跟广告客户签订合同，并从中赚取差价。

2.1.2.4　20世纪70年代

这一时期，艾·里斯（Al Ries）和杰克·特劳特（Jack Trout）的"广告定位"理论成为主流。定位理论是USP理论和品牌形象论的结合体，它与前者的不同之处在于：USP理论强调商品利益的诉求，定位理论则强调人们在心理层面对商品的排序。而定位理论与品牌形象理论的不同之处则在于：品牌形象论偏重于广告的内容，定位理论则偏重于广告的方法，总而言之，定位理论将重心从以"产品、形象"为主，转移到了"顾客内心的想法"上。这是一个"策略至上"的时代，背景是"传播过量"，这一时期，企业经营人员开始掌控广告公司的活动，而在那些习惯于创意管理的公司里，来自消费者和政府法规的约束，让创意人深感不安。

此外，20世纪70年代，对广告行业最积极的影响并非来自广告主或广告公司，而是科学技术的发展和运用。20世纪70年代的标志是沟通技术的发展，这一时期，消费者开始利用各种通信设备武装自己，录音机、有线电视和CD放映机都在此时出现，当然，技术进步也为广告创意提供了前所未有的机遇。

20世纪60年代末70年代初，"麦迪逊大道上的疯子"乔治·路易斯（George Lois）把他最不喜欢的媒体业务签约外包给了迪克·杰森（Dick Gershon），后者将公司取名为"独立媒体服务公司"（Independent Media Services），这家公司兼营媒体策划和采购，而另一家独立媒体公司SFM也紧随其后，开始了媒体策划与广告创意分离的历史。

2.1.2.5　20世纪80～90年代

经历了60年代的创意革命，70年代的技术突进后，西方发达国家在80年代普遍进入了信息革命的新时期。这一时期，广告客户试图自己充当承包人，这些来自企业的广告往往像是长篇大论的谈话节目或半小时的产品演示。当然，广告界也不乏对创新技术的应用，例如，"视觉至上"风潮在此时产生，代表品牌是为迎合X一代而花样百出的百事可乐公司。此外，20世纪80年代也因服从于"利润中心"的会计制度而成为广告公司彼此合并或收购的时代。

20世纪90年代，由于传媒的多样化，电子商务和互联网的兴起，使大众传媒走向衰落，分众传媒的时代就此来临，按照美国学者迈克尔·高尔德哈伯（Michael Goahber）的说法，"注意力"成为稀缺资源，企业信息如果不能从营销和传播两个层面进行整合，就将无法获得消费者的感知和认同。

1992年，美国西北大学教授唐·舒尔茨（Don E. Schultz）、斯坦利·田纳本（Stanley I.Tannenbaum）及罗伯特·劳特朋（Robert F. Lauterborn）合作撰写了第一部整合营销传播的专著《整合营销传播》（Integrated Marketing Communications，简称IMC）。这种"传播即营销"的新思想是对营销理论的发展，这个理论认为：传播不再从属于营销，而是与营销呈并列关系。整合营销传播一方面把广告、促销、公关、直销、CI、包装、新闻媒体等一切传播活动都涵盖到营销范围内，另一方面则使企业能够将统一的资讯传达给消费者，所以，整合营销传播也被称为"用一个声音说话"（Speak With One Voice）的策略。

链接：USP理论

瑞夫斯认为，每个品牌都应该有自己的特点，并在这方面展示出自己是"第一名"，因为购买者很容易记住这些"第一名"，尤其在四通八达的商业社会，所以，公司应该不断地通过广告，将这些关于"第一名"的信息传达给人们。事实上，每当瑞夫斯找到了一个极有个性的USP时，都会反复宣传它，比如高露洁牙膏（Colgate）的"清洁你的牙齿，也清洁你的呼吸"就被用了几十年之久，总督牌过滤嘴香烟（Viceroy）的"两万颗过滤凝气瓣"也不厌其烦地出现在广告各处，而M&M巧克力"只融在口，不融在手"的精巧描述，至今还被视为这一理论的不二证明。

USP理论的内涵包括三个重点：一是必须向消费者明确表述一个消费主张；二是这个消费主张必须是独特的，或其他同类竞争产品不曾提出或表现过的；三是这一主张必须对消费者具有巨大的吸引力。瑞夫斯的原则让人印象深刻，但由于其目的在于吸引消费者注意，而非取悦消费者，所以他的广告看上去往往没有品位。

链接：创意革命的三面旗帜

AMC（American Movie Classics）公司出品的热门美剧《广告狂人》（Mad Men）描绘了20世纪美国广告界的纷繁热闹，虽然不过是一个虚构的故事，却是创意革命的真实映射，而剧中那些波澜起伏的人生也是从历史上真实存在过的伟大人物身上获取的灵感，被称为创意革命"三面旗帜"的三位著名广告人就是他们中的代表。

李奥·贝纳：与生俱来的戏剧性

李奥·贝纳年轻时曾在荷马麦基（Homer Mckee）公司和厄文卫西（Erwin Wasey）广告公司担任创意高管，因无法忍受"像洗碗水一样乏味的广告创意"，而最终创立了自己的公司。他主张广告应以温馨、自然、可信的手法，质朴、平凡的人物和情景，将产品表现为英雄，他认为，产品这种"与生俱来的戏剧性"，无需投机取巧或欺名盗世就具有感人的力量，并令人信服。他的代表作是"万

宝路的世界"，这一伟大而持久的广告作品，奠定了辉煌至今的品牌调性。除此之外，他还擅长用卡通人物，如鲔鱼查理、莫里斯猫、老虎东尼以及绿巨人等为品牌塑造形象。

大卫·奥格威：品牌形象理论

20世纪60年代，产品同质化现象日益严重，瑞夫斯的USP虽在理论上依然有效，但在实际运作中，试图为单个产品寻找独特卖点的做法已变得越来越难达成，而大卫·奥格威正是在此刻适时地提出了"品牌形象理论"。奥格威1948年创办的奥美公司是业界知名度最高的公司之一，作为老板的奥格威常常亲自写撰写文案，在第二次世界大战后的广告史上留下了很多经典篇章，例如哈撒韦衬衣、壳牌石油、西尔斯连锁零售店、美国运通信用卡、国际纸业公司、IBM、劳斯莱斯汽车等。非常巧合的是，瑞夫斯和奥格威娶的是姐妹俩，所以，两位大师不仅在业界各展所长，而且在家庭内部你追我赶，这样的情景是不是和他们的创意一样可爱而有趣呢。

比尔·伯恩巴克：广告艺术派的舵手

伯恩巴克1911年生于纽约，倡导广告创意的先锋气质，是广告艺术派的代表。1949年，他和内德·道尔（Ned Doyle）及麦克·戴恩（Mac Dane）一起创办了DDB公司，虽然他的名字被排在最后，虽然他并没有像奥格威和李奥·贝纳那样著书立说，但他的作品本身就是最好的教科书，在1998年《广告时代》所推选的20世纪最具影响力的广告人中，他被排名第一，也是被叙述得最为详细的一位。

伯恩巴克的广告思想非常丰富，反映出广告创作由对"物"（产品）的关注开始转向对"人"（消费者）的关注，尽管在他20世纪60年代制作的一系列广告中并没有使用"定位"一词，但在其作品中却非常明晰地体现了这一思想，而在奥格威、艾里斯和杰克·屈特等人的著作中，也均以他的福斯车系列作为"定位"理论的最佳阐释。

2.2 中国广告的发展历程

中国广告的发展历史隶属于世界广告发展史，只是作为一种习惯，我们总是将其列为单独的章节加以介绍。在此，我们将中国广告的发展分为古代、近代和现代三个部分。

2.2.1 中国古代广告

中国原始时期的广告同样是以实物、标记、叫卖、音响等为主，只是带有更多的区域文化色彩，例如，屈原在《楚辞·天问》中写道："师望在肆，昌何识？鼓刀扬声。"扬声就是某种叫卖商品的形式。《史记·平准书》中也记载了有关实物陈列的营销方式，"古未有市，若朝聚井汲，便将货物于井边，货卖曰市井。"而中国古代广告较为发达的时期则是在宋代以后。

2.2.1.1 宋代广告

中国的"自由"商业和"品牌"意识开始于宋代。宋代，像唐代那样由国家划定并统一管理的市肆被取消，鲜明的、带有品牌意识的商业标识，如旗帜、灯笼、招牌等开始遍布城乡。在传世名画《清明上河图》（图2-4）中，我们就能形象地看到遍布京都的各式各样的"户外"广告，它们形状有横有竖，内容有文有图，仅汴梁城东门外十字路口附近就有各式招牌、横匾、竖标、广告牌三十余块。如卖羊肉的"孙羊店"，卖香料的"刘家上色沉檀拣（拣）香"，卖药材的"赵太丞家"、"杨家应症"等，另外还有豪华的彩楼广告。"彩楼"类似今天的橱窗陈列，是集路牌、招贴、悬挂物为一体的店面装饰。

除此之外，宋朝庆历年间还出现了世界上最早的广告印刷实物——济南刘家针铺的广告铜版（现存于中国国家博物馆）。铜版上雕有"济南刘家功夫针铺"（图2-5）的标题，中间是白兔捣药的"商标"，图案左右标注"认门前白兔儿为记"的广告语，下方还刻有

说明商品质地和销售办法的内文："收买上等钢条，造功夫细针，不偷工，民便用，若被兴贩，别有加饶，请记白"，商标、品牌名、销售方式、促销信息，一应俱全。

2.2.1.2 元明清广告

元代是一个商业繁荣、地跨亚欧的大帝国。在元代，印刷水平不断提高，使用范围也不断扩大。例如，1985年在湖南沅陵发掘的一座元代墓葬中，人们发现了印有商业广告的产品包装纸，其上的广告表述清晰准确：

图2-4 清明上河图

图2-5 济南刘家功夫针铺

"潭州升平坊内白塔街大尼寺相住危家,自烧洗无比鲜红紫艳上等银朱,水花二朱,雌黄,坚实匙筋。买者请将油漆试验,便见颜色与众不同,四方主顾请以门首红字高牌为记。"

至明清时,潜移默化的商业趋势已使知识分子逐步脱离了传统思想,开始涉足广告领域,甚至以文字和绘画为专长,直接参与到商业广告的创作中去。他们题写招牌,撰写对联,推销新书新作,参与木刻年画,这一时期的广告具有知识性和趣味性,其最大特点就是商业招牌和商业对联的运用。如明朝嘉靖九年(1530年),京城酱菜铺老板就请当朝宰相严嵩为其品牌"六必居"题名。至于对联广告则更为普及,直到近代,一些老派的广告人还喜欢采用对仗工整的文字作为广告标题。

2.2.2 近代广告

鸦片战争后,中国开放了广州、厦门、福州、宁波、上海五个通商口岸,西方商业势力借机进入中国。陈丹燕在《上海的风花雪月》中对这一时期的生活是这样描述的,"他享受它们,炫耀它们,让在水边的酒店夜夜笙歌,维也纳来的咖啡,纽约来的黑色丝袜,巴黎来的香水,彼得堡来的白俄公主,德国来的照相机,葡萄牙来的雪利酒,全都来陪衬一个欧洲人在上海发迹的故事。"

2.2.2.1 广告媒体的诞生

这一时期,杂志、报纸、广播、电影等大众媒体相继出现。1853年,《遐迩贯珍》杂志在香港面世。1855年,《遐迩贯珍》增出附刊《布告篇》,每期4页刊登广告并开始收费,这是中文报刊首次出现的收费广告。1883年,德国传教士郭士立(Gtzlaff, Karl Friedrich August)在广州创办商务性中文杂志《东西洋考每月统计传》,刊物插页上刊有商业行情。

1922年,奥斯邦(Osborn)公司在上海设立了中国境内第一座广播电台——奥斯邦电台;四年后,中国第一座官办广播电台在哈尔滨正式播音;再后一年,隶属北洋政府的官办无线广播电台在天津正式开播,该台除曲艺、戏曲、新闻外,还播出工商广告。中国人自办的第一家私人电台是1927年3月正式播音的上海新新无线电话台,由新新百货公司创办;与此同时,位于天津日租界的义昌洋行也开设了首家小型电台;1930年,上海天灵无线电广告公司播音台的成立,标志着中国付费代理广播广告的正式出现。

除印刷媒体和广播电台外,广告媒体也扩展到了橱窗、路牌、霓虹灯、交通工具等新式载体上。1928年,安装在上海西藏路大世界对面的"红锡包"霓虹灯广告,可以算是技术与创意高度结合的广告精品,广告主体除"红锡包"三个霓虹闪烁的大字外,还有一个香烟盒轮廓,随着灯光的闪烁,香烟会从烟盒内一支支跳出,最后一支被燃着后,头部还会有青烟袅袅缭绕。

2.2.2.2 现代广告的发展

20世纪20年代的上海,外国商人带来了纸醉金迷的商品生活:玻璃丝袜、防晒霜、好莱坞大片、爵士音乐会,无一不有。事实上,汇丰银行、贾立费洋行、华英大药房、大英火轮船公司等外国公司都在这一时期进行过广告投放,其中投放量最大的当数香烟、药品和日用品,伴随着大众媒体的发展和市场竞争的激烈,它们的策划和创意水平也不断提升。例如,1902年,英美烟草公司(British American Tobacco)为宣传自己的"翠鸟牌"烤烟,就在当时发行量最大的《申报》上投放了整版广告,同时还策划事件,让上海所有的人力车夫都穿上绣有"烤"字的广告背心,从而引发轰动效应(图2-6)。与此同时,民族品牌也不甘落后,1918年的某一天,上海各报头版突然同时刊登了一个红色的喜蛋,且没有任何文字说明,几天后,谜底揭晓,原来这是福昌烟草公司为新出品的"小囡"牌香烟

图2-6 翠鸟牌烤烟

精心设计的悬念广告,"小囡"品牌因此一炮而红。

现代广告的特征之一是利用名人代言,而当1933年演员胡蝶高票当选中国第一位"电影皇后"后,力士公司就立即邀请她为自家商品代言,附有胡蝶照片的广告随即被广泛地刊登在报刊和张贴画上,力士产品的销售也随之扶摇直上,到1939年,基本垄断了长江以南的肥皂市场。

■ 案例:民族品牌——冠生园

民族资本家冼冠生于1915年开了一家自产自销糖果、蜜饯和各类糕点的食品店,并以自己的名字将其命名为"冠生园"。由于经营得法,冠生园的生意越做越好,名气也越来越大,在冼冠生的大力支持下,冠生园的策划理念和广告执行,即便在与外国品牌的较量中,也毫不逊色。例如,人们从吴淞口一进黄浦江,就能看到浦东江岸广告牌上"冠生园陈皮梅"六个鲜红的大字,而在冠生园漕河泾新厂房落成后,冼冠生又在其楼顶装置了高达六米的巨型霓虹灯,每到夜晚,灯火通明、分外耀眼,令上至明星名流,下

至普通市民都对其营造的华彩气氛心驰神往。

2.2.3 现代广告

广告是受宏观环境影响很大的行业,政治格局的变化将使作为广告基础的经济模式发生改变,自然也将影响到广告的进程。在此,我们将新中国的广告发展历史分为两个部分,即停滞期和发展期来分别进行介绍。

2.2.3.1 停滞期

新中国成立后,我国的报业和广告业都由政府统一管理。1953年,中国开始实行全行业的公私合营,工业企业的绝大部分产品都由国家统购统销。1956年,国家完成了社会主义改造,个体、私营经济成分基本消失,计划经济得到加强,但在这个时期,作为媒体的广播电台却得到了迅速发展,因为1958年4月中央广播事业局制定了广播工作的"大跃进"方针,要求地方广播电台必须以平均每年30%左右的速度递增。1958年5月1日,中国第一座电视台——北京电视台(即今中央电视台前身)开始试验播出,但在接下来的"文革"期间,广告事业几乎处于完全停滞的状态,政府全面撤销报纸的广告版面,并取缔了所有传播媒体的广告宣传。

2.2.3.2 发展期

1979年是改革开放的第一年,这一年,中美建交,世界出现了多极化趋势,这一年也是广告复苏的一年。1979年1月4日,《天津日报》刊登了蓝天牙膏广告,这是改革开放后的第一条报纸广告;1月28日,上海电视台宣布"从即日起,受理广告业务",并播出了国内第一条商业电视广告——"参桂养容酒";3月5日,上海人民广播电台恢复广告业务,并播出了"春蕾药性发乳"广告;同年3月,第一支外商广告瑞士"雷达表"在中国媒体刊登。此外,1979年,广东电视台开始成立广告部,并于4月13日播出了第一条商业广告——荔江工厂的"泥斗车",随后,还设

立了中国电视史上第一个广告节目。这一年的9月30日，中央电视台则为美国威斯汀豪斯电器公司（Westinghouse）播出了第一条有偿广告。

1980年，中央人民广播电台广告部成立；1980年8月10日，《人民日报》发表了《必须研究广告学》的文章；1980年11月28日，全国第二次广告管理工作会议召开，会议制定了若干刺激广告业发展的政策；1983年6月，我国第一个广告学专业在厦门大学创办；1983年12月27日，中国广告协会成立；1984年，中央电视台成立了中国国际电视服务总公司，并在公司内成立了广告部。

链接：时代记忆

20世纪八九十年代，中国的广告事业重新起步，由于初开国门的新鲜感和媒体渠道的集中性，使那些广告因作为时代记忆而令人难忘，其中包括：1984年的威力洗衣机广告，1991年的南方黑芝麻糊广告，同年的娃哈哈儿童营养液广告以及朗朗上口的"活力28，沙市日化"，1992年的"恒！源！祥！"，1993年的"喜之郎果冻布丁"，1997年的"乐百氏，27层过滤"，1998年的"大宝，天天见"等，这些广告风格多样、特征鲜明，其中一些细节至今仍让我们津津乐道。

1984年，当很多厂家还在迫不及待地展示产品时，威力洗衣机已走上了感情诉求的路线。在其《山村篇》中，不仅画面呈现为恬静唯美的山村风光，更用一个当时少见的甜美女声动情地朗读出了广告旁白，"妈妈，我又梦见了村边的小溪，梦见了奶奶，梦见了你，妈妈，我给你捎去一样好东西！"之后，淡定的男声进入，"威力洗衣机，献给母亲的爱。"

而1998年的大宝SOD蜜电视广告则采用了当时罕见的多情景连接式风格：女子A对女子B耳语到"哎，你老公最近脸色不错呀。"女子B回答说"他呀，尽用我的大宝SOD蜜了"。

场景切换为两男子。男子C大叫到"又用我的呀！"男子D嬉皮笑脸地回应说"我……我那瓶，都让我老爸用了。"场景再次切换。女子E悄悄问道，"感觉怎么样？"女子F一边涂抹大宝，一边陶醉地说"吸收特别快，挺舒服的。"场景转换。男子G责怪地说，"我跟我媳妇说呀，你也弄瓶贵点儿的呀，可人家就认准大宝了。"最后，女声画外音脆生生地喊道"大宝，明天见！"而一个阳光男孩手持大宝，回身站立，笑盈盈地说，"大宝，天天见！"在这支广告中，久违了的口语化表述和生动浓厚的市民色彩，让广大消费者倍感熨帖。

小结：

历史是指文化的发生、发展和延伸，作为正史的广告虽然并不漫长，却极为丰富和有趣，许多经典理论和经典案例至今依然影响着广告人，甚至普通人的生活，而作为塑造品牌和传递信息的重要手段，广告也将在横向的国际化和纵向的技术化演进中继续呈现其不可替代的光芒。

课堂练习：

1. USP理论的特点是什么？时至今日，它还有适用性吗？请举例说明。

2. 定位理论的核心是什么？按照你的理解，举出适当的案例。

3. 雀巢咖啡（Nestlé）有句著名的广告语"味道好极了"，它是如此经典，以至于雀巢公司在全球重金征集新广告语时，竟发现没有一句比它更优秀。你喝雀巢咖啡吗？你能回想起它最近的广告语吗？

思考题：20世纪90年代的香港广告

20世纪90年代，香港流行文化对内地的

影响极大。香港流行文化的形成颇为复杂，其中既有来自欧美的先进理念，也有来自中国的民间传奇，渗透到生活各个层面，即表现为并肩而存、兼容并蓄的特征，而体现在广告中，则是光怪陆离，互不拖欠。

首先，由于文化观念或意识形态的非一统化，使香港产生了大量中西杂糅的创意作品。"人头马一开，好事自然来"便是其中的代表作，人头马是地道的洋酒，广告语却带有热闹、吉利、讨口彩的中国味儿，与之相应的广告片也呈现出夜店、欢歌、美女、麻将、财源滚滚等土洋结合的画面。而另一支获得大奖的广告片则是人头马特级干邑的《大红灯笼篇》，这支广告完全戏仿当红影片《大红灯笼高高挂》中的场景，灰调的北方民居，炽亮的红色灯笼，当管家挑灯大喊"大少今晚……喝CLUB"时，由于"点灯"一幕由娇妻美妾转化成异域洋酒，而让人既感觉意外，更感觉欢乐。

香港创意，还有一个非常重要的特点就是——无厘头。无厘头，原是广东佛山等地的一句俗话，意思是一个人说话做事无中心，无明确目的，粗俗随意，而港式创意就常常采用这种手法，让画面跳跃闪烁，言辞新奇古怪。如在一则超市广告中，身着黑色紧身衣的蒙面女子，脚登旱冰鞋在超市货架间来往穿梭，她的一条胳膊前伸，手做削割状，而手到之处，物品的价格统统被砍断。这个广告的中心概念是"削价"，扑朔迷离、诡谲荒诞的画面调性正是典型的无厘头风格。

作为大众文化的兴起之地，启用大明星也是香港广告的一贯手段，无论是铁达时手表、百事可乐，还是和记电讯、爱立信电话，都曾连续多年采用当红明星担当主角，而哪里有当红明星的身影，哪里就必然是万千目光的聚焦之处。此外，由于香港市民的生活压力较大，轻松活泼的卡通形象也因此成为香港广告的特色之一，其中的经典案例是"地产街"的"三只白白猪"。"白白猪"的形象非常可爱，广告歌更是发噱，歌词唱到，"三只白白猪，各自去揾屋，猪哥哥无厘头问police，猪姐姐通街逛，好彩有只白白猪，醒醒目目禁电脑，港九到处样样盘，地产街睇到晒。"

如今，香港广告同整个香港文化一样呈现衰落之态，但那些大惊小怪、不受束缚、惟新惟奇的创意方式，依然留存在许多广告人的记忆中，你是否喜欢这些广告？为什么？

第3章

品牌学

■ 案例：无印良品

20世纪80年代，日本经历了第二次世界大战后的第二次发展高潮，由于受到大量投机活动的支撑，导致消费者欲望膨胀，市场上名牌盛行，而设计界似乎也以繁复修饰为导向，追求所谓的视觉冲击力。

"无印良品"（MUJI）正是在这种背景下诞生的。无印良品由日本西友株式会社（Seiyu）成立于1980年，其日文原文为"Mujirushi Ryohin"，其中，"Mujirushi"的含义是"没有花纹"，引申为没有品牌标志，"Ryohin"则是指产品具有优良的品质。所以，"无印良品"就是"没有商标，但品质优异"的意思。无印良品最初向消费者提供经济实惠的日用品、食品和服装，产品类别从铅笔、笔记本、食品到厨房的基本用具，后来也开始进入房屋建筑、花店、咖啡店等行业，如今则成为涵盖6000多种品类的大型生活体验店（Life Style Store）。1983年，无印良品在东京青山开设了第一家旗舰店，1991年，在伦敦开设了第一家海外专卖店，后陆续进入法国、瑞典、意大利、挪威、爱尔兰等国。

早期无印良品的设计师团队是由田中一光、小池一子、天野胜和杉本贯志等人组成。在国宝级设计师田中一光的主持下，无印良品开始建立了独特的设计风格，即在"基本"与"普遍"间寻找价值，在"朴素"与"简约"中塑造审美，这种风格是对当时盛行的消费主义的反拨，是泡沫经济下的一股清流。早年的无印良品刻意回避商业宣传，其原因正如创始人之一木内正夫所言：我们在产品设计上吸取了顶尖设计师的想法和前卫的概念，这本身就起到了优秀广告的作用。

2002年，原研哉（Kenya Hara）加入无印良品。他发现，人们对无印良品抱有某种矛盾的态度，他们既喜爱，又疑惑，还有一些设计理念因未被充分了解而受到忽略。原研哉认为，通过产品向人们无声传递信息固然是一种巧妙的方式，但品牌所具有的源于生活的智慧，需要更加明确化和形象化，才能获得共鸣。于是，他开始着手为无印良品界定清晰的品牌特征，并将商品的设计提升到生活方式的高度。

原研哉所设定的生活方式可概括为"物的愉悦"和"极简主张"两个方面。所谓"物的愉悦"是指无印良品能为人们带来良好的生活品质感。此时的无印良品已由最初价廉物美的提供者，升华为一种有质感生活方式的提供者了，而这种质感则是"无印良品"既有的"空"、"无，亦是有"等设计理念的演化，是日本独有的侘び寂び（WabiSabi）美学和现代造型的结合，是在空灵之上体现出来的温暖的生活气息。日本现代设计显然受到了欧洲设计，如包豪斯设计的深刻影响，但它的独特之处却在于浓郁的日式情怀。这种设计朴素、高贵，却因加入了人的情感而清新柔和，触手可及。此外，将产品生产合理化，追求"聪明的价格"也是"物的愉悦"的一部分，这将意味着无印良品不会只使用最便宜的材料，也不会省掉必要的工序，而要用美好的设计造福社会。

无印良品的另一个主张是极简主义。产品将去除一切不必要的繁琐加工，而致力于具有美感的素材和功能本身。就材料而言，无印良品更多使用木、麻等天然材料，且尽可能地保留材料的原生属性，如使用木材时，只在木材表面涂饰清漆以显出木头的纹理，使用麻纤维时，会让纤维展现出粗糙的质感，即便使用金属，设计师也会将金属表面处理为暗化或哑光。对环保再生材料的重视也是无印良品在商品开发时恪守的原则，公司对设计、原材料、价格都制订了严格的标准，许多材料，如PVC、特氟隆、甜菊、山梨酸等都被规定在禁用范围内。而极简主张同时也反映在花纹和色彩上。例如，公司会要求服装类产品严格遵守无花纹、格纹、条纹的设计原则，配色也以清淡从容为主，所以，在其专卖店里，大多数产品的主色调都是白色、黑色、米色、蓝色或褐色的，无论当年的流行色多么受欢迎，无印良品也不会违背原则去进行跟风式开发。

此外，面向大众的沟通计划也被正式提出。原研哉对无印良品的塑造是从品牌标志开始的，他确立的标志由4个字母"MUJI"组成，其标准色为浅褐色，来源于制造纸张时，将漂白纸浆程序减去后成品所呈现出的自然色彩。无印良品的包装也被简化到最基本的状态，包装袋上除褐色品牌名称外，往往别无一物，其他样式上，也多采用透明或半透明处理，设计师甚至希望舍去产品上的商标，例如在衣领后不设商标，只贴一张透明胶带纸以标明尺寸，并在试衣时撕去。

原研哉主持下的无印良品开始投放广告，2003年，无印良品广告的核心概念是"地平线"（图3-1）。这是一套以人类罕至之地为主题的平面广告，包括：天空之境乌尤尼盐湖和蒙古马鲁哈平原。这一系列广告没有多余文字，它醒目的标志字同时兼任了广告语和广告商标的双重功能。原研哉在《设计中的设计》中这样写道，"我们为什么需要这样一条地平线？这是因为我们想要让人们看到一个能够体现普遍的自然真理的景象。当人立于地平线之上，会显得非常渺小。这些画面虽然单纯，却能深深地表现出人与地球间的关系。"的确，地平线空无一物又蕴涵所有，因眼界无限而洞穿一切。可以说，原研哉用"虚无"引领受众进行了对品牌的多元化解读。

除大众媒体外，无印良品也会在任何一个接触消费者的地方，用一种润物细无声的方式传递它们的品牌声音，而那些看似无意的设计，往往是无所不在的精心设计的一部分。例如，他们会收集独特、小众且契合品牌调性的音乐在门店内播放，从青山到布宜诺斯艾利斯，从米兰到斯德哥尔摩，在清空

图3-1　无印良品《地平线》系列

唯美的格调和旋律中，消费者可以静静地体验那些承载着"物的愉悦"和"极简美学"的美好设计。

"天鹅理论"指出，天鹅在水面上从容游弋，但在水面之下，它却在一刻不停地划动双脚。作为一个以安静著称的品牌，无印良品就是天鹅理论的最佳诠释，它非常低调地保持着极简和单纯，却没有一个环节不是精密控制的结果。靠外在的无华简朴和内在的还原商品本质的讲究手法，企图抹去品牌印记的无印良品，最终成为受人敬仰的著名品牌。

通过本章节的学习，我们应掌握以下内容：

（1）品牌的定义及作用；

（2）品牌的显性要素和隐性要素；

（3）品牌的类别与策略；

（4）品牌与广告的关系。

人类记忆是由一个个信息节点组成的，而作为品牌，尤其是著名品牌，则会在人们脑海中建立起丰富的记忆节点，通过这些节点，潜移默化地影响人们的认知方式、使用

体验，甚至购买行为。本章我们将研究有关品牌的基础知识，以及品牌与广告间的亲密关系。

3.1 认知品牌

和现代生活中的诸多概念一样，我们对品牌的认识也是追加的，是19世纪以来社会生活各层面充分发展并科学化的综合结果。而作为现代社会的显学之一，品牌的内涵和外延亦在不断地改变之中。

3.1.1 品牌发展历程及定义

无论是广告，还是品牌，都是西方现代社会的产物，对它们的认识和研究，也将追溯到西方商品社会发展的源头，在此，我们首先来讨论品牌的诞生以及针对它展开的不同定义。

3.1.1.1 品牌的诞生

早年，由于生产力低下，社会产品不够丰富，求大于供，所以制造者和中间商只需把产品直接从田间地头取出，放上货架即可完成销售，品牌和标识在当时还没有用武之地。但到中世纪时，当商贸产生的物品交换不断扩大，商品的良莠不齐成为一个社会问题时，欧洲的同业组织便开始竭力劝服手工业者为自己的产品加上商标，以避免来自劣质商品的冲击和侵害，原始的品牌概念也随之诞生。

"品牌"一词源于英文单词"brand"，而"brand"又源于古挪威语"brandr"，据说这是当年牧场主为区别自家的牛与人家的牛而特意在牛身上烙下的痕迹，是一个私有财产的标志。而后，随着时代发展，在经过工业革命和信息革命的一系列洗礼后，这个原本烙在动物身上的标徽，开始向更为广泛的有形或无形的产品上转移。

3.1.1.2 品牌的定义

虽然品牌已成为现代社会使用频率最高的词汇之一，但对它的认知却是一个长久的过程，有关它的定义也纷繁复杂，在此，我们将它们梳理分析，归纳为以下四个基本类型。

符号说。这个说法着眼于品牌的识别功能，它将品牌看作一种具有区别性质的特殊符号。权威机构美国市场营销协会（AMA）1960年对品牌所作的定义就属此类。他们认为："品牌是用以识别一个或一群产品或服务的名称、术语、象征、记号或设计及其组合，以和其他竞争者的产品或服务相区别。"美国营销学家菲利普·科特勒（Philip Kotler）也得出过一个类似的结论："品牌是一个名字、称谓、符号、设计，或是上述的总和，其目的是使自己的产品或服务有别于其他竞争者。"在"符号说"看来，品牌就像一个人的身份证号码，只不过有的身份伟大一些，有的身份平凡一些。

综合说。这个定义是从品牌的信息整合功能入手，将品牌置于营销乃至整个社会大环境中加以分析而得出的。其中最有代表性的说法由大卫·奥格威于在1955年提出，他认为"品牌是一种错综复杂的象征，是商品的属性、名称、包装、价格、历史、声誉、广告风格的无形组合。"这个说法因广告人的加入，而更侧重于广告的宣传和受众的接受，因为在广告人看来，品牌不只是印在包装上的名字，也不是包装里的东西，甚至不是某个问题的解决方案，而是某家公司经年累月在市场上积累下的各种感觉、想法、形象、历史、可能性加上传言的集大成者。

关系说。这个说法是从品牌与消费者的沟通性上来阐述的。"关系说"有个哲学层面的来源，即接受美学，所以，这种说法的持有者认为：品牌最终得到认同，与消费者的情感化消费密不可分。也就是说，品牌是一种偏见，是消费者或某些权威机构认定的一种价值倾向，是社会评论的结果。1989年，伦敦商界召开了题为"永恒的品牌"的研讨会，会上就出台了一个相当哲学化的关于品牌的定义，即"品牌是消费者意识感觉的简单收集。"

资源说。资源说是所有定义中最为理性和现实的，这个说法站在经济学立场上，着眼于品牌的实际价值，突出的是品牌作为一种无形财产，给企业带来的财富和利润。代表性说法是美国人亚历山大·贝尔（Alexander L. Biel）提出的"品牌资产是一种超越生产、商品及所有有形资产以外的价值。"在这种冷静的定义之下，品牌脱去了温情脉脉的外衣，光明正大地出现在了财务报表上。

以上四类定义从各自角度出发，对品牌内涵做出了不同界定。综上所述，我们可以说，品牌是能给拥有者带来溢价、产生增值的一种无形资产，它的载体是用以和其他竞争者的产品或服务相区分的名称、术语、象征、记号或设计及其组合，而其增值的源泉则是消费者心智中形成的关于它的所有印象的总和。

3.1.2 品牌的作用

品牌不仅仅是产品的展现，也不仅仅意味着成千上万的广告投入和形象塑造，关于品牌的作用似乎一言难尽，但我们可以肯定的是，人们对一个品牌的记忆连接越广泛、越新鲜，这个品牌就越容易被注意和联想，也越容易被选择和忠于。

3.1.2.1 区分产品

在商品社会里，品牌成了天经地义的事物，人们穿耐克的鞋，喝星巴克的咖啡，住万科的房子，开丰田的车，人们使用的大多数商品都拥有品牌，无论是食盐，还是果仁，无论是整车，还是配件。但仍有一些产品是没有品牌的，在一些小城市和农村，就有很多"无品牌"产品，如面条、毛巾或卫生纸等，它们往往品质平凡，包装平淡，但因为厂家在质量、包装、广告等方面的较低支出，使它们能够拥有低廉的价格，所以，在低收入低消费地区，它们仍有一定的生存空间。只是，随着竞争的激烈和消费水平的增加，"无品牌"产品将越来越少，当商品经济发展到一定阶段，商品供过于求时，人们就必须在无数种商品间进行选择，而将它们区别开正是品牌的第一要务。19世纪就曾是品牌诞生的黄金年代，这一时期，生产商们开始用品牌来区分产品，并产生了大量辉煌至今的优秀品牌，如桂格燕麦（QUAKER OATS）、亨氏食品（HEINZ）、宝洁公司（P&G）等。

此外，任何一个领域的同质化程度都在不断加重，例如，可口可乐和百事可乐，奔驰和宝马，佳洁士和高露洁等，都会因同质化而产生竞争，帮助品牌在竞争中加以区隔，也是塑造品牌的永恒主题。

3.1.2.2 赚取高额利润

当代社会仅靠出售商品是很难获利的，真正的高额利润都靠出售品牌来赚取。例如，全球的咖啡产地大多在南美洲，但绝大多数咖啡品牌却为北美和欧洲公司所拥有：雀巢（Nestlé）是瑞士品牌，麦斯威尔（Maxwell House）和星巴克（Starbucks）是美国品牌。咖啡种植者辛苦劳作仅能维生，咖啡品牌拥有者却资金雄厚、逍遥自在。同样道理，全球运动鞋大都为亚洲工厂所制造，但那些知名品牌却由美国和欧洲公司控制：耐克（Nike）和锐步（Reebok）是美国品牌，阿迪达斯（Adidas）和彪马（PUMA）是德国品牌。在运动鞋制造者相对贫困的前提下，运动品牌所有者则不仅生活富裕，还受到崇敬。此外许多行业，如橡胶、糖制品、香料、农产品，无不如此。

品牌给商品带来了巨大的附加值，也就是说，企业通过创造和维护知名度较高的品牌，就能使其以高于同类商品平均价的价格出售，从而获得超出成本的高额利润。

3.1.2.3　获取社会价值

威士忌、香烟或啤酒在产品间的差异很小，但受消费者拥趸的程度却有天壤之别，这是因为品牌已成为某种社会价值和象征价值的缘故。社会价值是指产品或服务在某个社会背景中的意义，象征价值是指产品和服务在消费者心目中产生的非字面含义，事实上，几乎所有品牌的产品都会在某种程度上依赖社会价值和象征价值创造财富，而品牌作为一种从属于上层建筑的社会现象，既反映社会，也反作用于社会。

3.1.2.4　成为无形资产

最后，品牌不仅是语意上的架构，不仅可以通过商品的售卖获得溢价，更可成为企业的无形资产。无形资产是指企业拥有或控制的没有实物形态，但可辨认的非货币性资产。

在一个高度资本化的社会里，品牌与消费者之间的关系将明白无误地转化为金钱，有时可能高达数十亿金额。可口可乐总裁曾说过一句非常著名的话："假如某天可口可乐的工厂被一把大火烧掉，第二天全世界各大媒体的头版头条一定是银行争相给可口可乐贷款的消息。"话虽夸张，却包含了可口可乐公司对自家品牌的强烈自信，因为全世界数以万计的企业都可以生产碳酸饮料，却没有一家公司能够代替可口可乐，而这就是可以随时变现的无形资产。

3.2　品牌构成要素

除非是新品牌或新公司，否则必然会有一堆与之相关的好好坏坏的联想，人们称之为"品牌资产"，我们将这些错综复杂的相关因素分为显性和隐性两个类别。其中，显性要素是指对品牌的认知，它们是品牌外在的、表象的东西，可直接给消费者以感官冲击，而隐性要素则内含在人们对品牌的感觉中，需要通过对品牌资产的长期管理，以及与消费者的长期互动才能形成。隐形要素和显性要素并没有绝对的界限，很多隐形要素需建立在显性要素的基础上，而显性要素又常常是隐形要素的外在表达。

3.2.1　显性要素

显性要素主要包括：品牌名称、标志与图标、标准字、标志色、包装、品牌口号、商业吉祥物、店面设计、声音等。

3.2.1.1　品牌名称

品牌名称是一个基本而重要的构成要素，它往往简洁地反映了品牌的中心内容。很多品牌名称有其历史渊源，如以创始人名字命名的雅诗兰黛（Estee Lauder）、戴尔电脑（DELL），或源于创始时的某个地点及偶然因素的万宝路（Marlboro）、星巴克（Starbucks）等。而一些现代品牌则因意识到了名称的重要性而在建立之初，就依据经验和规律开发出了正式的命名原则。这些策略往往从审视产品利益、细分市场和传递价值主张着手，力图使品牌名称在未来推广中能尽可能地反映产品的利益和质量，并满足消费者的期待。这些原则包括：品牌名称需易于发音，易于辨认和记忆，易于翻译成外国文字等。例如，新泽西标准石油公司（Standard Oil）曾花费巨款在150多个外国市场，用54种语言进行测试，才最终将新名称确定为Exxon（埃克森）。

一旦选定品牌名称，公司还需花费大量的金钱和精力去保护它，保护一个成功的品牌名称需要多方面的经验，既要避免它受到竞争者的打击，又要避免它因时代变化或法律问题而丧失价值。可口可乐为保护其名称的独有权，就曾经历官司无数，甚至为应对法律诉讼而专门制订了《可口可乐法典》，以警告那些胆敢触犯权威的小公司们。此外，历史上也有一些品牌因为非凡的成功而危及了公司对其名称的独占权，如阿司匹林（Aspirin）、尼龙（Nylon）、煤油（Kerosene）、蹦床（Trampo line）、电梯（Escalator）、暖水瓶（Thermos）、吸管（Shredded Wheat）等，它们曾是某个企业的品牌名，却因过于普及而成为某类产品的通用名。

3.2.1.2 标识与图标、标准字、标准色

除品牌名称外，标识与图标、标准字、标志色也是品牌识别体系的重要元素，它们可以用来激发视觉感知，从而给人以具体的形象记忆。所谓标志与图标是指企业专门设计的具有一定含义，并能使人理解的视觉图形，英文以"logo"表示；而标准字则是指经过设计的专门用以表现企业名称或品牌名称的字体，有的品牌将标识和标准字组合使用，有的标准字同时起到标志的作用。而标准色是指品牌为塑造独特的企业形象而确定的某一个特定色彩或某一组特定的色彩系统。

3.2.1.3 广告口号（Slogan）

口号在英文里被称为"slogan"，也就是品牌语或广告语，是集中体现阶段性战略的一句话或一个词组，并将在一个阶段内长期使用。口号的作用仅次于品牌名称和品牌标识，在很多场合，它们也被组合应用。口号对于消费者的意义在于它所传递的核心理念，因为它所表达的往往是一家公司最为显著的特征或其产品最为突出的特点。那些著名的口号，总是和品牌紧密相连的，例如，通用电器公司（GE）不仅是全球市值最高的公司之一，不仅拥有全球最杰出的管理大师约翰·韦尔奇（Jack Welch），还有一句使用了20多年的著名口号：GE带来美好生活。

3.2.1.4 商业吉祥物

商业吉祥物是指企业为突出公司或产品的个性而选择的具备特殊精神内涵的事物，它们往往以拟人化的象征手法和夸张的表现形式来吸引消费者，最终成为企业形象的具象化符号，如七喜（7-Up）无拘无束的线描人菲都狄都（FIDO DIDO）、依云（Evian）活泼可爱的小水娃、酷儿（QOO）中那个小脸红红的卡通形象，都深得消费者喜爱。

相对于现实世界明星大腕的朝令夕改，来自虚拟世界的商业吉祥物往往更为忠诚。它们由品牌主创造，由品牌主赋予个性和情感，还能青春永驻，穿越时空，始终尽职尽责地为品牌服务。所以，《广告时代》评选出的美国20世纪十大品牌代言人中基本都是虚拟化形象，比如，劲量（Energizer）兔子、米其林（Michelin）轮胎人等。有着圆圆眼睛和可爱笑容的米其林轮胎人必比登（Bibendum）诞生于1894年，至今已有100多年的历史，在广告史上，它的地位简直无与伦比。

3.2.1.5 店面设计

对某些行业，如快餐或服装业来说，店面设计对树立品牌形象和吸引消费者有着极为重要的作用，店面设计涉及美学、心理学、光学、声学等多学科知识的综合运用，而对一个品牌而言，比技术更为重要的是理念，也就是对目标消费者的定位，以及清晰的定位传达。世界各地的"苹果体验店"无论在风格设计，还是材质摆设方面都具有很大的相似性，这种相似不是一砖一瓦的相似，而是符合苹果理念的气质上的相似，例如，都会包括玻璃楼梯和浅木色大型方桌，但在此基础上，每处旗舰店又会结合当地文化，设计出充满质感的地方风情，同样是透明玻璃，上海浦东店的透明玻璃为圆柱体，麦哈顿第五大道的玻璃为立方体，卢浮宫店则为透明金字塔形，如出一辙，又形形色色。

3.2.1.6 声音

让人联想到某个品牌的声音，也可算作品牌的显性要素，按表现形式，可分为：

广告歌，背景音乐和品牌标志音乐等。其中广告歌是品牌主为品牌传播特意创作或购买的歌曲，包括特定的旋律和特定的歌词。背景音乐，也称伴乐、配乐，通常是指用于调节气氛的音乐，如果该背景音乐是独有的，可以赋予品牌个性，增强品牌辨识度，也可视为品牌的良性资产。而品牌标志音乐，即Jingle，则属于一种更为独特的音乐元素。Jingle在牛津词典中解释为"吸引人又易记的，简短的韵文或歌曲（尤指广播或电视广告中）"，它能帮助消费者记忆品牌，忠诚品牌，可以达到另辟蹊径的传播效果。

■ 案例：我就喜欢

麦当劳公司在相当长时间内都把儿童作为自己的目标消费人群，为此，他们塑造了麦当劳叔叔，并在餐厅内建立儿童乐园，还通过文艺作品和电子游戏创造了大量卡通人物，希望以此吸引那些以儿童为中心的消费家庭。但是，随着时光推移和社会变迁，麦当劳逐渐发现快餐的重度消费者已从儿童群体转移为青少年群体，而对青少年来说，自己的品牌定位不仅陈旧，甚至幼稚可笑。于是，2003年，麦当劳决定将目标人群进行转化，并在世界范围内推行全新的品牌策略。

作为营销战略的最要组成部分，"I'm lovin'it"也因此成为麦当劳首个在全球范围内推广的品牌口号。"I'm lovin'it"由隶属于DDB德国的广告公司Heye&Partner提出，并在不同国家被翻译成不同语言，在中国大陆，它被翻译成我们非常熟悉的"我就喜欢"。

2003年9月25日，麦当劳正式淘汰了其使用了近50年的广告语"常常欢笑，尝尝麦当劳"，同时全面启用全新的品牌标识、口号、电视广告、主题歌曲及员工制服。也就是说，

图3-2　2003年麦当劳发布全新标语

它用一种属于现代的时尚价值全面取代了属于古典的温馨理念（图3-2）。

3.2.2　隐性要素

品牌的隐性要素是指内含于品牌，不能被直接感知的那些因素，在本书中，我们将其归纳为品牌属性、品牌价值、品牌个性以及品牌体验。

3.2.2.1　品牌属性

品牌首先是用来区别产品或服务的，所以，品牌首先应该把产品或服务的属性带给人们，并向购买者承诺所属产品或服务的质量，保证品牌购买者每次都能买到和以前一样的质量。品牌属性也可帮助购买者在实施购买行为时提高效率。试想，当消费者进入超级市场，面对成千上万的"无品牌"产品时，想作出一个正确选择必然是件困难的事情。

此外，人类对新产品的欲望也是没有尽头的，这种需求导致了新产品的不断产生，而新产品又创造出新的需求，并需要更新的产品来满足它。这条永无止境的欲望的链条也使品牌需要不断承载新的属性。

3.2.2.2　品牌价值

在品牌属性的基础上，消费者还希望获得由品牌带来的独特功能或情感利益，如果说品牌属性属于生产商的话，那么，品牌价值则属于消费者，也就是说，只有消费者认

可的属性才能带来价值。优秀的品牌还能为消费者提供附加价值，这些附加价值往往就是消费者价值观的体现。例如潘婷承诺消费者一头"健康亮泽"的头发，宝马承诺消费者"纯粹的驾驶乐趣"，星巴克承诺消费者"一杯好咖啡和一个聊天的好去处"，耐克则承诺消费者"一往无前的信心与勇气"等，正是这些附加价值的存在，使每个品牌互不相同，又各有所长。

3.2.2.3 品牌个性

动机研究者们常常发问："如果品牌是一个人，那他将是一个什么样的人？"

品牌个性是20世纪80年代中后期由广告界提出的，该理念的主要观点包括：品牌个性是由商品定位和情感倾向组成的，核心却是品牌的人格化，即赋予品牌生命，使其如活生生的"人"一样行动和思考，同时，借助消费者对这种人格化魅力的热爱而制造品牌崇拜。由此可见，描述人类个性的词汇，如纯真、刺激、温柔、性感、强势、威严等，都能够用来定义品牌。

品牌个性往往与消费者的个性相对应，即所谓"物以类聚，人以群分。"一个品牌会吸引那些实际形象或期望形象与品牌相一致的消费者。例如，左岸咖啡会吸引孤独浪漫的人，七喜会吸引古灵精怪的人，维珍会吸引叛逆嬉皮的人，奔驰会吸引尊贵威严的人，等等，每个品牌都会获得相应人群的呼应和热爱，而塑造品牌个性的最终目的也正是希望以这种理想中的个性来亲近消费者，通过其间的微妙联系敲开消费者的心扉。

3.2.2.4 品牌体验

所谓品牌体验是指消费者对某些品牌经历所产生的个别化感受，也就是说，品牌体验是顾客对品牌的具体经历和感受，事实上，品牌体验的内涵远远超出了具体产品和服务的范畴，它包含着顾客和品牌间的每一次互动——从认识，到选择、购买、使用、重复购买，以及时机、经历和回忆等。心理学教授托马斯·季洛维奇（Thomas Gilovich）曾说："你的个人体验具有更少的可比性，它们很少受到不公平的社会对比的支配和侵扰，所以会持续更长的时间。"所以，品牌体验是很难进行量化的，因为它只属于消费者个人。但这并不意味着品牌主可对此加以漠视，事实上，品牌主应努力创造品牌体验，即在品牌产品或服务购买前后，尽可能地按照某种方式去提升目标受众的良好感觉。例如，豆瓣网就为受众创造了一个不被打扰的安静的精神角落，从而获得了极高的品牌忠诚度和黏着度。

■ 案例：迪赛尔

迪赛尔（Diesel）是一个意大利牛仔时装品牌，由伦佐·罗索（Renzo Rosso）于20世纪70年代创立。上市之初，它那些由手工漂洗做旧的脏裤（Dirty），因标志性的破洞、污渍而屡屡遭到消费者的质量投诉——他们误以为那是残次品，而当它在纽约李维斯（Levi's）牛仔服卖场对面建立旗舰店时，更被嘲笑为蚍蜉撼树、自不量力。但30年后，迪赛尔成为性感、时髦、先锋的象征，更有遍布全球的忠实粉丝。而这一成果的实现，正是因为该品牌在创立之初就已确定的先锋前卫的品牌调性，为此，迪塞尔的服装设计永远不同寻常，其营销方式、公关态度也无一不表现得另类而大胆，甚至在受到批评、遭到抵制时，也绝不放低身价，恰恰因为对这种充满野性叛逆风格的不断坚持，使那些头生反骨的年轻人与迪赛尔之间形成了某种小众的自鸣得意式的默契，就像罗索自己所说的那样："迪赛尔从不诱导消费者该买什么，而是传递一种对生活的感受，我相信消费者的智力，他们也相信我。"（图3-3）

图3-3 迪赛尔"做个蠢人"系列平面广告

3.3 品牌的类别与策略

人们会依据不同的标准将品牌归类，也会对品牌的管理采取不同策略，而广告行业在探讨品牌策略时，往往更注重品牌的传播与维护。

3.3.1 品牌类别

将品牌分类是为了论述和研究的便利，而非某种绝对化的操作方式。

按照认知的广度和地域范围，我们可将品牌划分为地区品牌、国家品牌和国际品牌。地区品牌是指影响力和辐射力只限某一地区的品牌，例如人们旅游时买到的当地香烟或啤酒；国家品牌是指畅销本国，有大规模持续性广告投入，市场占有率较高的品牌，如大部分的国产汽车；国际品牌是指具有较高国际知名度和信誉度，具有强大竞争优势和较广覆盖地域的品牌，如苹果手机、Windows系统、奔驰汽车等。

按照性质、价值和消费层次，品牌也可被分为大众品牌和奢侈品牌。大众品牌是指面向广大群体，以高市场占有率为特征的品牌，如优衣库、可口可乐；奢侈品牌则是指面向少数甚至是极少数群体，以高定价、低产量为特征的品牌，如英国的劳斯莱斯（Rolls-Royce）汽车因很多部件为手工制作而产量极低，故被视为身份和地位的象征。

按照品牌的技术含量，可将品牌划分为高技术含量品牌和一般技术含量品牌。无论处于何种技术水平，都可创出著名品牌。例如，麦当劳的技术含量并不高，但因其创造性的营销模式而成为美国文化的代表，而一些高科技公司，若想保持品牌优势，却必须不断进行技术创新，如摩托罗拉、诺基亚等曾经的科技巨人正因未能及时调整技术战略而折戟沉沙。

按照包含产品类别的数量，还可将品牌分为单一产品品牌与系列产品品牌。只包含一个产品类别的品牌称之为单一产品品牌，如万宝路（Marlboro）、波音飞机（Boeing）、喜力啤酒（Heineken）等。如果一个品牌名下包含多款产品，则被称为系列产品品牌，如雀巢、娃哈哈、维维等。以雀巢为例，其品牌名下就包括雀巢咖啡、雀巢奶粉和雀巢饼干等多个产品类别。

此外，按照行业分类，则有多少种行业，就有多少种行业品牌，如烟草品牌中的万宝路、555、健牌（KENT）；餐饮业品牌中的麦当劳、可口可乐、肯德基；汽车品牌中的奔驰、劳斯莱斯、福特、宝马等。可见，品牌分类在实际运用中，将因不同需求而被加以界定。

3.3.2 品牌策略

品牌策略是指企业为不断获得和保持竞争优势，对品牌资产进行战略性思考和行动的过程。一般而言，有四种品牌策略可供企业选择，即产品延伸策略、品牌延伸策略、多品牌策略和新品牌策略。

3.3.2.1 产品延伸策略和品牌延伸策略

产品延伸策略是指在同一品牌名称下，在既定产品种类中引进加项，如新风格、新形式、新颜色、新增配料或新增包装尺寸等。企业用这种方法推出新产品，以满足不同消费者的要求，消化过剩生产力，或仅仅为了从零售商那里得到更多的货架。

品牌延伸策略是指利用已经成功的品牌名称推出另一类产品的策略。一个有口皆碑的品牌往往能帮助企业更加顺利地涉足新的产品种类，并能引起消费者对新产品的确认和接受。索尼公司用它的品牌名称命名所有新的电器产品，每当这些新产品面世时，很快就会受到消费者的认可。可见，成功的品牌延伸策略可以大大节约营销推广费用。

3.3.2.2 多品牌策略

多品牌策略是指企业为改变产品特征和适应不同购买动机，而提供不同品牌名称的做法。多品牌策略可帮助企业在同一类产品中建立两种以上的品牌，例如，宝洁公司总是推出同类产品的不同品牌，以占领更多的细分市场和中间商货架。有时，企业采用多品牌策略则是因为它在收购竞争企业的过程中继承了不同品牌，而这些品牌都有忠实拥护者的缘故。也有一些企业为适应不同文化或语言的需要，而在不同地区或国家建立不同品牌。此外，还有一些公司为保护主品牌而建立多个副品牌以形成防御圈。例如，成

立于1993年的缪缪（MiuMiu）就是普拉达（Prada）的副品牌，是同一设计理念的不同表现方式，其实质是占领无法承担主品牌高昂价格的年轻女性市场。

3.3.2.3 新品牌策略

新品牌策略是指企业意欲进入一个新的产品种类，但现有品牌名称或定位没有一个适合，于是，不得不建立一个新名称的策略。例如，第二次世界大战后，丰田（Toyota）公司生产的汽车依靠价廉物美，成功进入美国市场，但当其品质受到充分肯定后，却发现无论如何努力，都会因人们对丰田品牌的固有印象而无法进入高档车行列，于是，丰田公司不得不放弃原有名称而推出一个全新名字——雷克萨斯（Lexus）。还有一种情况是，企业现有品牌的影响力或品牌结构遇到了问题，需要一个新的品牌架构加以唤醒。例如，2003年，烟草巨头菲利浦·莫里斯（Philip Morris）的母公司更名为奥驰亚集团（Altria），更名后，菲莫公司（菲利浦·莫里斯公司的简称）将专营烟草业，原菲莫公司名下的其他产业，如著名的卡夫食品（Kraft）公司，则与烟草业彻底区隔开来。同样，企业也会因收购行为而获得新品类中的新品牌。

■ 案例：雀巢公司

雀巢是速溶咖啡的代名词，但其公司的快速成长并非单纯依赖咖啡，而是建立在一个完整的品牌体系基础上的。例如，除咖啡外，其产品类别还包括奶制品、冷冻食品、饮料、宠物食品、预制食品、糖果、饼干、烹调作料和营养品等，后来还延伸到了制药和化妆品行业。而在每一类产品中，公司又设置有不同品牌，如在矿泉水这个大类中，就包含有巴黎水（Perrier）、康婷（台译：矿翠，Contrex）、伟图（vittel）、薇拉（Vera）、

圣培露天然气泡水（San Pellegrino）等十几种品牌，其中，有些品牌是由雀巢公司自己创立的，有些则是通过兼并和收购获得的。如巴黎水是一个法国天然气泡水品牌，曾被称作"Les Bouillens"（法语中意为"沸腾之水"），1903年改名为Perrier，它原本属于巴黎维泰勒（Perrier Vittel）集团，该集团于1992年被雀巢公司收购；而圣培露天然气泡水也是1997年被雀巢公司收入麾下的，它特指容量为1.5L，形状、大小及瓶塞可比肩香槟，专为顶级酒店和餐厅设计的高端气泡水。

3.4 品牌与广告的关系

品牌的发展史与广告、商标的发展史相互交错、不可分割。广告是品牌的传播工具，商标是品牌的合法证明，而经过适当的营销和正确的广告传达后，品牌将触发消费者的情感认同，强化他们对产品的忠诚，而当同类商品充斥市场时，最具知名度且最受欢迎的品牌将稳操胜券。

3.4.1 品牌管理的开端

如果从人类产生品牌意识开始算起，大概已超过了5000年历史，但现代品牌概念的出现却是在19世纪70年代左右，主要还是指个体生产者拥有的消费品牌，直到20世纪，企业有了新的管理方式，开始重视广告的品牌宣传后，品牌管理才逐渐上升为职能管理部门，而宝洁公司正是当时进行品牌管理最早且最为卓越的企业之一。

20世纪30年代，宝洁公司就提出过由品牌管理小组来负责与生产、销售及品牌宣传相关工作的计划。这个计划的提出者是宝洁公司著名的CEO，后来成为美国国防部长的尼尔·麦克尔罗伊（Neil McElroy）。而他

1931年5月提出这个计划时，还只是宝洁公司一名中层营销经理，负责卡美香皂（Camay）的广告事务。当时，卡美香皂已经是宝洁的王牌产品，但麦克尔罗伊却发现其内部管理混乱无序：既无预算承诺，也无营销重点，于是，他决定为之勾画一个以品牌为核心的管理系统，并写下了至今仍被奉为经典的管理备忘录。

3.4.2 广告用来协助品牌管理

总的来说，广告可以在显性和隐性各个方面帮助建立和维护品牌。

广告手段可以用来构造品牌的表象特征。因为很多时候，无论是命名、标志，还是产品或包装，人们都是通过广告才获知的，此外，广告制作者还将深入研究消费者的购买心理，努力使消费者相信：在两个看上去相似的品牌中，一个会比另一个更好。

每个成功品牌背后都有它丰富的内在价值，以及这些价值所代表的意义。宝马代表性能，沃尔沃（VOLVO）代表安全，联邦快递（FedEx）代表快捷等，品牌一旦偏离核心价值，就会遭到消费者的抛弃，而在塑造和传递这些价值的过程中，广告是最得力的工具。例如，在USP理论盛行的时代，每个产品都被认为应该具有某种独特性，所以，广告的意义就是要找到这种独特性，并将其放大，到了奥格威时代，大量同质化产品充斥市场，已经很难从产品本身寻找什么差异性了，于是，广告又被用来建立产品的个性形象。

此外，任何产品都将经历它的生命周期：进入市场、被消费者接受、快速增长、逐渐成熟、步入衰退、退出市场。相对产品而言，品牌并没有必然衰退的过程。可口可乐于1886年面世，距今已有一百多年历史，但依然生机勃勃，当然，维持这个超级品牌是一个浩大工程，需要每年几十亿的营销投入，以及无微不至的广告支持。

3.4.3 品牌的建立并不完全依赖广告

品牌知名度可以依靠广告在短期内到达，而对品牌的联想和体验却是一个长期、丰富且复杂的工程。因为，品牌是在市场营销的基础上，有目的、全方位建立起来的综合印象，它将涉及市场调查、市场战略、产品策略、渠道建设、广告宣传、营销策略、营销管理、品牌管理等多方面的工作，而广告是其中重要的一环，却不是唯一的一环。例如，消费者对产品品质的认可与否就不是广告能完全承担的，而作为保持销售主要指标的品牌忠诚度，也不是广告宣传能够单方面达成的。

事实上，其中任何一个环节的缺失都会导致品牌的全线溃败，历史上，那些仅靠广告造就的轰动一时的企业，如巨人、三株、孔府宴、秦池等，其销售额曾达到一个惊人的数字，但最终还是土崩瓦解，而当广告极少的无印良品始终被高尚人士视为灵魂伴侣时，因"凡客体"红遍中国的凡客诚品却败走麦城，究其根本，都是因为他们把过多的资金、时间和希望寄托在广告宣传上，而忽略了品牌建设的其他方面。

链接：品牌员的职责

麦克尔罗伊备忘录的具体目的是招募几名新职员，其中一位是"品牌员"（brand man），另一位是"助理品牌员"（assistant brand man），此外还包括几位"现场核查员"（field check-up man）。在备忘录中，麦克尔罗伊对"品牌员"的职责和任务做出了非常具体的描述，它们包括：

1. 详细研究每个品牌的构成。

2. 找到品牌发展过程中不断改进的环节，考察并寻求配合默契、运行顺畅的综合措施，尽量在相关销售区域采用对应的处理方式。

3. 找到发展过程中的薄弱环节。

a. 通过从经销商到消费者的第一手资料，研究有关品牌广告和促销的历史，找到各销售区域的症结所在。

b. 发现弱点后，制定对症下药的"药方"。当然，不仅要找到对策，还要确定投入资金能否得到最合理的使用。

c. 将细化后的对策上报给管理这个薄弱销售区的分部经理，获得他对计划的许可和支持。

d. 从促销和其他方面获得物质支援。将计划下达给各部门，并始终与销售人员通力协作，保证计划在促销执行过程中没有遗漏。

e. 记录过往有价值的信息，所有有助于判断计划能否产生预期效果的实地研究都要进行。

4. 品牌员不仅要评价每条印刷文字的广告，还应对品牌印刷广告计划全面负责。

5. 全面管理品牌的其他广告开支！（作者注：指店内展示和促销活动）

6. 每年拜访几次区域经理，商讨销售区促销计划中可能存在的缺陷。

小结：

在没有品牌理论或品牌理论不够成熟的时候，市场营销和传播都会趋于短期利益，例如销售推广的过度使用、夸大其词的广告语言等，但企业主终于醒悟到，有些方式虽然会立竿见影，却无法长期发挥效用，因为消费者不是傻瓜，而是一个个有着丰富内心的具体的人，所以，当企业试着用品牌和他们进行沟通时，发现这才是一种更易产生默契的语言。

课堂练习：

1. 物质性越弱的商品，越易受到附加效果的影响，香烟就是这样，吸烟者对品牌有很强的忠诚度，不仅因为味道，还因为他们热爱的品牌里包含着他们期待的形象和情感联想，除香烟和啤酒外，你还能想到哪类产品具有这样的特征？请举例说明。

2. 不考虑钱的问题，你最想购买的名牌商品是什么？请用一两句话说明原因。

3. 宜家70%的产品是"made in china"（中国制造），但人们认可的却是上面的宜家商标（IKEA），你如何看待这种现象。

思考题：CIS理论

CIS理论（Corporate Identity System），即企业识别系统，是指为确定企业宗旨，规范企业行为，建立企业统一视觉识别符号而开展的对企业形象的总体设计，一般由理念识别（Mind Identity，MI）、行为识别（Behaviour Identity，BI）和视觉识别（Visual Identity，VI）三方面构成。

早期的CIS实践可追溯到德国的AEG电器公司。19世纪以前，很多商家或商人都有自己的商标，但尚未发挥出如今的力量。直到20世纪初，一些有远见的公司才意识到视觉设计所能产生的销售作用。1907年，AEG公司采用彼德·贝汉斯（Peter Berhens）设计的三个字母作为企业标志，并将其运用到电器产品、包装、广告、橱窗及信笺上，形成统一的形象识别，开启了企业建立视觉识别系统的先河。紧接着，在1932～1940年，英国实施了伦敦地下铁路工程，在此期间，爱德华·琼斯顿（Edward Johnston）为伦敦地铁设计了标志，还将其运用在车票、站牌、路标等处，并聘请多位艺术家为其进行海报、纪念碑和地铁本部的设计，这些设计成为CI战略形成的重要标志。

第二次世界大战后，国际经济复苏，企业经营者感到了建立统一识别系统，以及塑造独特经营理念的重要性。1956年，美国国际商用计算机公司以公司文化和企业形象为出发点，将公司的全称"International Business Machines"设计为富有品质感和时代感的"IBM"，使这个由八条蓝色横纹组成的商标在之后的半个世纪里成为"蓝色巨人"的形象代表。20世纪60年代后，欧美企业纷纷导入CI系统，其中的代表之作是以强烈的红色、独特的瓶形、律动的条纹所构成的可口可乐标志系统。伴随视觉识别系统的广受认可，理念识别和行为识别也加入进来，形成更为完善的统一体。而中国最早运用CI设计的品牌是太阳神，这个名不见经传的保健品品牌因此一炮而红。

通过以上陈述，我们可以看到：品牌发展不是一个抽象的概念，而是各种操作实践的具体化过程，请通过课下阅读，更多了解CIS理论的运作规律和核心要素，并阐释它与建立品牌间的内在联系。

第4章

市场营销学

■ 案例：Intel Inside

1968年，罗伯特·诺伊斯（Robert Noyce）与戈登·摩尔（Gordon Moore）带着仙童公司的安迪·格罗夫（Andy Grove）一起在加利福尼亚州的圣克拉拉创办了英特尔公司（Intel）。1971年，英特尔推出全球第一个微处理器芯片，之后，随着个人电脑的普及，这家以"集成电子"命名的高科技公司逐渐成为全球最大的计算机芯片生产商。1965年，戈登·摩尔提出了一套关于"半导体芯片可集成元器件数目每12个月便会增加一倍"的理论，这套理论被业界归纳成以他的名字命名的"摩尔定律"，并一度成为整个硅谷的最高信条。

但是，仅仅作为技术巨头，还不足以在瞬息万变的商业市场保持不败，高明的科技唯有和成功的营销相联手，才能最终确立霸主地位，而英特尔在这两个领域的表现同样出色，它的红色"X"运动和"内含英特尔"（Intel Inside）计划都被营销界视为经典，后者更作为创建高科技品牌的最佳典范，成为每本MBA教材的必选案例。

▶ 红色"X"运动

英特尔是第一代PC芯片的协定供应商，以最快速度开发最具竞争力的产品是英特尔的制胜砝码，但是，当1986年英特尔推出386芯片时，由于前一代产品——286芯片的生产和销售已被授权，所以，为保护自身利益，除康柏（COMPAQ）外，以IBM为首的整个PC行业，都希望继续停留在286时代，导致英特尔无法推广其最新产品。这种局面一度令英特尔深感烦恼，但它很快认识到，要保持领导地位，必须采取手段尽快让386取代286。

1989年10月，美国各地的主要报纸都刊登了一则令人惊讶的整版广告：画面当中是"286"三个巨大的阿拉伯数字，数字之上却印有一个鲜红而显眼的"X"。乍看之下，似乎是竞争对手针对英特尔发布的攻击性广告，但细看却发现，画面底部的广告主署名竟然是英特尔自己。此外，消费者还发现，报纸另有一个整版广告，画面主体同样是三个巨大的阿拉伯数字——"386"，广告主署名同样是英特尔，而在底下内文中，英特尔详细讲述了新型芯片386SX的卓越功能。

这就是著名的红色"X"广告运动，它的目的是告知终端消费者不要安于现状，不要满足于286的性能，要重视更快捷、更强大的386芯片。红色"X"运动为新技术大开方便之门，它成为英特尔营销史上的重大举措，当运动刚开始时，市场几乎没有标明"386SX"字样的电脑广告，但3个月后，几乎所有的电脑广告都显著地标注了该字样。红色"X"运动证明了英特尔模式在PC行业的成功，英特尔也因此成为PC市场的领航员。

▶ "Intel Inside"计划

虽然英特尔公司是芯片市场的绝对领袖，但在生产8086、286、386、486等86系列产品时，由于未获得商标保护，导致竞争对手，如AMD、赛瑞克斯（Cyrix）等竞品公司趁机进行了模仿性生产，从而导致利益受损。为挽回市场，英特尔公司在1991年推出奔腾系列芯片时，特意制定了一个名为"内含英特尔"（Intel Inside）的营销计划。

这个由营销专家丹尼斯·卡特（Dennis Carter）提出的计划，得到了安迪·格罗夫的大力支持。在此计划提出前，很少有人把品牌建设作为战略重点，而预算为1亿美元的"Intel Inside"计划也引起了公司内部的极大争议：有人主张将这笔巨款投入到新芯片的研发中，更多人则对所谓品牌建设表示怀疑。

芯片是一个安装于个人电脑内部的电子元件，一般人对其作用并不了解，所以，对采用何种芯片也并不在意，如何使电脑用户像车主熟悉发动机那样对芯片产生兴趣是英特尔营销团队正在面对的问题。对此，他们展开了系统化研究，并参考了其他行业的类似案例。他们发现，杜比（Dolby）音频系统并不能单独购买，而需安装在录音机内部；特氟隆（Teflon）不粘材料要和它所附着的煎锅一起购买；阿巴斯甜味剂（Nutra Sweet）被内含于多种软饮料；利乐包装（Tetra Pak）也是在和食品公司的合作中获益的……作为电脑部件的芯片，原本只需面对电脑公司，由电脑公司来面对用户，但如想获得更广泛的认知，就必须实现与用户的直接沟通。

为了将芯片与终端用户连接起来，英特尔公司特别创造了"Intel Inside"品牌标志，并鼓励整机制造商在其产品上使用"Intel Inside"标志，此外，他们还对购买奔腾芯片且使用"Intel Inside"标志的计算机制造商给予非常可观的广告折扣。具体方式是：任何一位电脑生产商，只要在其广告上加入英特尔公司认可的"Intel inside"标志（图像、声音）及相应说明，就会得到英特尔为其支付的30%～40%的广告费用。

英特尔从1991年6月开始发起"Intel Inside"行动，这项品牌联合计划的最初预算是每年1亿美元，但据不完全统计，"Intel Inside"项目在全球的广告投入超过70亿美元，参与机构超过2700家，在计划实施的前18个月内，"Intel Inside"标识的曝光次数就高达100亿次（图4-1）。

几乎所有的计算机厂商，包括IBM、康柏、捷威、戴尔（图4-2）等都加入到这个运动中来，他们这样做，不仅可以获得资助，还可证明自身产品的技术先进性。结果，带有这种标志的计算机在市场上更为消费者所认可和接受，电脑用户中了解英特尔公司的人也由原来的48%增加到了80%，许多消费者开始将电脑是否内含英特尔芯片作为判断电脑档次的标准，芯片品牌而不是计算机品牌，成为消费者更为关注的对象。

此外，英特尔对中小型电脑公司的资助，也使电脑行业的格局发生了改变，英特尔从此不再受到大型电脑公司的制约，避免了只能通过降价来获得市场份额的传统方式，进而维护了自己作为上游的优势地位，也保证了市场价值链上各环节间的动态平衡。可以说，这个计划改变了技术公司面对最终用户的品牌推广方式，铸就了几乎垄断的品牌价值。

然而，时光流转，营销史上没有一劳永逸的成功，美国科技博客The Verge 2016年6月刊文称，人们可能不再能听到英特尔的经典口号"Intel Inside"了，原因是英特尔现在无法在人们日常生活最重要的设备——手机中占据核心地位，而英特尔自己也意识到了问题的严重性，那么，这位昔日的王者接下来会寻找怎样的解决方案呢？我们拭目以待。

通过本章节的学习，我们将掌握以下内容：
（1）市场营销学及相关概念
（2）营销组合的内容及其发展
（3）营销沟通的主要工具
（4）广告学与营销学的关系

19世纪下半叶，尤其是工业革命之后，

图4-1　英特尔公司平面广告

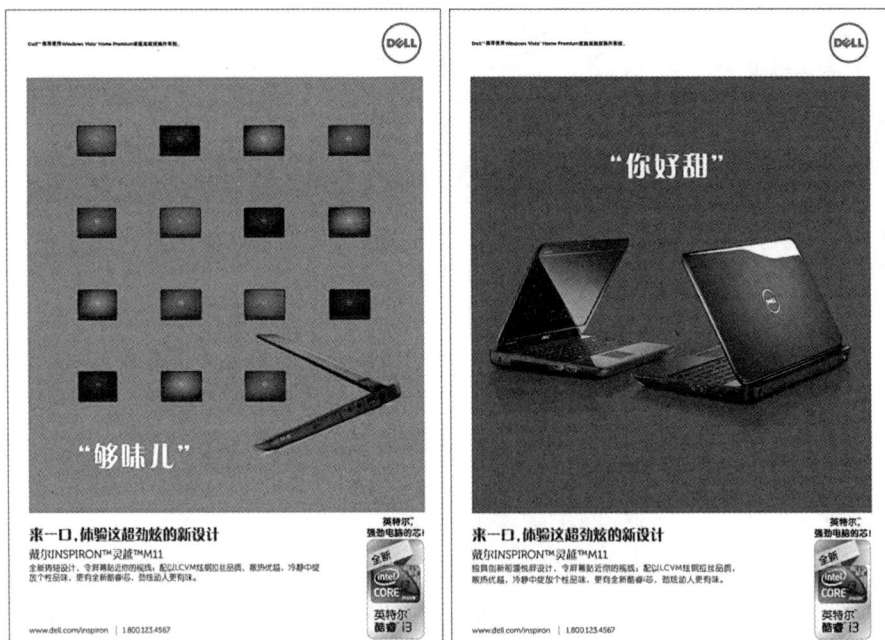

图4-2　采用英特尔处理器的戴尔笔记本平面广告

西方国家相继获得了重大发展，从这一时期开始，市场不断扩大，媒体高度繁荣，而古已有之的销售也逐渐转化为更具现代理念的营销。广告是营销传播的重要工具，作为广告学及广告实践的基础和起点，市场营销学的重要性在未来更将有增无减。

4.1　市场营销学及相关概念

通俗地说，市场营销学就是卖东西的学问，只是在商品高度发达的今天，它已不同于早期的单向销售，而是将生产与销售紧密结合的系统化过程，也就是说，现在的公司不仅需要制造好的产品，还需谨慎地将产品在消费者心中定位，并应用各种工具巧妙地将相关信息加以推广和传播。

4.1.1　市场营销学的基础

现代营销学集大成者菲利普·科特勒将市场营销定义为"通过创造和交换产品及价值，使个人或群体的需求和欲望得到满足的社会化管理过程。"

市场营销的基础是需求（Needs），需求是人类的天性，按照亚伯拉罕·马斯洛（Abraham Maslow）的需求层次理论，人类除了吃饭、穿衣等基本生理需求外，还有安全、社交以及被尊重的需求，并在更高层面上产生自我实现的超功利需求。而欲望（Wants）是由需求派生出来的，它将受到社会文化和人们个性的限制。为满足人类的需求和欲望，各种各样的产品被制造出来。从营销学角度来说，产品（Product）是指能在市场上获得的、满足人类需求和欲望的任何东西，其中，无形的产品也被称为服务。

4.1.2　营销管理的指导思想

营销管理是指为了实现企业目标而设计的各种分析、计划、实施和控制活动，其目的是建立和维持与目标消费者的互惠和交换关系。营销管理涉及对需求的管理，以及对消费者关系的管理。伴随历史发展的不同阶段，其指导思想也会有所不同，科特勒将它们分为五种类型：生产观念、产品观念、销售观念、营销观念以及社会营销观念。

生产观念是在商品经济初期诞生的一种管理思想，那是福特（Ford）出品T型车的时代，生产观念的前提是消费者会接受任何能买到并且买得起的产品，因此，管理的主要任务就是提高生产和分销效率。

当商品足够丰富，产品生产供过于求时，生产观念就被产品观念替代，产品观念的基本假设是消费者喜欢质量最好、操作性最强、创新功能最多，或价格最便宜的产品，所以，公司要做的就是集中力量改进产品，以超越竞争者成为"第一"，USP理论在一定程度上是产品观念的最佳体现。

也有许多公司奉行销售观念，这种观念的出发点是：如果企业不进行大规模的推销，或不经过高频率的游说，消费者就不会购买足够多的产品。大多数公司已摒弃了这种硬卖方式，但出售保险、理财、彩票、保健品等非必需品的公司，至今仍秉持此类销售观念。

实现组织目标的关键在于正确评估目标市场的欲望和需要，并比竞争者更有效地满足消费者的欲望和需要，这是如今被普遍认可的营销观念，而随着产品的同质化、竞争的加剧，以及环境污染、资源短缺、人口迅速膨胀等世界性问题的爆发，更具前瞻性的社会营销观念也开始受到重视。社会营销观念认为，企业应确定目标市场的欲望、需要和利益，然后向消费者提供超越价值的产品和服务，以便改进消费者和全社会的福利。例如，当企业推广绿色家电或有机食品时，可能并不以眼前盈利为唯一目标，而是提供更具远见的解决方案，有时，为实现这一目标，企业恰恰需要牺牲眼前的利益，如可反复使用的充电电池会比普通电池略贵，节能灯也会比同样瓦数的非节能灯价格更高，因此，只有在获得政府支持，及全社会观念转变的前提下，社会营销观念才能得以普及，人类也才有可能面对一个美好且可持续的未来。

■ 案例：盐水啤酒

美国每年要消耗63亿加仑的啤酒，其中50%是罐装啤酒，而罐装啤酒一般都有一个塑料环，这些塑料环最后的归宿往往是大海，由于它们采用的是软材料，所以海洋生物会误以为它们是食物而吞食它们，结果，可能造成海洋生物的死亡，以及其他相关问题。针对这种状况，美国"盐水啤酒"（Salt Water）公司决定利用他们在酿造啤酒过程中产生的大麦小麦的废弃物，制作出一种可100%降解的材料，并经过设计，打造成一个可食用的环保啤酒环。他们说，这样做的目的不仅能减少环境污染，还可为海洋生物提供真正的食物。加工这种材料的成本会比普通塑料环稍高，但盐水啤酒公司希望消费者能够理解背后的原因，多付一些钱来支持环保。

4.2 营销组合

营销组合（Marketing Mix）是指公司为获得目标市场希望获得的反应而设计出的一套营销策略，它们往往由几个可控变量组成。这些可控变量犹如战术工具箱，在经过巧妙配合后，可在目标市场产生强有力的营销效果。

4.2.1 营销组合及其发展

20世纪60年代，美国营销学者杰瑞·麦卡锡（Jerry McCarthy）教授提出了著名的4P理论，这是指4个由"P"打头的关键词，即产品（Product）、价格（Price）、分销渠道（Place）

和销售促进（Promotion）。随着时代发展，更多营销学家因4P理论过多代表销售者立场而将其进行微调。其中，最受认可的是美国学者罗伯特·劳朋特（Robert Lauterborn）教授提出的4C理论，这是4个以C开头的关键词，其中包括消费者（Customer）、成本（Cost）、便利性（Convenience）和营销沟通（Communication）。

4C是4P的延伸，基本上是一一对应的关系。因为从消费者立场来看，每种营销工具都应为消费者利益服务。于是，"产品"延伸为"消费者"，意味着企业应生产消费者需要的产品，而不是贩卖自己制造的产品；"价格"延伸为"成本"，意味着企业应考虑消费者满足欲望所支付的成本，而不是单纯从制造成本角度设定价格；"渠道"延伸为"便利性"，意味着销售过程应考虑如何使消费者快速便捷地买到该产品，而不是单纯地考虑铺货问题；"销售促进"延伸为"营销沟通"，意味着消费者不只是单纯的受众，更可能是反馈者和新的传播者，所以，企业应在充分市场化的条件下，进行双向的深度沟通，并与消费者建立长久不散的紧密联系。

营销组合的确立和发展意味着竞争中的赢家必将是那些既能经济方便地为消费者提供产品，又能进行有效沟通的公司。

4.2.2 产品/消费者

无论是4P中的产品（Product），还是4C中的消费者（Customer），都将是营销组合的核心。此处，我们将两者合二为一，表述为"满足消费者需求的产品"。

4.2.2.1 产品/服务

产品的突破是最具影响力的，比如，拍立得（Polaroid）、随身听（Walkman）、个人电脑（PC）的问世，不仅改写了科技历史，也创造了全新的市场。然而，伟大的产品并不常见，多数产品都需借助营销的力量来制造突破，李奥·贝纳就曾说过，大众并不真

正知道自己想要什么，直到那些创意以商品的方式呈现在他们面前。

营销人员首先要为产品制定产品决策，其中包括产品属性、品牌名称、产品标签，以及维修服务等，企业还需设计产品的生命周期，和人类一样，无论多么新颖的产品，它的生命都是有限的，都将不断地被更新的产品替代。

而作为特殊产品，服务则具有无形性、不可分离性、不稳定性及易消逝性等特点。针对这些特点，营销人员也必须找到有效满足消费者的方法，例如增加那些不能与产品分离的价值，使服务变得更加"有形"，或让服务更加标准化，从而减少消费者对其不稳定性的担忧，或增进供给能力，以应对服务的易消逝性等。

4.2.2.2 包装

产品是决定企业竞争力的关键。一般说来，市场上的优胜者首先是产品的优胜者，而随着社会的进步，大多推向市场的产品都会经过严格的包装，而产品包装也就成为附在核心产品上的重要部分。有些营销人员甚至认为"包装"（Packaging）应被视为需要单独考虑的跟在"产品、价格、促销、分销"后面的第五个"P"，当然，多数人依然将它视为产品策略的组成部分。

所谓包装是指为了在流通过程中保护产品、方便储运、促进销售而按照一定技术方法使用的容器、材料和辅助物的总称，也指为达到上述目的而在采用容器、材料和辅助物的过程中施加一定技术操作的活动。

早在1916年，可口可乐的老板坎德勒就已认识到了包装的重要性，在设计可口可乐瓶身时，他曾明确指出："瓶身要外形独特，要在黑暗中也能被轻易辨识，就算摔成破片，也能被一眼认出"。为此，可口可乐公司邀请印第安纳州的鲁特玻璃公司（Root）根据大英百科全书上一幅可可豆图案创造出了曲线

图4-3 可口可乐曲线瓶

优美的筒裙状玻璃瓶，也就是地球人都知道的"可口可乐曲线瓶"（图4-3）。

4.2.3 价格/成本

价格是消费者为获得产品而必须支付的货币数量。狭义地看，价格是对一种产品或服务的标价，广义地看，价格表现的是消费者在交换过程中所获得和使用的产品或服务的价值。一方面，在市场营销组合策略中，当其他因素都代表成本时，价格却是唯一直接产生收入的因素；另一方面，价格也是市场营销组合中最有弹性的因素，与产品和渠道不同，价格可被迅速调整。

历史上，价格是影响消费者购买的主要原因，一项关于家庭采购情况的调研认为：广告在增加忠诚购买者的购买数量上是有效的，但在赢得新购买者上效果不大，相比之下，特色陈列，尤其是价格对消费者的作用更为强烈。当然，随着物质的极大丰富，非价格因素对购买者行为的影响逐渐增强。尽管如此，价格仍是许多营销主管需要面对的头号问题，因为它将奠定整个营销活动的基调。

4.2.4 渠道/便利性

渠道是指企业为使产品进入和达到目标市场所组织并实施的各种活动，包括途径、环节、场所、仓储和运输等。选择分销渠道曾经是企业面对的最具挑战性的决策之一，所以了解分销渠道的性质在电子商务兴起之前是至关重要的。

分销渠道常常被分为两类：零售和批发。无论是零售，还是批发都包含着许多机构，它们将产品和服务从生产地点送至使用地点。其中，零售是指将产品和服务直接销售给消费者，以供消费者进行非营业性使用的所有活动，而批发是指将产品和服务销售给那些为了销售、租赁或供应给其他组织以进行商业使用的企业活动。其中，零售商可进一步按所提供服务的深度来分类，如自助、有限服务或完全服务，也可按出售的产品线来分类，如专卖店、百货商店、超级市场、便利店等，还可按控制权分类，如连锁店、特许组织和联合企业等。

从另一个角度来看，在同一个城市，售点更多，在同一家超市，货架更大，促销信息更明显，就等于为消费者提供了更好的购买便利性，而购买便利性的提升，可大大提高品牌被选择的概率，例如，可口可乐在其多年的全球经营中，不断拓展购买便捷性，所以，一般在城市的任何地方，方圆一公里内都能买到它。然而，随着网络的兴起，一些原本的渠道界限开始模糊，购买便利性已不再局限于地理范围内的"产品有售"和"可以买到"了，所以，对消费者的争夺也将进入一个更深的层次。

4.2.5 促销组合/营销沟通

4P时期的促销组合是指企业利用各种信息载体向目标市场进行的传播活动，4C时期的营销沟通则是指一个品牌通过与该品牌的消费者进行双向的信息交流而建立共识、达成价值交换的过程。无论是促销组合，还是营销沟通，都将包含广告、人员推销、销售推广、公共关系、直销等一系列信息传播工具。而其中的每个类型又将包括特别的专属工具，如广告将包括报纸、杂志、广播、电视、互联网等具体载体，人员推销将包括销售介绍、商业展览、激励方案等具体方式，销售推广将包括购买点陈列、贸易展览、奖金、折扣、赠券等具体手段，公共关系将包括新闻、事件、公益活动等具体内容。

■ 案例：宜家的低价策略

宜家家居（IKEA）是全球最大的家具和家居用品零售商，它来自瑞典，创始人是英瓦尔·坎普拉德（Ingvar Kamprad）。宜家家居自创建以来就采取"低价策略"，而无论是产品设计、物流管理，还是店面经营、广告宣传，无不遵循主旨。比如，宜家产品通常都由自己的设计团队完成，为符合低价战略，设计师们首先制定出价格，然后再按照价格去物色材料。他们会大量使用塑料、纸等元素，但会通过富有巧思的设计，弥补这些因低价而带来的材料限制，此外，宜家产品也会精心考虑受众的生活成本，它们往往可拆卸，并可一物多用，非常适合收入有限的单身人士或年轻群体。而在物流运输中，宜家独特的平板包装，可大大节约存储和运输空间，既能保护家具，也能节约成本。在零售方面，宜家商场开放式的家居展厅，让消费者可以毫无顾忌地体验产品，但在每类产品上，他们都会制定出详细的导购信息，用以告诉消费者产品的尺寸、材料、设计、保养、安装程序等，这些措施一方面提高了消费者对家居设计的理解，另一方面也可让他们自行决策、自行提货并自行组装。此外，在传播领域，产品目录册是宜家最为重要的销售工具。它最早是宜家的邮购工具之一，但后来，他们逐渐发现，向特定消费者发送目录手册，虽然一次性支出成本很大，但从长期来看，还是比主流报纸和电视广告更为节省，所以这个方式被沿用至今，并成为宜家文化的重要组成部分。

4.3　营销沟通的主要工具

公司需要动用各种传播工具向消费者进行信息传达，其中每种沟通工具都有其优势和劣势，唯有巧妙组合，才能实现传播效果的最大化。

4.3.1　广告

广告曾经是所有沟通工具中最为重要的一种。它能够通过大众媒体多次重复一个信息，以较低的单位成本接触地理区域分散的广大购买者。广告的公开性，使它不仅能让买者接收和比较不同竞争者的信息，也能令消费者更容易相信广告所展示产品的合法性，而广告大规模的正面宣传，还能提升销售者的名望及成就。此外，广告很有表现力，它将巧妙地运用画面、声音和动态来使产品引人注意，所以，它既可引发快速销售，如，天猫"双11"的大降价活动，也可建立长久的形象，如，万宝路广告，使烟民觉得自己就是那个粗犷的万宝路男人，从而激发出内在的雄心壮志。

广告也有缺点。它虽然可以很快接触到很多人，但它是非个人的，且与接收者之间只能实现单向沟通，所以不能像推销员那样对接收者产生直接的说服力。除此之外，虽然有些形式，如地方性报纸和无线电广播也可在较小预算内完成，但在主流报纸和主流电视台上发布广告却需要很高的费用，所以说，它的单位接触成本虽低，绝对接触成本却非常高。

4.3.2　公共关系

"公共关系"一词源自英文的"Public Relations"，"Public"意为"公共的""公开的""公众的"，"Relations"即"关系"，所以，合起来用中文表述便是"公共关系"，有时也称为"公众关系"，简称"PR"或"公关"。公共关系有许多定义，对营销者来说，公共关系一般意味着通过有利的宣传和策划，以及对不利谣言和事件的处理或阻止，来塑造良好的公司形象或改善公司形象，并与相关群体建立正向关系。

一些公司在诞生之初，就是利用公关，而不是广告来建立与消费者之间的联系的。星巴克曾提出过"第三空间理论"，也就是说，以前，人们有两个空间，一个是家，另一个是办公室，但如果你腻烦了办公室，也厌倦了家，就可以到"第三空间"来放松身心。星巴克通过装饰、摆设、灯光、背景、音乐等传递出轻松，通过自助式服务、随便阅读的报刊和网络浏览传递出自由，通过各种咖啡和小吃传递出方便，这一充满意大利风情的概念迅速风靡，经过媒体和消费者的自发传播，成为一种新经济下的咖啡文化，于是，大家开始去星巴克喝咖啡，而不是在家中制作咖啡了。

在现代营销中，主动策划公关事件也成为相当普遍的企业沟通手段。例如，2016年，美国婴儿车品牌"等高线"（Contours）为充分展现其产品的舒适度，就做了一个成人尺寸的婴儿车，并邀请父母们试驾，这是一个独特的公关活动，它的意图很简单——既然婴儿们无法表达对座驾的体验，就让他们的父母代为表达吧。

4.3.3　销售推广

广告总在说"请买我们的产品"，而销售推广则在说"请现在就买我们的产品"。由此可见，广告是为购买产品或服务提供理由，销售推广则是为立即购买提供理由。

所谓销售推广，是指用短期激励的方式鼓励一项产品或服务的购买或销售，它包括各式各样的具体工具，其中还可分为针对消费者的销售推广，针对中间商的销售推广，以及针对销售人员的销售推广等。销售推广可以产生强烈而快速的反应，可以戏剧性地推出新产品，或改变下降的销售量。然而，销售推广虽能实现销售额立竿见影的提升，其负面影响也不容

忽视，因为它的效果往往短暂，频繁使用还会损害消费者对品牌的长期偏好。

4.3.4　人员推销

人员推销是指由公司的销售人员通过介绍产品或服务，以完成交易并建立消费者关系的方式。营销人员可以给客户打电话，也可以通过信函或通过面对面的深度交谈来完成推销。

在营销过程的某些阶段，或某些商品和服务的销售中，人员推销是最有效的工具，尤其在树立购买者偏好、确信和行动方面。因为人员推销将包含两人或多人之间的相互作用，所以能观察到消费者的需求和特性，并迅速做出调整。人员推销还能迫使购买者聆听并产生反应，并可建立各种关系，从实际上的销售关系到深厚的私人友谊，这会比大众传播来得更为持久。然而这些独特的性质都是有代价的：销售人员的规模难以改变，销售人员本身也会变动，而且，人员推销的单位成本也是最贵的。

现在一些公司利用互联网发展出了使用非专职人员为其效劳的手段，如公司可向名人推销产品，而后者会影响更多的消费者；公司也可创造意见领袖——那些其他人想要征求意见的人——并通过意见领袖将产品信息散播出去，例如，很多品牌都发现了"网红"的巨大价值。"网红"是"网络红人"的简称，是指在现实或网络生活中因某个事件，某种特质而在网络作用下获得大量关注的人。

4.3.5　直效营销

直效营销是营销传播的重要手段，迄今为止，直效营销已发展出许多形式，如：人员销售、直邮营销、目录营销、电话营销、电视直销、购物亭营销、网络营销等。其中，直邮营销（direct-mail marketing）是指向特定地址的人们发送产品、通知、提示或者其他东西的营销方式。目录营销（catalog marketing）是公司通过印刷品、CD、视频或互联网营销多种商品，并提供直接订购的机制。电话营销（telephone marketing）包括通过电话直接向消费者进行销售和向商业顾客进行销售两种，其区别在于商品的使用目的。电视直销（direct-response television marketing）也包含两种主要形式，一种是直接响应广告，即通过发布电视广告对其产品进行具有说服力的描述，同时提供免费电话以接受消费者订购，另一种是开办电视购物频道（home shopping channel）。此外，购物亭营销（Kiosk）则是指通过一种与销售实际产品的贩卖机类似但功能更多的机器进行营销的方式，这些机器往往被设置在商店、机场和其他一些地方，可用于自助式旅馆服务、航线查询或店内售货等。

4.4 营销战略

营销战略是指企业在目标、能力与不断变化的营销机遇之间发展和保持一种战略适应性的管理过程。其中宏观层面包括市场分析、行业地位判断、企业使命制定、业务组合决策等；微观层面则意味着各种具体的功能性战略的制定。

4.4.1 宏观层面

营销的主要职责是让公司实现盈利性发展，所以公司应在宏观层面识别、评估和选择各种市场机会，从而在微观层面制定战略战术以抓住这些机会。

4.4.1.1 市场分析

市场（Market）的原意是指买卖双方交换的地点，如村庄、广场等，但在现代营销学看来，市场是指某种产品的实际购买者和潜在购买者的集合，其中，卖方构成产业，买方构成市场。

市场通常被分为消费者市场和企业市场，对应于分销渠道中的零售和批发。所谓消费者市场是指个人或家庭购买产品与服务，以满足自己特定需要的市场，而企业市场则是指购买产品和服务用于生产或转租的所有企业。很多大公司都是针对企业市场的，如，杜邦公司（Du Pont）、固特异公司（Goodyear）、波音公司（Boeing）等，企业市场比消费者市场的销售额和预算都要多得多，但就广告行业而言，前者才更为重要。

4.4.1.2 行业地位

公司具体采用何种营销战略还需依赖其行业地位，因为营销战略不仅要适应消费者，也要适应竞争者。根据公司在目标市场上所扮演的角色，我们可将其分成市场领导者（marketing leader）、市场挑战者（marketing challenger）、市场追随者（marketing follower）和市场补缺者（marketing nicher）四个类型，其中每个类型都可采取相应的营销战略。

大部分行业都有一个公认的领导品牌，该品牌的产品在行业市场占有最大的市场份额，并且，不论受到赞赏或尊重与否，其他品牌都会承认它的统治地位，著名的领导品牌如软饮料行业的可口可乐、快餐行业的麦当劳、飞机制造业的波音、软件制造业的微软等。采用领导者战略的公司不仅需要保护现有业务，还需提高市场份额以巩固和加强自身地位，其手段包括：开发新的使用者、发展新的用途、说服人们更多使用该产品，或增加每次的使用量，除此之外，市场领导者还应采取各种措施，以对抗竞争者的攻击，例如，当维珍可乐向市场领导者可口可乐发起挑衅后，可口可乐立即在英国建立了一个特别行动小组，他们向大的零售商提出优惠条件，以保证其可口可乐的进货量压倒维珍可乐，对小的零售商则发出拆除可口可乐冰箱的威胁。

在行业市场名列第二、第三或更低名次

的品牌可称为挑战型品牌，它们可向领导者发起攻击，以期获得更大的市场份额，如百事可乐挑战可口可乐、宝马挑战奔驰、空中客车挑战波音等，也可攻击与其规模相仿的其他公司或更小的地方竞争者。

一些居于行业中间位置的公司会选择市场追随者战略，它们一般尽可能地在各细分市场和市场营销组合中模仿领导者，并通过跟随竞争者的产品供应、价格和营销计划，来寻求稳定的市场份额和利润，采用此种策略的品牌具有一定的寄生性。

市场中更小或更缺乏稳定定位的公司常采用市场补缺战略。因为资源有限，它们的品牌基本没有知名度，也无法占据较大的细分市场，只能在主要竞争者忽略的细分市场或市场空隙上下功夫。市场补缺者的主要观念在于专业化，但采用此策略的公司也会存在一定风险，例如，填补空缺的资源可能被耗竭，或当它成长到一定程度时引来较大的竞争者等。

4.4.1.3 企业使命

对所处市场和竞争态势进行研究后，企业将开始制定自己的战略规划。战略规划的第一步需要有一个明确的企业使命，企业使命是指企业在较为广阔的环境和较为长远的时间段中想要完成的事情。一些大公司会在充分了解市场的基础上，制定较为宏观的企业使命，例如，迪士尼公司（Disney）的企业使命是提供幻想和娱乐，沃尔玛公司（Wal-Mart）的企业使命是提供真正的价值，通用电气的企业使命是用梦想启动未来等。有了明确的企业使命后，企业还需确定有利于竞争的宏观目标，并将其转换成各个层次可具体执行的支持性目标以及相应的营销策略。当企业成长或变化时，企业使命还需不断更新，其下的支持性目标也需随之更新。

4.4.1.4 业务组合

在企业使命和目标的指导下，管理部门应着手规划企业的业务组合。所谓业务组合是指组成企业业务和产品的集合。为此，管理部门要做的第一步就是识别公司的关键业务，这些业务被称为战略业务单元，即拥有独立使命和目标，不受公司其他业务影响，可进行独立计划的业务单元。一个战略业务单元可以是一个公司部门，也可以是部门内的产品线，或是单个产品/品牌。而接下来的业务组合分析则是指管理层对各项业务和产品所做的分析和评估。分析业务组合需要用到各种商业数据模型，其中较有代表性的是波士顿顾问公司提出的波士顿矩阵，而企业将在充分研究现状并预测未来的情况下做出相关决策，从而将资源投向更易获利的业务，或撤出不获利以及竞争力较弱的业务。

链接：波士顿矩阵

按照波士顿顾问公司的方法，一个公司可将其战略业务单元按增长率和市场份额进行分类，其中，矩阵的纵轴代表市场增长率，用以度量市场的吸引力，横轴代表相对市场份额，用以度量公司在相关市场的强弱。而根据增长率与市场份额，公司的各种战略业务单元将被规划在以下四个区间内（图4-4）：

明星业务（Star）：明星业务即处于高增长率和高市场份额的业务或产品，它们常常需要大量的投资，以促使其迅速成长。

财源业务（Cash cow）：财源业务，也被比喻为金牛业务，指处于低增长率和高市场份额的业务或产品。这些已被成功建立起来的战略业务单元不需要太多投资就能保持市场份额，因此，公司可凭借它们获得大量收益，同时支持其他需要投资的业务单元。

问题业务（Question mark）：问题业务是指处于高增长率、低市场份额的业务或产品，它们需要大量的资金来保住或增加市场份额，所以，管理部门必须仔细权衡，是继续投资使其成为明星业务，还是索性放弃它们。

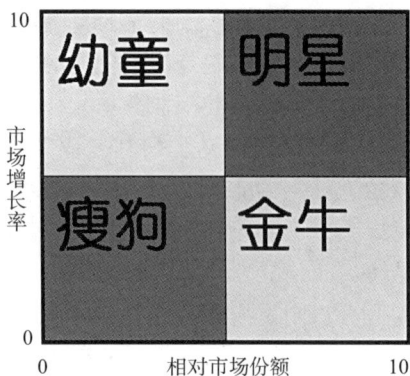

图4-4　波士顿矩阵

不利业务（Dog）：不利业务，也被比喻为瘦狗业务，指处于低增长率、低市场份额的业务或产品。它们也许还能产生一定的收益来维持自身，但不太可能产生大量增值。

4.4.2　微观层面

如果说宏观的营销使命是"做正确的事"，那么微观的营销计划则是"正确地做事"。公司通过战略决策确定如何安排每个业务单元的活动，并为每个目标制定出具体的战术计划，以帮助公司达到总体战略目标。营销计划的方式和内容非常庞杂。每个业务、产品和品牌都需要详尽的营销计划。一般而言，公司首先应该拥有一个可进行营销分析、计划、实施和控制的营销部门，这个部门将与财务、会计、采购、生产、人力资源以及其他部门共同合作，以完成各类战略目标的规划和实施。

4.4.3　广告与营销学的关系

随着时代发展，广告与营销之间的层级界限正变得模糊，两者融合产生了大量的新鲜事物，关于这部分内容我们将在后面的章节中展开描述，在此，我们仍然按照传统方式，将广告视为营销传播沟通的重要道具。

4.4.3.1　广告是市场营销的组成部分

市场营销不仅是广告的学科基础，也是广告的实践依据。

从"纸上的销售术"开始，广告辅助销售的基本作用就被确定下来，而现代广告在营销组合中的清晰地位也受到了广泛的认同，无论是4P中的促销组合（Promotion），还是4C中的传播沟通（Communication），广告始终致力于完成制作有效信息并将信息有效地传播给目标受众的工作。这其中既包括对消费者，如他们的文化、社会、个人及心理因素的深入了解，也包括对竞争对手的产品、质量、定价、分销和促销等方面的深入研究，广告策划正是在此基础上，根据广告主的营销策略，对广告活动进行的前瞻性规划。而作为专业机构，广告公司的使命则是设法将客户的品牌资产看顾得更好，令他们的经营重点更明确，市场扩展得更大。

因此，从任何一个角度来看，广告都应立足于市场营销学划定的范畴，并在此基础上，发挥其创造力和表现力。

4.4.3.2　广告只是市场营销的组成部分

另一方面，广告的天才之处在于怎样说服消费者。市场营销是一个以消费者为中心，建立研发和生产机制，通过分销渠道将产品和服务输送出去，同时通过传播系统将信息和内容传达出去的系统工程。在我们熟知的营销组合中，首先会包括产品、定价以及渠道，然后才是传播沟通。而在产品、定价和渠道确定的前提下，传播沟通的各项工具也需彼此配合，才能产生最大的沟通效果。所以，一个无法为消费者提供优越价值的产品，如果被宣传得天花乱坠，即便不至于违法，也会构成实际的欺骗。更何况，杰出的广告宣传往往会加速一个低劣产品的淘汰，因为购买者越快知道这个低劣的产品，就会越快认识到它的缺点，也会越快地将它从市场上驱逐出去。没有人能硬卖东西给不需要或负担不起的人，所以说，仅靠广告是不可能产生真正的好感和购买力的，广告不等于市场营销，也不能以市场营销的成败来评价广告。

■ 案例：新一代的选择

百事可乐（Pepsi-Cola）诞生于1898年，比可口可乐的问世只晚12年，由于它的味道与后者相近，于是借势将自己命名为"百事可乐"，但这些我们现在看来微不足道的差距，却足以让当时的人们形成思维定势，认为可口可乐才是正宗，其他都不过是模仿者。于是，任凭百事可乐百般努力，也得不到大众的认可，这种颓势持续到二战后仍不见起色，最糟的时候，百事可乐甚至处于破产的边缘。

1960年，百事可乐把其广告业务交给了BBDO公司，这一时期恰逢青年运动波及全球，百事公司及其代理商都隐隐察觉到了这个非常有价值的社会思潮。于是，经过4年酝酿，"百事可乐，新一代的选择"正式面世，并在此后一直沿用了20年。从1964年开始，百事公司搭乘3000万婴儿潮的便车，从年轻一代的人生态度、生活方式及消费趋势中获取灵感，通过一支又一支精彩纷呈的电视广告让他们热血沸腾。

1983年，BBDO公司以500万美元的天价，邀请超级巨星迈克尔·杰克逊（Michael Jackson）为其拍摄广告，这支广告的音乐是杰克逊单曲《比利·金》（billie jean）的百事版，片中超炫的节奏、尖锐的嗓音，以及经典的"太空步"，都堪称倾倒众生。广告播出一个月后，百事的销量就开始直线上升，而据百事自己的统计显示，在广告播出的一年中，大约有97%的美国人看过它，每人多达12次。从此，采用大牌明星便成为百事广告的战略手段，因为无论是国际明星，还是地区明星，在他们耀眼的光环之下，永远有亿万青年在如痴如醉的仰望和效法（图4-5）。

图4-5　百事可乐明星广告

处，发现企业的威胁和机遇，从而在宏观和微观各个层面采取相应行动，并通过营销组合的设计，竞争策略的选择，以确保产品或服务更好地获得目标消费者的满意。所以，无论是对广告学研究，还是对广告实践来说，市场营销都是真正的基础。

课堂练习：

1. 4P理论如何发展为4C理论，背后的动因是什么？

2. 广告公司的终极目标是帮助广告主和消费者解决某一个冲突或问题，而不是提供某个噱头或仅仅博人一笑。你同意这样的观点吗？

小结：

作为一项管理职能，市场营销将从企业环境的总体分析开始，寻找企业的长处和短

思考题：摩托罗拉

加尔文制造公司（Galvin）创立于1928年，最早生产汽车收音机，摩托罗拉其实是这

种收音机的品牌，1947年，公司更名为摩托罗拉（Motorola）。此后的近半个世纪中，摩托罗拉公司一直致力于高科技领域的发明创造，而到20世纪90年代时，摩托罗拉已成为世界范围内移动通信、数字信号处理和计算机处理器三个领域的最强玩家。而作为世界无线通信的先驱和公认的手机通信的发明者，摩托罗拉对整个现代社会可谓影响深刻。

也许是盛极而衰，20世纪末，由摩托罗拉牵头的"铱星计划"似乎拉开了这个科技巨人失败的序幕。所谓"铱星计划"是由摩托罗拉公司设计的全球移动通信系统，即在7条轨道上遍布卫星，每条均匀分布11颗，组成像化学元素铱（Ir）那样的77个电子排列。"铱星计划"是真正的科技精品，是一项伟大的发明，但作为商业投资，它却因未考虑市场容量而成为一个彻头彻尾的失败，以至于铱星公司在商业运行不到一年后，就向纽约联邦法院提出了破产保护，铱星也因此变成了一颗美丽的流星。

更令人沮丧的是，由于战略性失误，摩托罗拉几乎同时在所有战线上都处于了劣势，在计算机处理器上，它败给了英特尔，在数字信号处理器上，它败给了德州仪器（Texas Instruments）。2001年，美国网络泡沫破裂，科技股（Nasdaq）崩盘，更令本已衰退的摩托罗拉雪上加霜。

摩托罗拉于20世纪90年代进入中国，是一代人最霸气的记忆，无论是腰间的BP机，还是砖头般的"大哥大"，那种拥有后的自豪和体面都曾是神话般的存在。很多人至今还记得朴树为其创作的优美空灵的广告曲《Radio In My Head》，记得贝克汉姆（David Beckham）代言的MOTO RAZR系列，或周董代言的MOTO ROKR系列，然而，2013年，摩托罗拉发布了这样的广告词：

我们不擅长道别，没有人擅长。再见很难说出口，而且令人感伤，但时日已至。在历经将近一个世纪的创新之后，我们必须说再见了。像第一部手持电话说再见，向RAZR说再见，向贪吃蛇说再见，像今天的摩托罗拉说再见。
……

以上案例说明，优秀的广告能够锦上添花，却很难雪中送炭，作为营销工具，广告只是营销信息和内容的传达，却不能解决所有的营销问题。你还能举出类似的案例吗？还有哪个品牌的兴衰曾让你唏嘘感慨？

第5章

传播学与消费者研究

■ 案例：伊莎贝尔

喜饼是台湾独有的行业，因为在台湾，新人结婚是要给亲朋好友送喜饼的，虽然如今的婚宴已经革新，但买喜饼、送喜饼仍是不少新人的"规定动作"，只是喜饼往往分为两种，长辈送传统的汉饼，年轻辈送新潮的西饼，如果同时收到一盒汉饼加一盒西饼，则代表已到了至亲好友的境界。

伊莎贝尔是一个糕饼品牌，由一群有过留洋经历的烘焙达人于1994年创立，而他们最初建立品牌所依赖的就是法式喜饼，一句"我们结婚吧！"更成为一个时代的集体记忆。

可是，新世纪以来，由于经济压力和社会风尚的不断摇摆，适婚男女变得不想结婚或不敢结婚，有结婚意愿者也将婚期越推越晚。于是，和口味、包装无关，结婚率的不断下降间接冲击了喜饼市场，成为生产商最为头大的问题。如何针对这些社会因素，用广告进行"观念"灌输，从而激发年轻人对婚姻的向往，怎样的传播手段才能真正进入那些个性独立的年轻人心中呢？

2009年，伊莎贝尔首先推出了试水市场的《12星座求婚篇》，该系列通过针对12星座女性设计的12种特别的求婚方式，延续了"我们结婚吧！"的浪漫资产，传递了求婚的纯洁美好，而拍摄风格则走台湾偶像剧的清新路线，广告一经投放，便大获成功。

有了良好开端，伊莎贝尔便在接下来的2010年继续打破常规，推出了广告《消失篇》和《分开篇》。这两支广告特别针对那些与情侣维持了至少七八年长期关系，但同居不婚的青年男女，它们分别从男性和女性的角度，探讨了这种因没有婚姻保障而变得十分脆弱的关系。两个人在一起久了，激情开始消退，好像只是习惯身边有个人陪伴而已，常常还会因一时冲动而说出伤害对方的话，这样的关系，还算是爱情吗？然而，在片中，女子

因不小心遭遇车祸，男子因不小心而突堕深坑，结果导致另一方在戏剧化地经历了一场深刻的孤独体验后，才体悟到对方在自己心中的重要性。广告颠覆了喜饼品牌一贯的温馨气氛，情节设置挑战了人们的既有观念，虽然只谈感情，不谈产品，但广告通过对婚姻的劝诫，激发了青年男女的结婚欲望，从而带动了喜饼市场的销售。

接着，2011年，伊莎贝尔再次打出了一套精准的都市女性心理牌——"结婚，其实还不错。"这次，伊莎贝尔将目标锁定在那些闯荡都市的适婚单身女白领身上。这一系列包括三支广告：《房东篇》、《老板篇》和《店员篇》。《房东篇》中，文弱的年轻女子要求房东为其更换水龙头，结果不仅遭到了中年女房东的冷言相向，还被污蔑弄坏了水龙头，于是，女子不再忍辱负重，突然掀开水龙头的缠布，任凭水柱狂奔而出，她为何如此勇敢？因为，她……被求婚了。《老板篇》中，乖戾的老板一如既往地对女秘书呼来喝去，甚至要她倒完咖啡马上"滚"，但这次，女秘书不再忍耐，她一反常态地予以还击，当咖啡流满台面时，老板脸上流露出不可思议的惊恐表情，她为何如此勇敢？因为，她……被求婚了。而在《店员篇》中，势利的店员对衣着朴素的年轻女顾客冷嘲热讽，以为凭她的财力，怎么也买不起高档的手工玻璃制品，没想到年轻女子着实财大气粗，不仅打碎了其中一只当作玩笑，还买下了其余的所有展品，她为何如此勇敢？因为，她……被求婚了。

这套广告于当年8月末出街，媒体投放遍及台湾的电视、地铁、楼道，甚至麦当劳店铺。广告一经投放，便获得了"爱憎分明，没有中间道路可走"的两极化传播效果。对于那些没有家世背景、不得不独自打拼，独自承压，忍气吞声的小女子而言，这系列创意的魅力是巨大的，一段殷实妥帖的婚姻无疑是她们向往的全部，一

个男人愿意娶你，给你撑腰，为你买单的动人画面，是她们心中涌起过一万遍的幻想，而其鲜明有趣的叙事方式则为品牌增添个性，并最终转化为目标受众对品牌的信赖和忠诚。

然而，宝贵的品牌资产固然可以相当程度上赢得消费者的好感和忠诚，但在网络的高度发达的今天，当更多个性有趣的新式喜饼不断涌现时，伊莎贝尔这个有着20多年历史的家族企业似乎也面临了品牌老化的危机，为了告诉年轻消费者我有进步的能力，伊莎贝尔于2014年邀请奥美公司为其制作了一部微型纪录片，这一次，故事的主角不是普通的恋人，而是台湾一对相守29年的同性伴侣。在这部时长2分37秒的影像中，年长的男子清晨起床，就开始喂狗、清理房间、洗衣服、熨烫西服、做早餐，而当他的手指不小心被划伤时，一位相对年轻的男子立即过来为他包扎。他要出门上班，他便为他打领带，并与他深情一吻，而当画外音问及两人在一起多久时，他们不约而同地回答道："明年5月19日，就30年了。"可见两人都清晰记得坠入情网的那一天，问及"还爱对方吗"时，较年轻的男子大方回答"爱！"，年长的男子则微笑点头。纪录片中"他他恋"的主角是71岁的阿祥和53岁的阿明，他们初次相遇时，阿明是大四学生，阿祥则有过一段婚姻。关于这部短片，他们都说很愿意站出来发声，让更多人知道同性恋不等于乱搞，同样可以有稳定的伴侣关系，而伊莎贝尔这次推出的主题是：爱情不仅属于你和我，还属于他和他，属于所有人。目的则是希望年轻消费者能从中看到自由的信号，知道伊莎贝尔对于浪漫和爱的定义也会与时俱进，于是，会重新关注伊莎贝尔，并愿意与之对话。

通过本章的学习，我们将掌握以下内容：
（1）传播学的核心概念及经典理论。
（2）消费者"黑匣子"里的秘密。
（3）消费者的购买决策。

传播学自20世纪正式诞生后，就对广告构成了理论指导，而与此同时，对消费者的研究也是广告传播的核心使命。作为营销工具的广告，正是一种利用传播学原理，在充分研究消费者心理及行为的基础上，向其传递有效信息的实践性学问。

5.1 传播学

如果将传播视为一种实践，则它在人类诞生之时就已出现，而作为一门学科，则是20世纪20年代兴起，20世纪50年代才正式建立的。

5.1.1 传播学的基本范畴

传播学的定义繁多，但它们大多建立在美国著名政治学家哈罗德·拉斯韦尔（Harold Lasswell）提出的"5W模式"之上。1946年，纽约"美国犹太神学院的宗教与社会研究所"（the Institute for Religious and Social Studies at the Jewish Theological Seminary of America）开办了一个名为"观念传播的问题"（The Problems of the Communication of Ideas）的课程，并邀请不同领域的学者进行授课。这些授课内容修改后被编辑成书，即《观念的传播》（The Communication of Ideas），而拉斯韦尔的《传播在社会中的结构与功能》（The Structure and Function of Communication in Society）一文就刊于其中，在文章的第一部分，拉斯韦尔直入主题，探讨了传播过程中的五个基本要素：谁传播（Who）、传播什么（Say What）、通过何种渠道（Through Which Channel）、向谁传播（To Whom），以及传播效果如何（With What Effects）。

"5W模式"的提出既代表了传播领域未被体制化前研究者的探索，也为传播学研究界定了基本范畴，即：传播者、媒体、受众、传播内容和传播效果，后虽经岁月演进，却始终具有提纲挈领的作用，其中，传播者是指传播活动中，借助特定媒体发布信息的人，如新闻主笔，广告主；媒体是指使双方发生关系的人或事物，如电台、电视台、报纸、杂志；受众是指信息传播的接受者，如报刊和书籍的读者、电影电视的观众，使用网络沟通的网民；而传播内容就是信息文本，具体而言，是媒体承载的各种产品，如新闻报道、电视剧、广告，抽象而言，是各种符号的再现。最后，传播效果是指传播对人的观念和行为产生的结果，例如受众在接受信息后，于知识、情感、态度、行为等方面发生的变化，通常用以证实传播活动在多大程度上实现了传播者的意图或目的。

5.1.2 传播学的研究门类

第二次世界大战后，以美国为首的西方世界，大众传媒空前繁荣，无论是报业、图书业、还是电影、广播、广告以及公共关系和公共信息行业都形成庞大的产业，对人才的需求十分突出，面对前所未有的机遇与挑战，传播学应运而生。至20世纪50年代时，美国学者威尔伯·施拉姆（Wilbur Schramm）富有预见性地将新闻学、社会学、心理学、政治学熔为一炉，建立了第一个大学传播学研究机构，编撰了第一本传播学教科书，授予了第一个传播学博士学位，并成为世界上第一个具有传播学教授头衔的人，因此，他也被人们称为"传播学之父"。除施拉姆外，美国传播学先驱还包括提出"5W模式"的拉斯韦尔、提出"两级传播"模式的保罗·拉扎斯菲尔德（Paul Lazarsfeld）、总结出科学说服模式的卡尔·霍夫兰（Carl I Hovland）等众多专家，而以他们为代表的美国学派，其研究重点往往是大众媒体的内容、受众和效果，带有较明显的实用目的，所以，这个学派通常被称为美国经验主义传播学派。

除此之外，另有两个几乎同时产生的流派，分别是欧洲的批判学派和加拿大的媒介环境学派。与美国人追求的实用性不同，产生于20世纪60年代初的欧洲批判学派，侧重于文本分析，更看重媒介的内容或文本后隐藏的东西，虽同被称为"传播学"，但从某种意义上说，它们恰好是对美国经验学派的反拨。这一派的代表性团体包括法国的结构主义学派（Structuralist School），英国的文化研究学派（Cultural Studies）和德国的法兰克福学派（Frankfurt school）。而媒介环境学派的思想根源则是20世纪初的相对论，这一派以马歇尔·麦克卢汉（Marshall McLuhan）、哈罗德·伊尼斯（Harold A. Innis）、尼尔·波兹曼（Neil Postman）、保罗·莱文森（Paul Levinson）为代表，其中，开山祖师麦克卢汉因对电子时代的独特洞察，而被誉为信息社会的"圣人"和"先知"。

从20世纪90年代开始，个人电脑已从工业领域的巨型机发展为家用电器一样的生活必需品，而网络的发明与发展更彻底改变了人们生活甚至思考的方式。当人类真正进入数字化传播时代后，传播者、受传者，以及信息格式都已发生了巨大变化，对传播研究者来说，也将面临一些至关重要的转折。

5.1.3 与营销相关的经典理论

美国是第二次世界大战经济最为发达的地区，也是大众文化最为繁荣的区域，诞生于美国的经验主义传播学派常常和商业活动有关，所以，这个学派和市场营销的联系最为紧密，我们在这里介绍的经典理论，大多来自这个学派。

5.1.3.1 魔弹理论

在现代传播学兴起之前，传播领域的主流理论是"魔弹论"。"魔弹论"是弗洛伊德学说和行为主义的混合体，也被称为"皮下注射论"。它的核心内容是：传播媒介拥有不可抵抗的强大力量，它们所传递的信息作用在受传者身上，就像子弹击中身体，药剂注入皮肤一样，可以引起直接而速效的反应，也就是说，这些来自大众传媒的信息能够左右人们的态度，甚至直接支配人们的行为。

19世纪上半叶，"报刊宣传活动"在美国兴起，当时的报刊宣传为招揽读者而不择手段，所以，这一时期的广告大胆、夸张、花哨，总是急切地向消费者传达一些不可信的"承诺"。其中的代表性人物是菲尼亚斯·巴纳姆（P.T.Barnum）。巴纳姆是一个马戏团老板，他经常通过虚张声势和夸大其词的方式来吸引那些好奇和容易上当的观众。他特别重视报纸宣传，认为"凡宣传皆好事"，他的另一些言论在当时也被视为"真理"，其中包括："每一堆观众都是钱币的叮当声"、"每一分钟都有一个蠢货诞生"、"一旦你吸引人们的注意力，绝对不要让它溜走，如果观众的目光转向其他人，那就是你的损失"等，巴纳姆的这些信条就是早期"魔弹论"的真实体现。

5.1.3.2 两级传播

第二次世界大战后，传播学的研究目标和研究方法都有了巨大进步，美籍奥地利人保罗·拉扎斯菲尔德是这一时期产生极大影响的一位学者，他的经典著作《人民的选择》（The People's Choice）和《人际影响》（Personal Influence）都成为传播史上里程碑式的著作。

《人民的选择》于1944年出版，是拉扎斯菲尔德带领学生在伊利县以选举为例，分析选民如何在大众传媒及人际关系的交互影响下做出投票决定的。在"魔弹论"甚嚣尘上的时代，拉扎斯菲尔德的结论却显示出媒介功能的有限性，他还发现了传播过程中某些关键的个人因素，也就是被称为"意见领袖"（opinion leader）的那些人的作用。

1955年，拉扎斯菲尔德与伊莱休·卡茨（Elihu Katz）合著了《人际影响：个人在大众传播中的作用》，这是他们多年研究成果的总结。这部著作证明了"两级传播"（The two-Step Flow of Communications）假设的存在，所谓"两级传播"是指社会观念总是先从广播和报刊等大众媒介传向"意见领袖"，再通过这些人及其追随者的人际传播，造成信息效果的扩大。这个结论打破了此前将大众媒介视为绝对中心的局面，开创了新的研究领域。

拉扎斯菲尔德也被后人称为传播学的"工具制作者"，他所采用的各种实验方法为后来的调查研究提供了范本。例如1945年，拉扎斯菲尔德针对迪凯特的800名女性对象进行研究，以确定她们是如何获得诸如"看什么电影"、"如何投票"、"购买什么样的时装"等方面的见解及信息的，其研究结果深化了人们对意见领袖的认识，虽然，以现代标准来看，他的某些方法难免存在缺陷，但其精髓至今仍被包括广告公司在内的业界广泛使用。

5.1.3.3 说服理论

另一位将心理学引入传播学的著名学者是美国心理学家卡尔·霍夫兰，他的经典著作包括《大众传播实验》（Experiments on Mass Communication）和《传播与说服》（Communication and Persuasion）。前者是一本研究第二次世界大战中"态度改变"的报告合集，后者出版于1953年，由霍夫兰与詹尼斯（I.Janis）和凯利（H·Kelley）合著。1946～1961年间，霍夫兰领导并完成了"耶鲁传播与态度变迁计划"的五十多项实验，产生了数十篇论文和大量重要著作，《传播与说服》是其中最具综合性和学术性的代表作。

霍夫兰的传播学研究大致分为传播者、传播讯息、受众以及受众反应四个方面，它们又集中地回答了一个问题，即什么决定了人们态度的改变？霍夫兰认为，人们态度的改变主要取决于传播者或说服者的条件、信息本身的说服力及信息的表达和编排技巧等。此外，受众的教育程度、个性、受众与所属群体的信任度与密切度都会对态度改变产生影响。虽然霍夫兰研究的焦点并不是大众传播对人们的影响，但其研究结果却有助于人们进一步了解说服的过程，而这些又恰恰是如何进行有效营销传播的关键性命题。

5.1.3.4 "把关人"理论

库尔特·卢因（Kurt ZadekLewin）是现代社会学、组织学以及应用心理学的开创性人物，也是社会心理学的奠基人。他的著名理论包括"场论"（Field Theory）和"群体动力论"（Group Dynamics Theory）等。在他1947年出版的著作《群体生活的渠道》中，卢因提出了经典的"把关人"（Gate Keeping）理论。他认为，信息总是沿着包含"门区"的渠道进行流动的，这些渠道的节点将由一些"把关人"，又称"守门人"来控制。这些"把关人"或"守门人"是在信息传播过程中，对信息的提供、制作、编辑和报道，采取"疏导"与"抑制"行为的关键性人物，所以，那些符合群体规范或"把关人"价值标准的信息或商品才被允许进入流通渠道。"把关人"有时指个别人，有时则指一个集体。

5.1.3.5 麦克卢汉

麦克卢汉是一位传奇人物，20世纪60年代，由于他对电子媒介及其在文化和社会两方面的深刻见解而产生了世界级的影响。麦克卢汉的学术生涯大体可分为三个阶段：早期，他是一位传统的文学批评家，代表著作是《机器新娘》（Mechanical Bride）；20世纪50年代，他接受了哈罗德·亚当斯·英尼斯（Harold Adams Innis）的学说，沉浸于文化人类学中，编辑了《探索》杂志；20世纪60年代是他的成熟期，1962年，他出版了著作《古登堡星汉灿烂》（The Gutenberg Galaxy），1964年又出版了著作《理解媒介——论人的延伸》（Understanding Media），在此书中，他创造或强化了一系列我们至今习以为常的术语。

麦克卢汉去世于互联网出现的前夜，后来，他的一些观点甚至比它们刚提出时更受重视，例如，"地球村（Global Village）"、"信息高速公路"（Information Super Highway）以及电子媒介等。当卫星通信刚开始发展时，他就预言了有线新闻网的出现，当大型计算机刚走进办公大厦时，他就预言了个人电脑的无所不在及因特网在瞬间带给个人大量信息的未来。而他的"媒介即讯息"的观点之所以令世人震惊，正是因为他注意到了长期以来被社会科学家忽略的对媒介本身的观察和研究。

5.1.3.6 使用与满足理论

1974年，传播学者伊莱休·卡茨等人在《大众传播的使用》（The Uses of Mass Communications）一文中，提出了受众"主动利用"媒介与获得满足的基本逻辑，同时认为媒介只是满足个人需求的途径之一，这种理论被称为"使用与满足理论"。使用与满足理论对大众传播的效果研究有着重要意义。在此之前，大多传播研究都以传播者为主体，站在传播者的角度研究媒介对受众的影响。在此之后，学者们开始真正从受众的角度进行传播研究，探究受众对于信息优化使用及整个传播过程的作用。

链接：KOL

人们将网络上呼风唤雨的人物称之为"KOL"，也就是Key Opinion Leader，即关键性意见领袖。这个概念来自于拉扎斯菲尔德的"意见领袖"，是指社会活动中能有较多机会接触来自各种渠道信息的人，他们可能是消息灵通人士，也可能是对某一领域有丰富知识与经验的"权威专家"。

互联网时代，人们不再看一样的电视，听一样的广播，读一样的报纸，而是根据自己的兴趣爱好，以及生活经历，加入自己感兴趣的群体，关注自己属意的订阅号或微博。所以，依托社交网络平台的大量资源，KOL的态度和意见可以更大程度地对特定公众产生影响。

网络KOL可被分为专家型和草根型。以草根型为例,这些人在现实生活中,大多是有活力、有激情、喜欢新鲜东西的积极型人格,在网络世界,他们则更多追求自我认同和被认可的成就感。而从早期无商业目的的自娱自乐,到如今有意识地引导网民想法,KOL的角色也在逐渐改变。接受商家任务,进行有目的的宣传,已成为很多KOL才华变现的重要手段。而商家对他们的兴趣则来自真实性和原创性。在速生速朽的自媒体时代,真正产出高质量原创内容的是那些有自发宣泄欲望的本我型写手,而不是广告公司被迫接受任务的精英团队。可以说,KOL最大的价值就是心理唤起,是让那些经历或价值观类似的人可以产生向往和期待,虽然,在传统媒体时代,明星所起到的作用也是心理唤起,但明星的起点太高,而KOL,尤其是一些草根型KOL,则常常因为身份的普通,反而能够诱发真正的需求。

5.2 影响消费者心理和行为的因素

作为营销的传播环节,如何利用信息将消费者从认识阶段引导到购买阶段始终是营销人员努力的课题,但大多数时候,消费者的思想和行为都不像营销人员期待的那样直接和简单,而像一个复杂的"黑匣子",他们会有意无意地受到文化、社会、个人、心理等因素的强烈影响,当市场营销和其他刺激因素进入后,还会产生一系列的连锁反应。

5.2.1 文化因素

人类的行为多数是学来的,孩子在一个社会里长大,会从家庭和其他机构中学到基本的价值观、知觉和行为,而这些内容都将受到文化的深刻影响,通俗地说,文化就是一个人整个的生活方式,也是他从所属人群中获得的社会遗产,而作为一种表意的过程与行为,它涵盖的范围非常广泛,从比较恒定的语言、艺术、哲学,到时刻变化的新闻、时尚、广告。

5.2.1.1 文化

营销人员与文化的关系非常密切。文化是人们表明其领地和位置的方式,也是人们做事的方式,文化透露出消费者对食物、身体、礼物,以及意识、婚姻、恋爱、死亡、宗教、家庭、职业、艺术、假日、休闲、工作等一切事物的认识,每个群体和社会都有一种文化,而在文化的诸多因素中,价值观和仪式与广告的关系最为密切。

价值观是同属一种文化的成员对共同重视的事物的持久信念,它是文化的主要基石,也是文化的限定性表达。虽然一个国家可能存在多种不同文化,但很多人相信,共同的价值观仍足以形成有意义的"民族文化",例如,个人主义是美国的核心价值观,而集体主义是日本的核心价值观,所以,日本人可能在某些方面表现为个人主义,但在关键时刻,仍会体现出个人服从集体的传统。广告主们常幻想通过一次广告战役,甚至一条广告,就改变人们的态度,其实是不可能的,因为价值观是态度赖以生存的基础,虽然态度有时候会表现得反复无常,但内在价值观却会使它趋于稳定和持久。

仪式是与象征意义有关的、经常重复的形式化的行为。文化与仪式密不可分,文化可以通过仪式来表达、维护和巩固。并非只有重大事件才算仪式,一些日常行为同样具有仪式的意义,诸如吃饭、洁净或打扮自己。同属于一种文化的成员往往会按同一种方式做事,如中秋节买月饼,母亲节买鲜花等。消费者购买的东西,消费的服务,都将从社会文化中引申出精神含义。如果产品或服务与现有仪式不协调，那么，再巧妙的广告也很难产生影响。一些大品牌有时愿意花很多时间和金钱去培育市场，但代价是非常高昂的，所以，如果广告主能够成功地把自己的产品或服务融入现有的仪式中，就可获得事半功倍的效果。

5.2.1.2　亚文化

在文化之下，还有许多亚文化，主要是指在主文化或综合文化背景下，属于某一区域或某个集体所特有的观念和生活方式，每种文化都包含较小的亚文化或群体，如民族、宗教、种族、区域等，生活在这些群体里的人会有共同的生活经历和状况，也会有相同或类似的价值观。亚文化不仅包含与主文化相通的价值与观念，也有属于自己的独特价值与观念，相对主文化而言，亚文化更易进行改变。

许多亚文化能形成重要的子市场，市场营销人员也经常按照他们的需要设计产品并制定营销计划，例如青年文化就是一种重要的亚文化，它是青年这一社会群体的心理活动、精神需求、生活方式、行为模式以及价值观念的复合体，曾引发过世界范围内的思想革命，青年文化在形式上体现为离经叛道的行为：身着奇装异服招摇过市、带鼻环舌环、跳街舞、剃光头等，青年文化也会在商品选择上反映出来，美国有句谚语："年轻时有辆哈雷·戴维森（Harley Davidson），年老时有辆凯迪拉克（Cadillac），则此生了无他

愿。"说的就是这个意思。（图5-1）而随着社会多元化程度的提高，亚文化也被进行了越来越精密的细分，如，"粉丝文化"就作为一种重要的亚文化而受到了商家的高度重视。

■ 案例：OPPO定制机

粉丝文化是指个体或者群体，对自己内心的虚拟对象或实际存在的现实对象进行崇拜和追捧的文化现象。近年来，国产品牌OPPO手机正是利用"定制机＋定制剧"的形式，将这种早已有之的粉丝文化推向了极致。

2016年5月，OPPO面对当红少年偶像组合TFboys庞大的粉丝群，推出了TFboys定制版OPPO R9手机，其主要特征是机身背部"我是你的TFphone"的标志，以及TFboys各自的激光签名，此外，在机身内部还有专为粉丝定制的UI、壁纸、桌面图片、手机界面，并附送专属手机壳和明星卡。此机一出，粉丝们立即热泪盈眶、奔走相告（图5-2）。

当年7月，OPPO公司再接再厉，又推出了杨洋定制版的OPPO R9，除手机背面的激光"我是你的咩咩phone"标志、专属壁纸、桌面图片及UI外，更于同月推出了定制剧——《我是你的咩咩phone》，这是一个纯粉丝剧集：妈妈在小美九岁时送给她一部手机，手机随即幻化为美男子杨洋陪伴在小美身边，

图5-1　哈雷摩托

图5-2　OPPO定制机——TFphone

自此，小美与他形影不离，十几年过去，小美长成美少女，而她身边的帅气"学长"却年轻依旧……在粉丝群体的拥趸下，这部微电影的播放量很快就超过了五千万次，杨洋版OPPO R9的销售也节节攀升。

接下来的12月，OPPO公司乘胜追击，再度发布了采用红黑配色的杨幂定制版OPPO R9s——"小幂Phone"，这款手机的背部使用大红色，带有"我是你的小幂Phone"的标志及杨幂的个人签名，定价与普通版一致，但购机用户可获赠杨幂定制明信片、定制笔记本、大礼包以及最高12期的免息贷款。

5.2.2 社会因素

社会是指分享同一种文化，占据某一个特定疆域，认为自己属于某一个统一和独立存在体的一群人的集合，社会因素包括阶层、参照群体、家庭以及社区等，它们都会对消费者的心理及行为产生巨大影响。

5.2.2.1 阶层

财富、权利、声望、地位在社会中的分配并不平等，而社会阶层是指社会中相对稳定和有序的那些部分。几乎每个社会都有自己的阶层形式，它们不仅包括经济标准，还包括声望、地位、流行性以及类同性或归属感等众多因素。阶层在一些系统中比较稳定，在另一些系统中却比较动荡。例如在中国的三、四线城市，人们的生活轨迹比较相似，在一线城市，则会存在较大的变数。

营销人员对社会阶层感兴趣是因为属于同一个社会阶层的人往往具有相似的消费方式。社会阶层将决定消费的品位和偏好，其中不仅包括对消费产品的偏好，如喝葡萄酒而非啤酒就是某种社会阶层的标志，也包括接触媒体的习惯，如每个阶层欣赏的媒体不同，甚至会有一条看不见的"鄙夷链"贯穿其中，所以，社会阶层和消费无疑是交织在一起的，在一些领域，社会阶层甚至能非常明显地表现为对产品和品牌的偏好，比如手

机、服装、家具、休闲活动和汽车等。

此外，过去的营销学家主要从财产和消费习惯角度研究阶层：房子多大、位置在哪；车子是什么牌子，收入和存款情况；用什么方式购物；是自己磨咖啡豆，还是买速溶咖啡等，而近十年来，心理学家又提出，阶层不仅体现为经济和社会地位，也体现为精神和心理状态。它不仅与开什么车、住什么房子、吃什么早餐相关，更与如何感受、如何思考、如何行动相关。而这些，可能都会导致消费者做出不同的购买决定和品牌选择。

5.2.2.2 参照群体

参照人群是指个人在做出消费决策时，用作参考点的人群。参照群体既可小而亲密，也可大而疏远。群体影响的重要程度对不同产品和品牌也不一样，例如买相机、汽车或房子这些能被群体看见的产品，群体影响力就强，而所购产品和品牌不会被人看见时，群体影响力就弱。

参考群体也被分为成员群体或榜样群体等更为细微的部分，成员群体是指个人按照某种固定条件与之相互作用的群体，比如同班同学，小区邻居等；榜样群体则是由消费者羡慕或视为榜样的人组成的，如职业运动员、电影明星、摇滚乐队和成功的企业家，他们可能永远也不会与消费者产生有意的互动，却能成为消费者的行为标准。制造商在制造产品或打造品牌时，需在很大程度上考虑群体影响力，他们必须了解相关群体中观念决策人的偏好，而作为广告主，也会非常关心榜样群体能够产生怎样的潜在价值。

5.2.2.3 家庭

家庭成员对购买行为的影响极大。家庭是社会中最重要的购买群体，很多年来，营销人员一直在对家庭因素做着非常细致的研究，因为他们希望借此找到沟通目标。

首先，他们必须研究消费者的家庭构成，以及每个人在家庭结构中的角色与地位。家庭消费习惯也是营销人员非常关心的事情，

他们会就家庭类型间的重大差异或总体差异来研究家庭购买决策的运作方式，因为不同家庭会有不同的购买需求，也会接触不同的媒体。此外，营销人员还想知道：特定家庭类型是如何进行购买决策的，是丈夫说了算，还是妻子说了算？当然，购买决策很大程度上取决于产品种类和家庭成员所处的决策位置，而购买决策与生活方式的关系也很大。

5.2.3 个人因素

个人因素也会强烈地影响购买者的行为，比如购买者的年龄、所处的生活周期、职业、经济情况、生活方式、个性以及自我意念等。

5.2.3.1 年龄和生活周期

人们一生中所购买的产品或服务会随着年龄而不断变化，对食品、服装、家具与休闲活动的要求也与年龄有关。人年轻时的状态总是漂浮的，有无数可能性，张力十足，难题也很多，随着年龄渐长，许多东西降落下来，开始各居其所。

此外，购买行为与生命周期的关系也很密切，营销人员常常会按照生命周期的阶段来定义目标市场，并为每个阶段开发出适当的产品，制定出适当的营销计划。传统的生命周期包括单身、结婚、有孩子、空巢等阶段，随着政治、经济、文化因素的影响，社会上又会发展出更多的新型状态，比如，未婚但有异性伴侣、丁克家庭、单身啃老族等。

5.2.3.2 职业与经济状况

一个人的职业会影响他所购买的产品和服务。比如在媒体工作的人，常常因出席活动而购买奢侈品牌，而大型国企的工作人员则会推崇某些低调但昂贵的品牌。营销人员总是希望找到对其产品和服务更感兴趣的职业群体，某些公司甚至可以为某个特定职业群体定制产品。例如几年前，曾有一款名叫"红派壹号"的手机，就是专为对高科技有排斥感的高官定制的，它的设计华丽尊贵，使

用起来却异常简单。

个人的经济状况也会大大影响他们对产品的选择和对广告的理解。《小众行为学》的作者詹姆斯·哈金（James Harkin）认为，在一个普遍富裕的社会基础上，必然会产生对创新产品的需求。"基本的便宜货满足了人们日常需求后，人们就愿意去搜索更独特、更与众不同、更精心设计的商品。"

5.2.3.3 生活方式

生活方式是由人的心理图案反映出来的生活形式，包括活动、兴趣和观念，对消费者生活方式的分析也被称为AIO分析法（Activities，Interests，Opinions）。其中，活动是指消费者表现出来的工作、嗜好、购买或社交，兴趣是指消费者选择食品、服装、家庭、休闲等的理由，观念则是指选择某种社会事物、行为或产品的内心思想。这套理论是20世纪60年代中期由以广告公司为代表的营销人员创造出来的。这种方法通常会促使广告主采用生活方式细分（Lifestyle Segmentation）法将消费者分成不同的群体。

生活方式是非常个人化的，亚文化、社会地位或职业相同的人也有可能采用完全不同的生活方式，所以，生活方式表现出的内容远比社会阶层要丰富，它勾画出了一个人社会行为及相互影响的全部。如果认真使用，生活方式可以帮助营销人员了解变化中的消费者的价值观，并弄清楚它们是如何影响购买的。

5.2.3.4 个性和自我意念

每个人都有独特的个性，个性是单一的心理图案，相对稳定，常常可以用一些形容词来描绘，比如自信的、热爱社交的、自我保护的或具有野心的。个性可以用来分析消费者对产品或品牌的选择，因为个性能够影响消费者的购买行为。比如，咖啡制造商发现大量饮用咖啡的人一般都比较热爱交际，所以，麦斯威尔咖啡（Maxwell House）就在广告中表现出人

们一边喝着热气腾腾的咖啡，一边轻松社交的情景，在中国台湾，它的广告语也是"好东西，要与好朋友分享。"

"自我意念"有时也被称为"自我观念"，是一个与个性有关的概念。营销人员运用自我意念的前提是：人们所拥有的东西影响并反映出他们的身份，所以，为了理解消费者行为，营销人员必须了解消费者的自我观念与商品之间的关系。

■ 案例：IBM

从穿孔卡片到S/360大型计算机，从制表机到兆级浮点运算，从CEO沃森到超级计算机"沃森"，IBM拥有独一无二的技术发展史，而在软件领域，IBM亦对世界贡献良多，它设计了FORTRAN、COBOL和SQL等编程语言，还发明了关系数据库和语音识别软件。随着计算机应用的不断深化，为不同职业群体设计、开发具有针对性的解决方案则更体现出这位蓝色巨人的巨大优势。例如，中间件是一种独立的系统软件或服务程序，分布式应用软件将借助这种软件在不同技术间进行资源共享，以下两张广告就是IBM用来对专业人员喊话的，如果你听不懂，呃，没关系，说明你并不需要（图5-3）。

5.2.4 心理因素

消费者的购买选择还会受到心理因素的影响，如：动机、感觉、学习以及信任和态度等，从很早开始，营销人员就有洞察消费者内心的渴望，而这种渴望至今不息。

5.2.4.1 动机

动机是一种欲望，是要求人采取行动的内部刺激，它驱使人类去寻求满足。心理学家努力探索人类的内心世界，其中有两个理论虽不为商业而生，却对消费者分析和市场营销意义重大，它们分别是西格蒙·弗洛伊德（Sigmund Flued）的"动机理论"和马斯洛的"需求层次理论"。

弗洛伊德的"动机理论"认为：人类在成长过程中，往往不能意识到心理对行为的影响，这是因为人们压抑了许多诱惑，但这些诱惑既不能被完全消灭，也不能被完全控制，它们可能升华，也可能转化，可能出现在梦里，也可能出现在对事物的选择或一些无意识的行为中，所以，一个人在做出购买决定时，可能连他自己也不能完全理解自己的选择，例如，

图5-3 IBM中间件平面广告

一个大学生买了一部超出他生活开支的昂贵相机，可能是为了展示他的创造才能，也可能是为了向别人表示他对未来的某种态度。因此，营销人员要对广泛的市场行为进行研究，从而尽可能地刺探人们内心真实的需求。

此外，我们在前文已介绍过马斯洛的"需求层次理论"，值得一提的是，消费动机调查在20世纪20年代就曾有人尝试，但直到20世纪60年代马斯洛提出需求层次理论后，消费动机研究才得以深入开展。

5.2.4.2 感觉

人们从视觉、听觉、嗅觉、触觉、味觉这些感觉中获得信息，但即便面对同样的客观事物，每个人的感觉也可能完全不同，这是由于每个人接收、组织和解释信息的方法不同而导致的，感觉正是人们选择、组织、解释信息和描绘世界的方法。

我们以著名的"3S"理论为例，所谓"3S"理论是指3个以S打头的词组，即：选择性注意（Selective Attention）、选择性理解（Selective Distortion）和选择性记忆（Selective Retention）。选择性注意是指人们会接触到较多的信息源，但只会记住其中的少数。例如，一天之内，人们会接触到上千条广告，但大多数广告都在他们身边飘过而毫无痕迹。选择性理解是指人们会用一种非常自我的方式来解释信息。苹果第一代手机推出时，曾在设计上有一个恼人的缺点，就是无法逐条删除短信，一旦删除就必须是全部，当有人在论坛里提出这个缺陷时，立刻有死忠的"果粉"为之辩护，他们的解释是"对一个人的记忆，要不全盘保留，要不一字不留"。由此可见，由于个人感觉而产生的选择性理解并不总是理性的。而选择性记忆则是指人们会忘记他们听到看到的大多数信息，只保留和他们态度一致或他们愿意相信的那些。由于选择性注意、选择性理解和选择性记忆的存在，我们就很容易理解：为什么针对同样或类似的信息，营销人员还是要不厌其烦地研究消费者，并变换花样地将它们传递到市场上了。

5.2.4.3 学习、信任和态度

有些学者认为，多数人的行为是学来的。当人们行动时，他们也在学习。这里的学习是指一个人的经历影响行为变化的情况。学习理论认为，学习发生在动机、刺激、提示、反应和强化的交互作用中，而它的实践意义是营销人员可以通过产品和动机的关系，设计对消费者的激励，从而促使消费者产生需求或强化需求。此外，人们将通过学习获得信任和态度。

信任是一种可描述的思想，人们因为实际的知识或观点而产生信任，可以有感情色彩，也可以没有。在营销中，信任是对产品或品牌的基础看法，而信任反过来又会影响人们的购买行为，产品受到信任是营销人员乐于看到的，如果不信任，营销人员就应设法加以改变。

态度描述了一个人对事物相对不变的看法、感情和倾向，态度使人喜欢或不喜欢某种事物，从而接近或避开它。人们对宗教、政治、服装、音乐、食品和差不多所有的东西都会有自己的态度。态度不易改变，因为一个人的态度内化于某种模式，要改变其中一个元素，就需调整相应的别的元素，因此，一个公司首先应该设法适应人们的态度，而不是改变。

■ 案例：PSP

PSP（PlayStation Portable的简称，プレイステーションポータブル）是SONY公司2004年开发的多功能掌机系列，具有游戏、音乐、视频、上网等多项娱乐功能，如今已完成它的历史使命。而其当年的平面广告却非常精彩，它们以胶囊形式呈现，内装赛车、枪支及球类游戏的零件，广告语则轻描淡写道——"小剂量英雄主义（Heroism. in small doses.）"。画

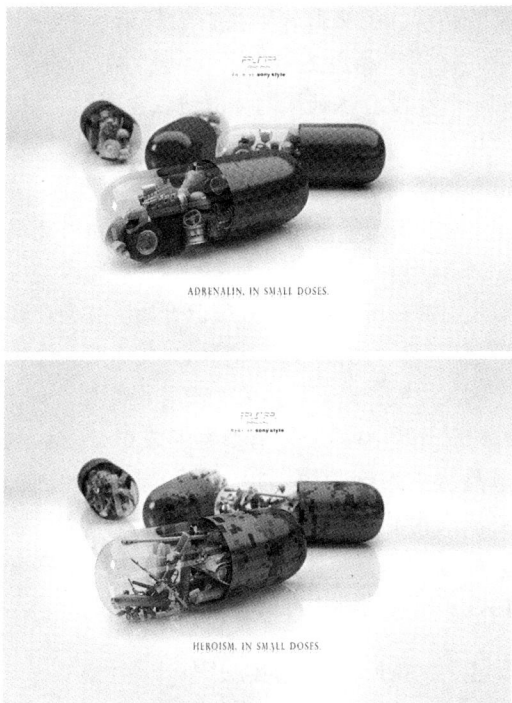

图5-4　PSP平面广告

面如此舒朗，文字如此简短，但对目标受众而言，却是强效的灵魂召唤（图5-4）。

5.3　消费者购买行为

市场营销的微观刺激由产品、价格、分销和促销等因素组成，其他刺激还包括经济、技术、政治和文化等宏观因素。当这些刺激进入消费者的"黑匣子"后，便在那里转换成一组可被观察的购买反应，这些反应表现为对产品的选择、对品牌的选择、对商家的选择、对购买时间以及购买数量的选择等。

5.3.1　消费者的一般购买决策

营销人员需要了解人们购买过程的决策情况和执行情况，只有在了解这些内容的前提下，公司才能做出相应的决策。

5.3.1.1　消费者的购买角色

人们可能在购买决定中扮演某个角色：可能是启动者，就是建议或企图购买某产品/服务的人；可能是影响者，就是其观点或建议对购买决策有影响的人；也可能是决策者，就是最后决定或部分决定购买的人。决策者会决定买什么、怎么买，以及在哪里买。

有时，实际购买产品的人并非产品或服务的使用者，比如婴儿用品。有时，对决策者的判断需要花一些工夫，比如购买房产。对某些产品来说，判断决策者是一件比较容易的事情，例如，男士通常自己选择剃须刀和洗面奶，女士通常自己选择服装和化妆品，但另一些情况就很难把握了，比如，购买家庭用轿车，可能最初由妻子提议，然后由丈夫寻求信息，但在关键阶段，妻子的意见又有举足轻重的分量。

尽可能了解参与购买的人以及他们各自的作用，能帮助营销人员制定和调整营销策略，对广告人员来说，只有在充分了解情况的基础上，才能确定对谁说话，以及对他们说什么，显然，对一个妻子和对一个丈夫说话的语气和内容都会不同。

5.3.1.2　购买决策的种类

人们会产生形形色色的购买行为，但购买牙膏和购买手机，购买空调和购买汽车间存在着明显的不同，所以，营销人员按照介入程度的高低和品牌间的差异性而将它们分为四个大类：复杂的购买行为、消除差异的购买行为、习惯性购买行为以及广泛挑选的购买行为（表5-1）。

购买行为的四种类型　表5-1

	高介入度	低介入度
品牌间存在重大差异	复杂的购买行为	广泛挑选的购买行为
品牌间存在很少差异	消除差异的购买行为	习惯性购买行为

复杂的购买行为是指所购之物比较贵重、购买有风险，或购买属于自我表现型产品时所

产生的行为。例如，一个购买高级轿车的人如果不知道"涡轮增压""混动技术"或"9速变速器"等术语，就会在眼花缭乱的汽车市场里迷失，所以，购买者需要经过复杂的学习过程，再经过周密考虑，才能做出决策。

消除差异的购买行为是指当消费者购买贵重的、不常买的、存在风险，但从品牌上讲，并没有太大差别的商品时的行为。例如，当消费者想购买一套家用地暖系统时，可能会发现它们虽然价格较高，但彼此间的差别并不明显，所以，只要购买一个相对安全的就好。

习惯性购买行为是指购买价格不高，品牌间差异又很小的商品，比如调味料。消费者开始只是随便找了一个品牌，如果没有不妥，下次还会购买，于是，逐渐形成习惯。

广泛挑选的购买行为则是指一些售价并不贵，但消费者会注意到品牌间差别的商品，例如饮料或零食，消费者可能出于信任或偶然而购买某个品牌的饼干，但如果看到货架上的另一种饼干，或看了另一种饼干的广告后，就会做出新的尝试，因此这类购买会经常进行品牌间的变换。

5.3.1.3 购买者决策过程

购买者在做出购买决定时，往往会经历这样一些阶段：确认需求、信息搜索、评估选择、购买决定和购后行为。

购买过程首先从确认需求开始，这种需求可能由内部刺激引起，比如饥饿、干渴，也可能由外部刺激引起，比如邻居家的新车，电视中的海南度假等。消费者对产品可能全然不知，可能略知一二。接下来，消费者会搜索信息，信息的来源是多方面的，可能来自亲朋好友，也可能来自大众传媒，当然，消费者也可能并不搜索信息。之后，消费者会将他们搜索到的信息进行分组、计算和思考，同样，有些消费者不怎么评估或根本不评估，而是依靠直觉去完成购买。这其中既和商品类别有关，也和消费者的个体差异有关。最后，消费者会去购买他们评估得分最

高的品牌。但至此，购买行为仍未结束，购买和使用产品后，消费者会进行购后评估，如果产品没有达到预期，消费者会感到失望，如果达到预期，消费者会感到满意，如果超过预期，消费者则会感到非常满意。

购买者可能很快经过这些阶段，也可能很慢，有些消费者跳过或倒着经过一些阶段。可以说，购买行为在购买前就已开始，并会在购后延续很长时间，所以，营销人员需要关注整个购买过程，而不只是关注购买的瞬间。

每个品牌都希望消费者形成忠诚度，形成品牌忠诚度的原因很多，可能出于习惯，可能因为品牌影响力，也可能因为购买品牌时的某种深刻体验。无论如何，了解消费者的购买过程，都将有助于忠诚度的建立。

5.3.2 新产品的购买决策

除现有产品外，新产品的购买决策也是营销人员需要考虑的。新产品可能是产品，也可能是服务，可能已问世一些时候，但对大多数消费者来说，它依然是新的。

美国学者埃弗雷特·罗杰斯（E.M.Rogers）于20世纪60年代提出了"创新扩散理论"，他的理论侧重于大众传播对社会和文化的影响。他认为人们接受新观念、新事物时，将通过认知（Knowledge）、说服（Persuasion）、决定（Decision）、实施（Implementation）、确认（Confirmation）等一系列过程。其中认知是指如何接触创新事物并略知其运作过程；说服是指对创新事物的态度形成；决定是指确定采用或拒绝一项创新活动；实验是指是否愿意投入创新运用；而确认是指强化或撤回对于创新事物的决定。

此理论可被完美地应用到新产品的购买决策中，同时可启发营销者决定采用何种方法以帮助消费者通过这些阶段。例如，一个新型巨幕电视机的制造商可能发现许多消费者都停留在"认知"阶段，却不向"实施"阶段迈进，这可能是因为他们对新科技的信

息获取不足，也可能因为担心花销太大，如果了解消费者心态，就可帮助营销人员找出相应的解决方案。

此外，人们决定试用新产品的情况也不同。每种产品都有它的迅速接受者，另一些人则属于追随者或抗拒者。一般说来，接受新事物的消费者年纪较轻，受过良好教育，具有独立思考能力，愿意承担风险。相对而言，抗拒者则不怎么崇信品牌，他们更喜欢接受如折扣、代金券和免费样品等促销方式。对接受者的分类，也可以帮助那些推出创新产品或服务的企业，开展对创新者和早期接受者的研究，并找到适合他们的营销策略。

小结：

如同人类所有的思考和行为一样，消费者的想法和行为也是复杂易变且丰富多彩的，他们的选择可能出于理性，也可能出于感性，或干脆出于某种他们自己也不甚明了的象征性。但无论如何，企业都应将消费者当作一个直接对话的个体，而不是人口统计学上的数字，他们需要理解消费者的生活，向他们传播自己的品牌主张，并让自己的品牌主张与他们的生活天衣无缝地契合起来。

课堂练习：

1. 请论述美国经验学派、欧洲批判学派和媒介环境学派传播理论的区别与联系。
2. 施拉姆曾这样解释传播行为，他说：受众参与传播，就好像在自助餐厅就餐。你怎样理解这句话，你认可这种说法吗？
3. AIO是描述消费者生活方式的理论，其主要内容是什么？请举例说明。
4. IBM公司的一位经理说：当一个顾客给我们打电话抱怨，那是一个多好的机会呀！使我发愁的倒是那些不打电话来抱怨的

顾客。记住，来电话抱怨与不打电话抱怨的人数之比是1：50，后者就是所谓"沉默的大多数"，你怎样看待这个问题，你同意这个经理的说法吗？

思考题：UCC

伴随新媒体的崛起和年轻消费者的趣味取向，负能量营销被视为一种无往不胜的绝杀利器，其中一个代表性案例就是日本咖啡品牌UCC在中国台湾推出无糖黑咖啡（UCC BLACK）时开展的营销活动。

UCC无糖黑咖啡有罐装和瓶装两种，卖点是无糖、零卡路里和非速溶，目标受众很明确，就是那些忙碌在都市，工作节奏快、压力大、又要追求生活品质的年轻上班族。为了稳准狠地抓住这群人的内心，营销公司首先通过网名为"键人"的中国台湾男生组建了脸书小组"大人の腹黑语录"，讽刺那些每天散布所谓正能量的假积极。在这个平台上，因涌现了大量用心险恶但直戳人心的吐槽段子而获得了一呼百应的聚集效应。之后，公司选择其中有代表性的文字组织成广告，在网络上大量转发（图5-5）。

"如果你觉得自己一整天累得跟狗一样，你真是误会大了，狗都没你那么累。"

"世界上其实没有贵的东西，只有我买不起的东西。"

"没有人让你放弃梦想，你自己想想就会放弃了。"

"一切顺利就觉得自己真行，遇到麻烦事就怪自己水星逆行。"

这些"每天来点负能量"的文字虽与咖啡无关，却把都市人的满腹苦水和微苦的黑咖啡巧妙地联系起来，而这些犀利、邪恶、酸涩、无奈的"黑语录"，用看似消极的调性，直击上班族脆弱的小心灵，从而博得了眼前一亮的亲切感。

除广告公关外，UCC黑咖啡还在官网上

推出了填写购买发票的抽奖活动，奖品是整箱黑咖啡和纪念款牛仔裤。这个抽奖活动的宣传语也用了"你的发票是不是从来没中奖过？"这样的负能量梗，然后哄你说"填发票，厄运退散"。之后，营销公司再接再厉地举办了腹黑语录分享大赛，鼓励网友将负能量的洪荒之力爆发出来，并将其出版为合集。

通过以上案例，我们可以看到，任何一种广告形式，都来自对消费者的研究。作为年轻人，你喜欢这些文字吗？如果请你参与，你打算发表些什么感慨？

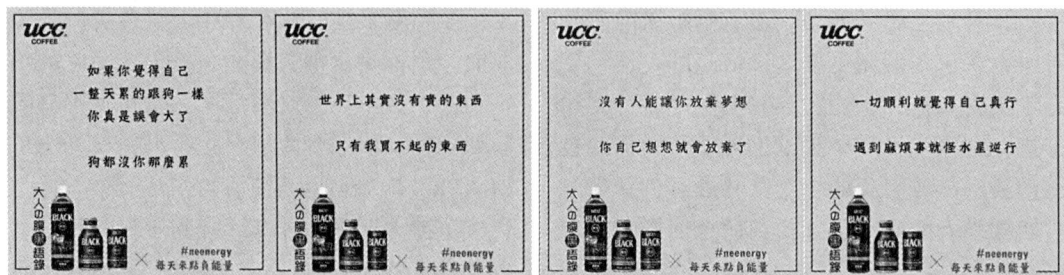

图5-5　UCC网络广告

第6章

广告行业的构成

■ 案例：你这个饿货

玛氏公司（Mars）是全球少数几家私人拥有的大型食品生产商之一，以生产巧克力、糖果、饮料和宠物食品为主，作为玛氏旗下著名的能量型巧克力品牌，士力架（Snickers）早在1930年就已在美国上市，并于1992年进入中国大陆。

在巧克力市场，同类产品皆以浪漫或高贵为诉求点，如德芙（Dove）一向强调丝滑口感和恋人互动，费列罗（Ferrero Rocher）一向宣称自己的珍贵稀有，而士力架的目标客群是16～35岁的年轻男性，所以，它的切入点却是"补充能量"，并在一开始就采用了极具煽动性的叫卖式传播。想必很多人脑海里至今还回荡着那个充满魔性的声音："饿了吧？饿了吧？把它吃掉！把它吃掉！补充能量，横扫饥饿，士力架。"

2011年，一条士力架广告红遍大江南北。广告中，生龙活虎的年轻人正在进行足球比赛，对方球员鼓足力气，打算临门一射，镜头切换，这方的守门员竟是弱不禁风的"林黛玉"（由新版《红楼梦》中"林黛玉"的扮演者蒋梦婕饰演），更可气的是，她在关键时刻还晕倒在地，接下来，一个脾气火爆的队友冲将上来，大声喊道"哥们儿，还敢再虚点不？！"另一位队友随即向"林黛玉"递上一条士力架。在底气十足的"嗯，来劲了！"之后，"林黛玉"满血复活，变回能量男孩。之后出现广告口号"士力架：横扫饥饿，做回自己！"

"运动"和"能量"是士力架产品的核心定位，而当产品特点已家喻户晓之后，士力架的诉求重点也上升为社会功能——"做回自己！"。事实上，"林黛玉"版正是士力架全球营销策略中的一环，同样的创意在全球有不同版本，其中每个地区都会选用一种当地人最易接受的方式来代表饥饿状态，中国版用到的便是极具符号意义的"林黛玉"。当时新版《红楼梦》余热未了、穿越剧方兴未艾，"林黛玉"的穿越形象很快便引起了年轻人的广泛关注。

《林黛玉篇》的成功，引发了包括《韩女篇》《包租婆篇》在内的系列广告。2014年，士力架更是选择国际笑星"憨豆先生"作为广告主演，并通过精心策划，将"饿货"一词打造为士力架的专属名词。

2014年8月，士力架首先从"憨豆复出"的角度进行了话题引导，以"憨豆复出接拍功夫大片"为线索，在传统媒体和社交媒体上大做文章，随后，有关憨豆的搞笑视频、电影预告片及后台花絮就频繁占据各大视频及门户网站的重要位置。而在大屏幕将"憨豆先生"重新带回观众视线后，士力架广告片随即上线。

广告中，憨豆先生来到唐朝，随一众武林高手飞檐走壁，执行任务，但不幸因"饥饿"导致状态不佳，失足落入敌营，无奈中，只好狐假虎威地打起了一套"饿货拳"。危难之际，同门兄弟展开营救行动，其中一位从屋顶递过士力架，憨豆咬下一口，立即满血复活，三招两式制服敌人，逃离虎口……故事沿袭一贯的叙事手法，但拍摄场景更复杂，拍摄品质更精良，据说为契合全球化定位，代理公司特意启用了好莱坞电影制作团队和中国顶级武术指导。

广告上线后，士力架公司又在官网放出了憨豆"饿货拳"的拳法秘籍，热心网友将拳法分解动作与蹿红神曲《小苹果》进行混编，制作出了点击率极高的搞笑版本。与此同时，士力架还通过东方卫视的综艺节目《今晚80后脱口秀》，让憨豆先生于8月20日完成了他的"中国首秀"。一天内，报道媒体就多达数百家，连国外媒体也自发地对此次活动进行了转发。此后，"饿货拳"引发国内明星纷纷效仿，一支名为《倍儿饿》的视频使"憨豆饿货拳"形成了传播的最大化，可以说，无论广告点击量，还是憨豆来华事件的媒体曝光率，均以十亿计，社交媒体转发量也超过万级，更占据微博热词重要位置。

2015年，为深化"饿货"主题，士力架公司再次推出了饿货"昵称包"，8款中国特供饿货表情同期上市。"昵称包"鼓励消费者在社交网络上@自己有相应饥饿症状的朋友，并形成互动，京东商城还同步开启了"万人饿货拯救计划"大促活动。而在完成线上大规模覆盖的前提下，士力架还极具针对性地进行了120多场校园路演，和作为受众代表的大学生群体深度互动。

此后的2016年，士力架中国再次找到了表现"饿货"表情的最佳切入点，这次请来的是"华妃娘娘"蒋欣。倚仗"华妃娘娘"积攒的"神吐槽+翻白眼"以及她在娱乐圈和App圈赢得的"表情皇后"的美誉，使《士力架携手华妃娘娘展现最有逼格小咖秀》的恶搞创意，在上线两周后，便通过"华妃娘娘"和大号加持，累积了1.7亿的曝光量。两条最有特色的"小咖秀"病毒视频在优酷平台上的总播放量超过547万次，平均播放时长48秒。

我们一般将广告行业分为这样几个部分：广告主、广告公司，以及相应的投放媒体，而通过以上案例，我们可以看出，在广告业内，任何层级的结构都是复杂的，都集合了各种具有专门知识的公司和专项能力的人才。而这些公司和人才，都将在策划、执行和媒体发布等领域设定相应的目标，承担相应的任务，并最终获得或接近广告主期待的传播效果。

通过本章的学习，我们将掌握以下内容：

（1）广告主的类型及态度
（2）媒体组织及二次销售理论
（3）广告公司的类型和特征
（4）广告公司的工作伙伴
（5）广告公司的取酬方式及发展趋势

从调研和品牌规划，到执行和效果监测，各类依赖专业技能和经验积累的公司将和广告主一起完成品牌的建设任务。而进入数字化时代后，传统广告代理商似乎已不再是品牌获取创意的唯一来源，日新月异的营销技术、瞬息万变的媒体格局，以及消费者不断攀升的期望值，都将在不同层面为广告行业增添新的不确定性。

6.1 广告主

广告主是从事广告活动的企业和组织的统称，按照《中华人民共和国广告法》（2015）的定义，"广告主是指为推销商品或者服务，自行或者委托他人设计、制作、发布广告的自然人、法人或者其他组织。"在广告公司，他们常常被称为"广告客户"。

6.1.1 广告主的类型

广告主的范围很广，形态千姿百态，从精致的宠物店到庞大的跨国公司，甚至一国之政府，无不在其列。广告公司往往会按照合作规模，将广告主分为大客户和小客户，大客户是指愿意在广告领域投放较高费用的那些企业和组织，小客户则是指那些希望获得关注但囊中羞涩的企业和组织，但在此，我们更愿意从专业角度，将它们按照运作类型划分为：生产和服务型企业、中间商以及政府机构和社会团体。

生产商和服务型企业是广告公司最主要的客户，其中拥有一定规模的公司每年会花费巨额资金用于广告活动。这类企业利用广告的目的是创造品牌知名度和美誉度，对新产品进行宣传，并试图更大程度地获取消费者满意，从而建立更为长久的关系。

营销中间商也是广告公司可能面对的广告主。所谓中间商，是指在分销渠道中购买产品再转卖给消费者的所有机构，它既可以是零售商，也可以是批发商。其中，批发商往往将专业出版物、目录广告以及直邮当作自己的主要传播媒体，并将人员销售和商业展览当作主要促销工具，而零售商则是广告公司最常面对的客户，因为他们需要与消费者直接接触。

此外，政府机构和社会团体也越来越多地成为主要广告主。在一些西方国家，每隔四年的总统选举就是一场广告大战，而一些政府机构，如美国政府，还会将其广告支出集中在征兵和社会问题宣传等领域。社会团体包括范围广泛的非营利机构、专业机构和行业协会，他们会因事业需要而向不同的目标公众进行广告宣传。

6.1.2 广告主的态度

广告主负责向广告公司提供市场及商品资料，监督广告公司的运作，并验收广告成品。不同的广告主会采用不同的方式来处理广告业务：在小公司，广告可能由销售人员负责；大公司则会设立广告部，用于专门制定广告预算，与代理商合作，处理经销商陈列，以及其他一些信息传播问题。

6.1.2.1 受欢迎的广告主

广告主不仅是广告经费的提供者，还将是最终决策的确定者。广告公司总在寻找和追求优质客户，对他们的争夺也异常惨烈。所谓优质客户是指那些能够提供充足的广告预算和资金支持的企业，不仅如此，他们还应态度客观，思想开放，能为广告公司提供广阔的创作空间，能激发广告公司的创作激情，并允许创意人员做出超越常规的锋利广告。由此可见，受欢迎的广告主，不仅要有钱，还要有理解力、沟通力和判断力。

6.1.2.2 不受欢迎的广告主

有受欢迎的广告主，就有不受欢迎的广告主。在客户成熟度不好，经济大环境不够理想的情况下，不受欢迎的广告主会让整个行业雪上加霜。

不受欢迎的广告主常常会夸大自己产品的能力，他们希望通过广告来传达并不存在的目标，或正好相反，他们过分迷信广告，希望通过广告解决所有的营销问题，例如他们会奢望在一个平面单张或一支15秒的影视广告里说清产品所有的卖点。

还有一些广告主将广告公司沦为自己的执行工具，反客为主地试图满足自己潜在的创作欲望。他们常常不管目标受众，不理专业知识，以非专业标准评判创意，在他们的广告简报中充斥着"像某个品牌的广告一样"或"LOGO再大一点"之类的主观性内容。

另一些客户则过于小心谨慎。方案制定后，广告计划会因"种种原因"延后，或无法定夺，或犹豫不决，执行时则试图把控每个细节，导致一个月不能确定一张平面，半年不能确定一条广告语的状况时有发生，每当广告片出街时，他们还会进行大范围测试，测试结果出来后改了又改，错失市场机遇也在所不惜。

此外，由于广告行业竞争激烈，"比稿"也成为广告主的杀手锏，比稿规模的不断升级，客观上造成了广告主对广告公司的无情剥削。

链接：优秀广告的背后

作为创业者，乔布斯的创造力不仅表现在产品上，也表现在他对传播环节的重视上。从"非同凡想"开始，乔布斯会在每周三下午跟主要代理商、营销部门和公关部门开3小时的自由讨论会，以探讨每个阶段的广告战略，会议结束后，他还会带着广告创意团队去苹果戒备森严的设计工作室观看开发中的产品，每当这个时候，乔布斯都会变得激情澎湃。"地球上再没有哪个CEO会像史蒂夫那样对待市场营销了"若干年后，TBWA公司的创意总监李·克劳（Lee Clow）如此感慨道。虽然乔布斯也有大声咆哮的时候，但这样的广告主无疑可以确保广告公司在其作品中注入创造者的情感，此外，乔布斯也深谙媒体的发布之道，关键时候，他非常舍得花钱，例如在1984年，苹果公司就买下了《新闻周刊》（News Week）的全部广告版面，以达到为"1984系列"充分造势的目的。

另一个例证来自沃尔沃。自2012年以来，沃尔沃重卡通过一系列真人实验，获得了超乎寻常的网络热度，而为之操刀的Forsman & Bodenfors广告公司之所以能够生产出这样刺激惊险的创意，关键在于客户一开始就已表明的自由态度，正如沃尔沃全球市场传播总监Ingela Nordenhav在采访中所言，"我们要的就是颠覆人们的想象。"

本章开篇，我们介绍了近年来非常吸睛的士力架广告，其母公司玛氏集团是一个拥有近百年历史的商业帝国，但历史虽然悠久，它们却从未低估过宣传的力量，在广告上的投入更是不遗余力。作为回报，为之服务的各路公司也频频拿出轰动一时的创意佳作，自从1990年拿到第一座戛纳金狮后，玛氏集团已赢得了70多座狮子，2012年夏天，集团自身还在"戛纳创意节"上获得了"年度广告主"的荣誉。

6.2 媒体

代理商只能赚取广告费用的一小部分，绝大部分都将使用于媒体投放，所以，对广告行业来说，媒体组织是非常重要的一环。

6.2.1 媒体组织

我们一般将信息传递的载体、中介物、工具或技术手段，即体现传播介质差异的传播工具称为"媒体"，而将信息采集、加工、制作和传播的社会组织，包括报纸、电视台等大众传播机构和以提供广告刊播媒介为主要业务的经济组织称为"媒体组织"。媒体组织通过文字（报纸、杂志、书籍）、电波（广播、电视）、电影、电子网络等载体，向社会大众公开传递信息，其中也包括广告信息。

事实上，在大约100多年的时间里，人们一直将大众媒体组织当作一个微型实体来理解，当时"报业"就是其代名词，直到广播电视有了惊人的发展，人们才意识到用"报业"来涵盖包括报社、杂志社、广播台、电视台等机构在内的广泛领域非但不准确，还有误导之嫌，于是"媒体"开始作为一种普通类别而非分类形式的通用术语出现。之后，报业集团、出版集团、广电集团的相继出现，使人们认识到媒体不只是一个大型实体，而更可能是一类或多类实体的联合体。

20世纪80年代开始，个人电脑的普及使传播领域出现了新的信息载体，而网络的发明与发展则使人类社会进入了真正的数字传播时代。互联网最早起源于军事研究，在20世纪90年代开始商业化后，被开发出了通信、资料检索、客户服务等方面的巨大潜力。而继互联网之后的移动互联网则是以手机为主体的移动终端，它的诞生在某种程度上可看作是对互联网的补偿，其移动性解放了困于计算机前的四肢百骸，并为一众网民带来了更为私密的传播空间。

无论是传统的报社，还是全新的移动互联网运营商，每个层次的媒体组织都将对广告的制作、传播和效果产生巨大影响。

6.2.2 媒体市场的双重性

媒体组织似乎可以从其投入人力、物力和财力制作并生产出来的有形的（如报纸、杂志等）和有无形的（如电视节目、影片等）媒体产品中获得回报。但是，书籍、杂志、报纸等印刷媒介的读者和录音带、录像带、DVD、VCD、电脑软件等音像制品的阅听者似乎的确需要为他们所享受的内容付费，而将广播的听众和电视的观众也视为消费者就难以理解了，因为人们分明是在一毛不拔地日夜收听、收看各种精彩节目和有用信息。

丹尼斯·麦奎尔（Denis McQuail）曾经认为，电视观众不能被视为消费者，因为他们既不购买电视讯息，也不"消耗"电视讯息，对此，本·巴格迪坎（Ben Bagdikian）却指出：他们其实是需要付费的，他们不仅要为"免费的"广播电视付费，还要为"得到补助"的报纸杂志付费，因为他们要为广告付费，为广告所推销的商品付费。其实，新闻学家沃尔特·李普曼（Walter Lippmann）在《民意》（Public Opinion）一书中早就提出过新闻的成本问题，他说："出版商通过广告商获利，广告商从读者身上获利，所以，最终是由读者支付报纸的间接税。"

这就是媒体经营中已成为共识的"二次销售理论"，简单地说就是媒体第一次销售的产品是有价值的新闻或信息，第二次销售的则是相关阅听人群的注意力。由此可见，对商业化的大众媒体来说，广告就是它们的衣食父母，争取广告商的广告投放对媒体组织来说，是一件和制作内容一样重要的事情。

6.3　广告公司的类型

《中华人民共和国广告法（2015年）》中，对广告公司的定义是这样的，"本法所称广告经营者，是指接受委托提供广告设计、制作、代理服务的自然人、法人或者其他组织。"

6.3.1　广告公司概述

少数广告主拥有自己专属的专家或资源，他们可以自己进行战略策划、制作和发布，也有一些广告主通过媒体机构来制作广告，或在制作过程中接受一些技术帮助，但更多

的广告主需要依靠广告公司来策划、准备和发布自己的广告。

广告公司是一个汇集了各类专业人员，可向客户提供相关服务的地方，它不仅负责广告的策划、创意和制作，还可帮助广告主选择媒体，成为广告主与媒体间的沟通桥梁，一些经验丰富的广告公司甚至还能帮助广告主处理有关公关、法规之类的营销难题。

由于经营规模的多样性，使广告公司的类型也相当多样化，而在此，我们将按照规模和专业化程度的不同，将其分为专属广告公司、专业性广告公司和综合性广告公司三个大类。

6.3.2　专属广告公司

专属广告公司是指归属于企业自身的广告公司，也包括企业自己的广告部门。拥有自己的广告公司或广告部，对企业来说是有一定益处的，其中包括：便于了解内情，便于协调，可随时掌控营销活动等，例如，专属的广告公司可以及时获知企业产品的开发策略，而有些精妙的广告也是由专属公司自己发想出来的。另一个不言而喻的好处则是：企业可将广告代理的利润留给自己。

但这种做法当然会有局限性：首先，专属公司往往因为身在其中而缺乏客观视角，无法宏观地看待问题，进而束缚广告各阶段的发想和实施；其次，专属公司在广告专长的广度与深度上都很难与独立广告公司相比；最后，是专属公司无法享受到代理商通过规模经营而获得的较低的媒体购买价格。

6.3.3　专门性广告公司

专门性广告公司是指一些执行专项功能的广告公司，如专门的媒体购买公司，专门的广告调查公司、专门的广告策划/创意公司、互动广告公司、广告监测公司，甚至一些很小的只负责某个局部业务的广告公司，

它们可能直接为广告主服务，也可能成为综合性广告公司的合作伙伴。

例如，媒体购买公司是指专门为广告公司和广告主购买媒体时间和空间的公司。由于媒体的日益丰富，媒体购买也成为一件日益复杂的工作。在这种情况下，综合性广告公司可以承担媒体发布的战略策划工作，而将实际购买的任务交由专门的媒体购买公司执行。利用媒体购买公司的另一个好处是，由于购买数量的积累，使它们可以拿到比广告代理公司或广告主自己更低的价格。此外，专门性广告调查公司是指利用专业的市场调查方法对影响广告活动的有关因素进行调查研究的公司；广告策划/创意公司，一般是以小而精的规模，为客户提供独特的讯息主题、创意手法，或在文案撰写和艺术设计上注入更多新意的公司；而互动广告公司则是因新媒体而产生的，以协助广告主在新媒体上策划和执行各类传播活动的公司。

6.3.4 综合性广告公司

综合性广告公司是指能够较全面地经营广告业务，或全方位满足客户传播需求的广告公司，一般规模较大，并拥有多层级多领域的专业人才。

6.3.4.1 广告代理制

综合性广告公司往往采用广告代理制，所谓代理制就是广告主委托广告公司实施广告计划，广告媒体通过广告公司承揽广告发布业务，广告公司居于中间，为广告主和广告媒体实现双向、全面的代理业务的制度安排。

在广告发展史上，代理制度的产生对广告主和广告媒体都有积极意义。对广告主来说，借助代理公司，可以精简自身的人员与机构，提高效果，避免内置广告部的种种缺点，还可获得更专业的解决方案，以及媒体投放的优惠；对广告媒体而言，借助代理公司，可以降低运营成本，专注本业，从而保证社会公器的职责。

广告代理制的历史非常悠久，且代表了广告公司在经历了一百多年发展后所呈现出的最成熟的状态，而广告代理商和客户的关系也曾非常稳定，例如，达尔西（D'Arcy）广告公司从1906年开始就为可口可乐公司代理广告，双方合作达50年之久，而百事可乐与BBDO也有近半个世纪的交情。就许多方面而言，那些世界顶级的广告公司往往就是一部训练有素的机器，在公司的每个小隔间里，都坐着一位绞尽脑汁为客户提供服务的专业人员。

6.3.4.2 4A在中国

所谓4A，其实是"美国广告公司（代理商）协会"（American Association of Advertising Agencies）的缩写，它于1917年成立于美国圣路易斯，是全球最早的广告代理商协会，因为它恰好是由4个以A打头的单词组成，故名4A。4A原本是一个俱乐部式的松散联盟，如今则作为著名跨国广告公司或集团的泛指。

20世纪70年代末～90年代初，4A成员们逐渐通过中国台湾、中国香港进入华人世界，进而来到中国大陆。改革开放之初，由于国家不允许外商独资经营广告业务，故4A成员往往通过与国内公司合资的方式出现于公众视野。1980年，日本电通公司进入中国，在北京、上海开办事务所，从事市场调查、广告效果研究等工作。而到1998年时，全球排名前10的广告公司全在中国设立了合资公司，其中包括：盛世长城广告公司、麦肯光明广告公司、智威汤逊中乔广告公司、上海奥美广告公司、上海灵狮广告公司、北京电通广告公司、美格广告公司、灵智大洋广告公司等。

除被称为4A的国际广告公司外，由本国或本地区投资，并由本国或本地区人才组成的广告公司则被笼统地称为本土公司（local agency）。其中，有些本土公司希望借用4A概念进行专业化定位，例如，广州4A

协会的定义为"The Association of Accredited Advertising Agencies of Guangzhou",即"广州市综合性广告代理公司协会",从中,我们不难看出本土公司期望融入国际化进程的心愿。

6.4 广告公司的构成

从只有数名员工的工作室,到在几十个国家都有大楼的跨国集团,广告公司的形式和规模可谓千差万别,而在此,我们以综合性广告公司为基础来介绍广告公司的主要构成。

6.4.1 广告公司的主要部门

综合性广告公司一般由三大职能部门组成,即:策划/客户服务部(Account Department),创意/制作部(Creative Department)和媒体部(Media Department),其中,策划/客户服务部不仅能为广告主提供调研、策划和客户服务,也将与公司内部密切沟通,以共同决定如何利用广告使客户的产品和服务信息得到传播最大化。创意/制作部的主要职能则是发想并执行创意,即用难忘而有趣的方式制作出有关产品信息和品牌价值的广告作品。而媒体部负责将创作完成的作品投放到最易被目标消费者获得或接受的媒体上。除此之外,广告公司还应具备众多的辅助性部门和外援公司,前者如行政部、业务拓展部,后者如摄影公司,影视制作公司、展览公司、公关公司等。

6.4.2 策划/客户服务部

有些公司将策划部和客户服务部合二为一,有些则各自执行相应的功能,一般来说,策划部门的职责是负责对客户的业务进行规划,而客户服务部门的职责是负责广告公司与客户之间以及广告公司内部的沟通及相关的执行任务。

6.4.2.1 策划/客户服务部的主要职责

首先,策划/客户服务部要服务于客户,他们需要研究或深刻了解客户产品/服务的利益点、潜在受众,以及这种产品/服务的最佳竞争定位,然后按照研究结果,设计出一套完整的广告计划,有时,策划/客户服务部还将提供基本的营销和消费者行为调查。

其次,策划/客户服务部是创意部和媒体部的得力伙伴,他们不仅要与客户一起,帮助创意部将文化价值观和消费者价值观转化为广告讯息,还要与媒体部一起制定有效的媒体战略,以便通过最佳方式发布广告,触达目标受众。

客户部还要统筹、规划,并执行一切正在发生和将要发生的工作,包括时间的控制、预算的制定以及各种事务性程序等。例如,他们需要协助公司内不同部门(创意部、制作部,媒体部)在预算内按计划完成广告任务,也需要保证广告账款的及时收回。

此外,一些大的广告公司还设有业务协调部(Traffic),这个部门专门负责监控从项目设立,到所需条件等各个细节的流程,以确保创意部、媒体部等相关职能部门能够协调一致地在截止期前将广告作品按照约定交付媒体。

6.4.2.2 策划/客户服务部的职业要求

从宏观的策划到微观的执行,策划/客户服务部的工作非常繁杂,而按照职能范围不同,策划/客户服务部的职位一般被划分为客户执行(Account Executive,AE)、客户经理(Account Manager,AM)和客户总监(Account Director,AD)或策划总监(planning director)等不同类别。这些职位由低到高,显现了专业化程度的逐渐增强,其中职位越高,所需要的分析策划能力就越强,所肩负的管理职能也越多。但无论哪个职位,都需要一些基本的职业能力,例如,策划分析能力、沟通表达能力以及管理执行能力等。

策划分析能力。策划人员或客服人员需要在尽可能了解客户生意的前提下，具有良好的逻辑思考和策划分析的能力。首先，来自各方的资料五花八门，良莠不齐，一些关键信息反而无从获得，所以，客服或策划人员需带有明确的问题意识，并灵活主动地去搜集和整理各类信息，在厘清资料的前提下，致力于营销问题的思考和解决，这些问题包括：谁是我们的竞争者，它们的目标和战略是什么，它们的优势和劣势怎样，谁是我们的目标受众，他们会有怎样收入等级，怎样的家庭结构，会受什么群体的影响等，并在此基础上，提供相应的解决方案。

沟通表达能力。广告是一个说服人的工作，而要改变人的态度，不仅需要严谨的思路，也需要正确的表达。客服或策划人员，会不可避免地遇到与客户面对面沟通的情况，更有不计其数的提案需要完成，所以，作为职业要求，他们不仅需要练就直面观众的心理素质，还要掌握一定的行为规范。例如，在一些大的提案前，客服或策划人员应该做必要的演练（Rehearse），以模拟即将发生的提案，从而在真正面对客户时做到胸有成竹，当然，这些演练可以在私下完成，也可由整个专案小组在一个真实的场景中配合完成。

管理执行能力。客服人员不但要代表广告公司服务于客户方，还要代表客户"服务"于广告公司，所以说，客服部要在整个公司内部实行项目管理，无论是创意和媒体的执行，还是关于商务或财务的工作。此外，他们可能不只属于一个专案小组，所以，还要懂得时间的分配，以确保对其他部门的工作量及工作质量予以配合。客服部的某些工作可能会枯燥无趣，这还要求客服人员需要具备良好的耐受力，才便持之以恒。

除思考力、协调力，自制力和耐受力外，作为广告公司的一员，客服人员同样需要具有审美力。审美的共鸣，可以促使他们发自内心地分享创意人的喜悦，并提出建设性意见。此外，广告也是一个与时俱进、正视竞争的高强度行业，所以对体力和学习能力的要求都非常高。还有一条常被人们忽略的原则，那就是品德。理想的客服或策划人员应该是诚实而高尚的人。那些广告大师们早就说过，一定要尊重客户，只有这样，才能赢得客户的尊重。当然，这条原则也适用于广告公司的全体成员。

6.4.3　创意部/制作部门

大多数人一提起广告必然会联想到创意，事实上，没有创意活动，就不会有广告，而创造力，正是令广告世界保持运转的动力。

6.4.3.1　创意部/制作部的职责

对于广告的作用，历史上曾有科学派和艺术派之争。科学派将营销学、心理学、社会学、统计学等学科引入广告，并发展出基于科学依据的广告理论，而艺术派则认为自己从事的是一种艺术创造活动，反对以过于刻板和教条的所谓规律来指导广告的运作。时至今日，人们大多同意广告在某种程度上的确是一种社会科学，但对广告创意，则更多地将其视为在理论规范下别出心裁的艺术创造。

一般来说，创意部工作的主要流程包括以下几个步骤：组建创意小组，提出创意概念，进入创作过程，制作广告作品，审查广告作品等。创意部一般由一个个创意小组成，创意小组的职责是通过视觉影像和文字艺术所产生的感染力，在结合客户及市场需要的前提下，突出产品优势，塑造品牌形象。而制作部一般是指执行具体制作环节的部门。有些广告公司将创意部和制作部分开设置，有些公司则在创意部内设有执行制作任务的团队，另一些公司还会将比较具体的制作工作外包给其他公司。

6.4.3.2　创意部/制作部门的职业要求

1949年，DDB广告公司成立，当时只有13名员工，伯恩巴克任总经理，并负责创意策划，于是，他按照文案与美术协作的理论，对广告公司的内部组织进行了变革，他把文案和美术合并成创意部，并将他们由幕后推至台前，直接与广告客户接触。这种模式后来被推广到了整个广告界。

创意部职位也是按照工作内容的不同而呈现出阶梯式分布的，例如可分为：创意总监（Creative Director，CD）、设计师/美术指导（Designer/Art Director，AD）、文案/文案指导（Copy Writer/Copy Director）、电脑美工（Computer Artist）、电脑工作室主管（Studio Manager）、制作执行/制作经理（Production Executive/Production Manager）和制片人（Producer）等。

其中，创意总监负责对创意方向的把控，对创意执行环节的指导，文案和美术则除发想创意、提供方案外，还将负责相应的文字和美术的执行，而电脑工作室主管、电脑美工等职位属于制作环节，如上文所说，他们可能内置于创意部，也可能作为一个独立部门存在。此外，公司还会有制作执行/制作经理和制片人的职位。制作执行/制作经理负责对广告的制作进行管理和监督。有些广告公司因业务需要，还拥有专门的辅助性媒体制作人，这些辅助性媒体包括路牌、招贴、交通广告和礼品广告等，而制片人一般负责广告片的制作，包括招聘导演，寻找合适的演员，并与制作公司和后期公司签订合同等。

无论规模大小，涉及领域多寡，创意部的主要职责都将是按照策略要求，尽心尽力地发想各种刺激、优美而又令人心动的广告作品，并将它们制作出来，呈现给目标受众。

6.4.4　媒体部门

人们每天都会接触各种媒体，广告主及广告公司则要依靠这些媒体发布广告，广告公司的媒体部就是和这些媒体的拥有者打交道的部门，其职责包括：调查收集各种媒体数据；签订广告版面、时段等发布契约；将广告信息通过既定程序传送给媒体；检查媒体发布效果；履行广告经费的有关支付手续等。

对广告主来说，媒体部的主要任务就是提供发布广告所需要的合适的沟通渠道，而合适程度取决于目标受众的到达率、覆盖率和成本效益，其中渠道环境，即目标受众对该媒体的接收程度和该媒体能否有效覆盖指定目标受众等因素对投放成功率的影响最大，也是媒体部面临的核心难题。所以，媒体策划人员和购买人员首先需要审查大量媒体，然后在客户预算允许的范围内制定出有效的媒体计划。

以往，大部分广告公司都会分别发展广告信息和媒体计划，媒体计划也被认为从属于信息生产的过程，也就是说，广告创意部门首先产生优质的广告，然后再由媒体部门针对期望的目标受众去选择最好的媒体进行刊播。但今天，媒体的分裂，媒体费用的高涨，以及目标营销策略的集中，使媒体计划的重要性大大提高。所以，在某些情况下，广告宣传可能由一个好的信息开始，然后选择适当的媒体，但在另一些情况下，则可能由好的媒体机会开始，接着才设计广告内容以适应这种形式。而当广告主和广告公司越来越多地了解到内容和渠道之间的利益关系，以及它们有效结合的可能性后，创意和媒体间就将产生越来越广泛的合作。

在综合性广告公司里，媒体部的职位安排也会按照需求进行设置，并呈现出从低到高的阶梯式分布，虽然每个公司的设置不尽相同，但一般都会包括：媒体执行（Planning Executive）、媒体购买（Media Buyer）和媒体策划（Media Planner）。

6.4.5　其他部门

除上述三大职能部门外，广告公司内部还会配备足够多的内援，以协助职能部门的工作，其中包括各种形式的行政部门，以及自我推广的业务拓展部门。

6.4.5.1 行政部门

和其他行业一样，广告公司也必须管理自己的商务活动，因此，公司内部也要设置负责办公事务管理、人力资源管理、财产会计管理等的相关部门，这些部门将用于进行专门性制度的制定和日常事务的执行，如办公物品、文书资料、会议筹备、出差、固定资产、生活福利、车辆使用、安全卫生等。虽然这些基础部门并非广告的职能部门，但其从业人员也应了解广告的流程，懂得广告的行业特征。例如，人力资源管理部门会负责对新员工的招聘，如果不能理解公司的业务要求和客户性质，就很难甄选出适合的人才。

6.4.5.2 业务拓展部门

广告公司除帮助客户进行宣传和推销外，也需进行自我推销。很多广告公司都拥有业务拓展部门，以向客户展示和推销本公司的策划、创意及执行能力。

在保住现有客户的前提下，广告公司需要不断争取新的客户，业务拓展部就是设置在公司组织结构内，用以开发新客户的重要部门。争取客户是一件代价高昂而又风险重重的事情，而广告公司最典型的自我推广方式则是参与客户发出的"比稿"邀约，并与其他公司展开竞争。当广告主决意进行比稿时，往往意味着他已认识到旗下某个品牌需要更新，需要更换合作伙伴，并采取新的广告方式了，这本来是一件为业界带来商机的好事，而近年来，由于越来越多的广告主频繁地实行比稿制度，也导致了暗箱操作、不公平竞争等不利因素的滋生，从而无端地耗费了广告公司的人力和物力。

6.4.6 外援

虽然综合性广告公司可以为广告主提供许多服务，并且正在增设更多的服务项目，但也没有必要覆盖产业链的全部，因此，它们还需依靠专门的外援或工作伙伴来执行广告策划、准备和发布环节中的一些部分。而这些合作公司可能会包括：市场调查公司、咨询顾问公司、公关公司、直接营销公司、销售推广专业公司，以及各类制作公司。

6.4.6.1 市场调查/咨询顾问公司

广告公司为客户实施的调查一般是指某种方向性调查，往往由商业调查机构来实施，这些方向性调查涉及客户的市场或广告目标，例如，调查公司可以运用小组座谈法，全面调查或实验的方式，帮助广告主了解某一产品或服务的潜在市场以及消费者对该产品或服务的看法。而随着新技术的发展和广告主希望更准确瞄准受众的愿望的产生，另一些公司应运而生，它们往往会通过定期的数据搜集为广告公司和广告主提供信息服务，例如，他们会从杂货扫描器上获取数据，并将那些广告主和广告公司感兴趣的数据进行整理、分析和出售。

6.4.6.2 公共关系/直接营销/销售推广专业公司

在整合营销盛行的时代，除广告公司外的其他传播组织也开始扮演起重要角色来，其中包括：公共关系公司（Public relations firm）、直接营销公司（Direct-marketing firm）和销售推广专业公司（Sales promotion specialist）。

以往有些综合性广告公司在自己的营销业务中增加了公关、直销、销售推广的项目或部门，但近年来，一个显著的趋势则是这些业务本身的崛起和壮大。例如，公关公司早已脱离广告公司，开始直接对接客户，并负责策划执行包括赞助和公关活动在内的各类营销服务；直效营销公司也独立地为企业主提供网络、电视或电话方面的直效营销；销售推广公司则在设计和执行竞赛、抽奖、特别赠送等领域独树一帜。

6.4.6.3 各类制作公司

无论制作刊播于哪种媒体的广告，都要求制作人员具备专门的知识，但即便最大、最全面的综合性广告公司，也不能保证在每个领域都招募雇员。所以，一旦广告进入制作流程，就需要诸多外援，以提供制作广告所需的各类专业技巧。例如，制作一条广告片，不仅需要物质准备，如布景、舞台、灯光，还需要专业人员，如导演、演员、词曲作家、摄影师，以及录音技术人员、灯光技术人员等，即便是制作相对简单的广播广告，广告公司也需考虑包括编辑、特技、配音等在内的后期制作人员，但他们都不在广告公司的常规编制之内，广告公司必须通过制作公司才能获取这些资源。

所以说，广告制作是广告公司最依赖外援的领域，而这些公司也需在了解广告公司运作流程的前提下和广告公司保持联盟关系。

链接：焦点小组法

焦点小组法（Focus Group），也称小组座谈法，是一种定性的调查方式，它是由一个经过训练的主持人以一种无结构的自然形式与一个小组的被调查者进行交谈，并获得相应结果的过程。

在形式上，广告公司或调查公司会从所研究的目标市场中选择被调查者，而主持人将会在广告主或广告公司设定的主题框架内，引导这些调查者进行自由交流和讨论，并在由主持人掌控节奏的前提下，获得一些定性的调查结论。

焦点小组法可在广告策划的初期针对目标受众展开。倾听一组或多组这样的谈论，将有助于广告公司获取消费者对产品或品牌的看法，这些观点和内容可作为思考的起点，也可用来设定创意的方向，此外，这种方法最重要的价值还在于它常常可以从自由讨论中获得意想不到的发现。

6.5 广告公司的经营

作为一门生意，经营广告公司的最终目的是盈利，不同的广告公司会采用不同的经营方式和取酬方式，而随着营销形态的多元化，可能还会有更多的创新形式不断诞生。

6.5.1 广告公司的取酬方式

广告公司的经营状态将由公司的规模、体制、创始人的性格或客户的性质来决定，同样，它们的取酬标准也将与之相关。

6.5.1.1 取酬标准

取酬方式就是建立一种彼此认可的服务及付费模式。模式的制定，主要源于合作双方或多方的性质、需求及项目的特性，而服务客户的方式，与供应商合作的方式本质上都是灵活的，对中小型公司来说，则完全可以脑洞大开。

事实上，很多公司在接到一个新客户后，首先会花时间召集资深人员进行讨论，以便制定一套适合该项目的、独有的收费方案，此后，还要花费很多心思用于修订合同，并与客户讨论具体条款。对企业而言，如何实现盈利，有时是比拿下客户还要重要的工作。这不仅需要丰富的行业经验，专业的财务及人员管理能力，还要对项目进行深入洞察，对未来进行可靠预判，并非照搬传统，或随便从网上下载几个报价及合同模板就能解决的。下面我们将介绍比较流行的四种取酬方式，它们分别是：代理费制、加价费制、计时制/手续费制和项目制/结果论酬制。

6.5.1.2 代理费制

代理费制是广告公司获得报酬的一种方式，不光广告行业，在其他很多行业也广泛采用。其核心就是作为买卖关系的中间人，即代理商，在帮助客户完成买卖交易后，向客户收取一定比例的成交代理费，通常以百分比（％）来计费。

在广告行业，广告公司的收费标准以广告主投放在媒体上的资金数量为依据，将广告主支付给媒体全部资金的15%留下来，作为该客户创作广告的服务费用。15%只是一个业界惯例，最后的实际金额往往是由双方协商决定的。

6.5.1.3　加价费制

加价费制是代理费制的一种变形。它是指广告公司在从其他公司那里购买服务时，在其上增添一个百分比加价的方式。很多时候，广告公司都会将插图、印刷、调查以及制作等工作委托给别的公司，然后，再按照客户同意的条件，在这些服务上增添加价费。在实际操作中，费用还可以是双向的（采购方+供货方），即在帮助甲方完成采购计划的同时，优先推荐支付了佣金的丙方。

从某种意义上说，无论是代理费制，还是加价费制所提供的，都不仅是一个项目的当前收益，而是某种长期共赢的未来，所以这两种方式最为广告公司所乐于接受。

6.5.1.4　计时制/手续费制

计时制/手续费制是指广告公司和广告主以小时为计价单位，商定不同服务的费用。"小时费"既可以根据各部门的平均工资来决定，也可以根据双方商定的某种计时费标准来决定。手续费的另一种形式为固定手续费，即广告主和广告公司就某个项目确定一个固定的手续费数额。采用这种制度，广告公司和广告主双方必须明确商定广告公司应该提供的服务内容和形式，例如由广告公司哪个部门提供，以及在什么时间内完成等。此外，双方还必须商定哪些必需品、材料、交通费和其他开支不包括在固定费用内，应该得到补偿等细节。

6.5.1.5　项目制/结果论酬制

项目制是指按某个具体项目来商定价格的取酬方式。项目制也被视为以结果论酬制。许多广告主总是尝试根据广告公司是否达到双方商定的结果而支付报酬的做法。

以结果论酬制将广告公司的报酬与双方预先商定的特定目标绑到了一起。但对广告公司来说，这样取酬会有三大风险：定价、信用和周期。此外，由于"结果"往往被狭义地界定为销售额，所以，广告公司历来是反对按照这种"结果"评估自己的。

而对于那些在行业内早已透明的制作工作，比如完稿、印刷、拍摄、租图等，则非常适合以项目制收费，方法就是，向客户提供单项报价列表，经他们的采购部评估后，可选择从大公司例如4A购买，也可选择从其他第三方购买。作为中间沟通人和项目督导，代理公司可收取一定额度（%）的佣金，以帮助联系、监督并评估第三方的工作。

6.5.2　广告公司的发展趋势及竞争对手

随着互联网的兴起，所有行业都将处于剧烈的变化之中，作为社会前沿的广告公司自然不会置身事外，而在广告行业迎接集团化和数字化挑战的同时，也将遭遇更多来自新市场环境的新对手。

6.5.2.1　集团化与数字化

自20世纪70年代，全球就开始了集团化趋势，传播业也因快速成长的需要而不断进行着垂直及水平的整合，并在完成诸多大型并购活动后形成了一个个体量庞大的传媒集团，其中最为人熟知的便是世界顶尖的五大传媒集团，他们分别是：奥姆尼康（Omnicom）、埃培智（Interpublic）、WPP（Wire & Plastic Products）、阳狮（Publicis）和电通（Dentsu）。这些因资本而诞生的巨型集团体现出了媒体购买的巨大优势，而那些著名的广告公司几乎全都隶属在他们旗下。

此外，广告行业所面临的最大冲击就是世界范围内的数字化浪潮了。中国的广告投放自2012年后就在社会化营销的时代背景下发生巨变，新媒体层出不穷，使传统媒体的空间越来越受到挤压。与集团化整合不同，数字化浪潮带来的是广告行业的分众化和碎片化，因为互联网的发展，不仅诱发了技术变革，也通过协作的便利和信息的透明，使交易成本大大降低。于是，利用互联网以及更新的移动互联网，代理公司、技术公司、老牌企业和新秀企业之间都会形成竞争局面，这是以往时代难以想象的。

6.5.2.2　竞争对手

有人说，互联网时代，数据就是人，人就是营销，所以，拥有数据和数据挖掘能力，就在一定程度上具备了营销传播的能力，这也是造成广告业对手林立的原因。事实上，无论是咨询公司、媒体公司，还是公关公司、数据平台，无不想分广告业一杯羹，而让广告公司更加不安的是，客户自建品牌工作室也已成为潮流，代理商大有随时被打入冷宫的危险。

咨询公司：在很多人看来，战略咨询才是咨询公司的正经业务，但通过并购而逐渐涉猎创意和设计领域的咨询公司其实正在成为广告公司名副其实的竞争对手。原因很简单，数字化转型不仅是客户，也是咨询公司需要面对的难题，将营销和设计纳入业务版图，提供从战略到执行的整套服务，可以使咨询公司在帮助客户实现品牌数字化转型时更具优势。

媒体公司：以往的媒体公司是广告代理商的下线，而现在，社交媒体巨头和媒体公司们意识到，他们可以通过建立创意工作室或成立创意团队的方式，直接为广告主提供服务。其实，在网络碎片化的今天，手握平台资源的媒体公司远比代理商更了解目标受众，一旦掌握了内容的制作，他们就将成为广告公司最为强劲的对手之一。

公关公司：公关公司本来就是广告公司的合作伙伴和竞争对手，近年来，公关的重要性似乎有超越广告的苗头，原因是公关能以比广告更低的成本对公众的认知产生强烈影响。公关公司可以提供一个有趣的故事，这些故事有时是自然产生的，有时则会由公关人员通过策划产生，它们可能被媒体选中，经由媒体报道，进而创造出对公司、产品或公司领导人有利的新闻，并获得与花了大价钱的广告一样的效果，更可贵的是，它的可信度远远超过广告。

数据平台：事实上，Google、Facebook这样的技术巨头是最有资本成为广告玩家的，因为它们不仅拥有庞大的用户数量，还可积极探索创新的营销模式。比如，Google的搜索业务和YouTube、Facebook拥有的社交数据、用户兴趣信息和地理位置等，都将对营销活动产生十分重要的价值。在国内，把持数字广告市场的是百度（Baidu）、阿里巴巴（Alibaba）和腾讯（Tencent），即BAT三巨头，现在，它们也开始直接对接品牌，并为品牌提供服务了。面对这样的状况，一位资深广告人曾表达出相当悲观的看法：购买广告如果像访问网站那样容易，而且还能瞄准特定人群的话，广告主还要代理公司干什么？

自建品牌工作室：广告代理制曾通过半个世纪的时间来说服甲方，"专业的事情，要交给专业的公司去处理"。但如今，大广告主们纷纷通过"内设工作室"（In-house Agency）收回了制作和发布广告的权力，这也给铁打的广告模式带来了麻烦。随着媒体购买成本的下降，与消费者的关系已成为每个品牌的核心竞争力。认真倾听消费者，为他们提供真正有价值的内容已成为不少品牌的共识，在此背景下，品牌内设工作室似乎变得合情合理，因为自建团队可能会对品牌更加敏感，更有控制权，沟通更快，从而创造出最适合的内容。

■ 案例：自家生产

以红牛为例，它自20世纪90年代就开始自己制作视频内容，2007年，它更打造了专属的"红牛媒体工作室"（Red Bull Media House），经营起杂志、电视台、甚至直接涉及极限运动领域。此后，大牌公司纷纷效仿，如在2013年，耐克挖来了博柏利（Burberry）数字营销总监穆萨·塔里克（Musa Tariq）组建了内部的品牌团队，而塔里克在上任之初，便收回了原来由AKQA、W+K、传立媒体（Mindshare）、R/GA等公司代理的社会化媒体业务，改由内部团队全权运作。另外，百事可乐也在2014年推出了内容创作工作室——"创意者联盟"（Creators League），其工作内容包括：筛选IP（原创、收购或合作的形式）、商业定位以及内容设计（包括剧集、游戏和电影）等，从而将内容制作的每个环节都牢牢把握在自己手中。美国全国广告协会（ANA）早在2013年就发现，选择自建团队的公司在5年间从42%上升到了58%，而一份来自数字营销协会的报告显示，2015年有27%的公司声称其在数字营销领域不再与第三方公司合作，这个数字是2014年的两倍。

小结：

尽管面对不可预测的未来，但有着百年历史的广告代理制依然提供着广告行业的基本模式，而那些历经九死一生、经验丰富的广告人也正在努力适应日新月异的新常态。21世纪的种种研究表明，技术能改变很多东西，包括人们的生活方式，交往方式，甚至认知方式，但正如埃里克·麦格雷所说，经济和技术的变革再重要，也无法改写人与人之间的关系，任何变化都将蕴含某种永恒。

课堂练习：

1. 麦克卢汉将"大众媒体"解释为"所显示的并不是受众的规模，而是同时参与的事实。"对于这个定义，你同意吗？为什么？

2. 广告代理制是一种怎样的制度？请简述4A的来源和内涵。

3. 综合性广告公司的三大职能部门是什么？它们各自承担怎样的职责？

4. BAT三巨头是啥？谈谈你对它们的理解和看法？

思考题：国际传播巨头

奥姆尼康（Omnicom）、埃培智（Interpublic）、WPP（Wire & Plastic Products）、阳狮（Publicis）以及电通（Dentsu）是全球五大传媒集团，我们熟知的那些广告公司、公关公司、媒体公司和新型营销机构其实都是他们的麾下之将。

总部设在纽约的奥姆尼康集团，又译宏盟集团，是世界上最大的传媒集团之一。它旗下包括一些著名的广告机构，如 BBDO Worldwide，DDB Needham，TBWA Chiat/Day，以及一些领先的互动广告机构。此外，奥姆尼康还包括全球媒体服务公司OMD和PHD，并拥有全球七大公关公司中的三个——福莱公关、凯旋先驱和培恩国际公关，以及布罗德国际和加文安德森等专门领域的公关公司。

埃培智集团的业务范围包括广告、公关、直销、市场研究、健康咨询、会议与活动、媒体专业服务、体育营销、销售推广、企业形象策略等。它旗下拥有的广告公司包括麦肯广告、灵狮广告、FCB，媒体公司包括优势麦肯、极致传媒，以及公关公司万博宣伟。

WPP集团的总部设在伦敦，其经营范围包括广告、公关、游说、品牌形象与沟通。它拥有三个全球运作的全资代理广告公司：扬·罗比凯、奥美和智威汤逊，并于2003年以4.43亿英镑收购了科迪恩特集团，后者拥有达彼思广告（Bates）。此后，又于2004年，再次购买了拥有精信广告（Grey）和竞立媒体（MediaCom）的美国精信广告集团。

阳狮集团是法国最大的广告与传播集

团，总部位于法国巴黎。进入21世纪后，阳狮集团便以并购国际大型广告公司和传播集团而闻名：2000年，它收购了美国的Fallon广告公司；2001年收购了英国萨奇广告（Saatchi & Saatchi）；2002年，收购了BCOM3集团（BCOM3集团是李奥贝纳、达美高和电通的母公司）；2003年，收购了实力传播（Zenith Optimedia）；2006年，在整合实力传播（Zenith Optimedia）和星传媒体（Starcom MediaVest）的基础上成立了博睿传播（Media Exchange）。

电通集团是日本最大的广告与传播集团，成立于1901年，总部位于日本东京，其前身为1901年创立的"日本广告"和1907年创立的"日本电报通讯社"，并于1955年正式改名为电通。虽然电通已控制了日本30%的平面广告市场和40%~50%的电视广告市场，但相较其他国际集团而言，它在国际市场的资本运作可谓小心谨慎。2000年后，该公司才开始对外扩张，曾通过与阳狮换股的方式，以拓展欧美市场。

通过对世界顶级传媒集团的简单介绍，我们可以看出，广告行业的背后其实是复杂的资本运作，它们的兴衰存亡与整个社会的金融环境有着密不可分的联系，请就这些问题查阅资料，并提出你的个人见解。

第7章

营销策略及广告的工作流程

■ 案例：最安全的汽车

很多年前，沃尔沃（Volvo）的关注点是耐用，它的经典广告语是"像恨它那样去开它"，因为沃尔沃可以在瑞典坑坑洼洼的路面上平均开上13年。然而，除瑞典人外，谁在意瑞典坑坑洼洼的地面呢？所以，这是一个不那么成功的定位。

1959年8月13日，沃尔沃第一次在流水线上安装了膝到肩三点式安全带。1963年，沃尔沃开始在美国和其他市场推广三点式安全带，1967年，沃尔沃在美国召开的一次交通安全会议上提交了一份《28000起交通事故报告》，这份报告清楚地表明，安全带不但能够挽救生命，还能降低50%~60%的受伤概率。从此，全世界终于对三点式安全带投来了关注的目光，并逐渐使三点式安全带成为汽车行业的标配。而在大量的新闻宣传中，沃尔沃公司也逐渐领悟到：对汽车这种产品而言，"安全"的价值远高于"耐用"，于是，他们决定将营销重点进行转移。事实证明，这是绝对明智的一步，时至今日，虽然所有的汽车公司都在产品安全性上加大投入，但沃尔沃已将"安全"这一定位牢牢地植入了人们的脑海。

为了维护珍贵的品牌资产，沃尔沃公司不仅在产品层面全力研发，更在广告中不遗余力地加以强调，例如曾获戛纳平面类大奖的《安全别针篇》，就在画面中央放置了一枚被弯曲成汽车形状的安全别针，从而干净整洁地传递出品牌理念，另一个获奖平面《核桃篇》则在画面上放置了一只被砸开的核桃，其砸开处显示出另一层核桃的外壳，以表达沃尔沃汽车无与伦比的安全性能。还有一张采用夸张手法进行表述的著名平面，画面以汽车的后视镜为主体，通过后视镜可看到被碾压的死神的黑斗篷和镰刀，以示沃尔沃汽车安全到能够战胜死神的地步。

沃尔沃公司从1928年就开始生产卡车，作为首屈一指的卡车品牌，沃尔沃卡车已遍布世界130多个国家，但由于卡车面对的是企业市场，关注度远不如轿车高，所以，知名度也同样逊色。于是，从2012年开始，沃尔沃再一次充分利用"安全"这一品牌资产，凭借出色的视频演绎，让人们开始像讨论轿车那样讨论起卡车来。

2012年，沃尔沃新款FH系列推出，其产品的最大亮点就是前桥采用独立悬挂，从而使车辆驾驶舒适又稳定。为此，他们在克罗地亚一段尚未开放的高速公路上拍摄了惊险视频——"美女走钢丝"。视频主角是高空索道行走的世界纪录保持者菲斯·迪基（Faith Dickey），这次，她面对的挑战是在一根系于两辆高速行驶的沃尔沃卡车之间的钢丝上行走，为增加刺激程度，美女还必须在卡车经过隧道前通过，万一不能按时完成，后果真是难以设想。

在美女篇大获成功后，沃尔沃又于2013年请来了可爱的小仓鼠，一般人都会觉得卡车的方向盘大概会重到打都打不动，然而，装有动态转向系统的沃尔沃卡车，在低速行驶时，只要非常小的力（小仓鼠所拥有的力量）就可控制转向，同时还可自动回位，而在高速行驶时，这套系统几乎可以消除所有的微小转向，大大提高了操控安全性。

2014年，沃尔沃再接再厉，邀请了好莱坞明星尚格云顿（Jean Claude Van Damme）为其拍摄视频。短片中，尚格云顿双手抱臂，从容不迫地将双腿悬架于两辆疾驰的卡车之上，这个不可思议的一镜到底的表现，带来了社交网络的疯狂传播，片中的"一字马"也被誉为"史诗级的一劈"（The Epic Split）。

2015年，沃尔沃重卡再次调转枪头，卖起萌来。这次它请来了一位4岁的小萝莉。这位小女孩用遥控装置远程操控一辆重型卡车，实验现场设置了很多陷阱，所以，这辆倒霉的重卡不仅要遭遇重物侧击，还要穿越山坡、水面和泥潭，并在撞毁一栋平房后，跌跌撞撞地开进大沟，来了个整体翻转，然而，即便惨遭毒手，这辆卡车还是能够继续前进。

不仅是轿车，不仅是大型重卡，为进一步强化品牌资产，深入传递安全理念，沃尔沃还将其诉求范围从各类用车，扩展到道路的其他参与者，如自行车骑行者、路人，甚至动物身上。

为保证夜行者的人身安全，英国沃尔沃在2015年跨界推出了一款名为"生命喷喷"（Life Paint）的夜光喷雾，车手或行人可把喷雾喷射在任何地方，如头盔、防风衣、自行车车架，甚至遛狗的牵引线上，这种涂料在被汽车大灯照射后能反射出醒目却并不刺眼的白光。夜间出行时，即便在漆黑的环境中，其呈现的荧光效果也能救人一命，而在万圣夜，"生命喷喷"更为孩子们起到了保驾护航的作用，根据美国国家公路交通安全局统计，万圣节是每年道路事故高发排名第三的日子，沃尔沃因此发动了名为"要吓人，也要安全"（Be scary, Be safe.）的营销战役，借助"生命喷喷"，让那些"不给糖果就捣乱"的孩子们能够及时被车辆发现，从而减少事故的发生。

此外，澳洲每年有超过2万起由于袋鼠上公路而造成的交通事故，沃尔沃于是开发出一套全新黑科技——"袋鼠躲避系统"，这一系统是沃尔沃"城市安全"（City Safety）系列的升级版，它采用雷达和照相机设备来监测袋鼠动向，一旦预测到危险，则会立即帮助司机及时刹车。

2016年，沃尔沃在广告中描述了它的梦想——"希望在2020年，没有人会因为沃尔沃汽车而受伤或死亡。"当别家汽车在赞美窗外呼啸而过的风景、尊贵豪华的内饰和美妙的驾驶乐趣时，沃尔沃却牢牢锁定了它的安全价值，因为它深知，生命是人类最珍贵的东西，无论科技多么发达，时代怎么进步，这个定位总不会过时，而围绕这个定位的营销传播也将继续发挥作用。

通过本章的学习，我们将掌握以下内容：
（1）公司的营销环境及营销信息系统
（2）识别公司的竞争者
（3）使用细分、瞄准、定位（STP）营销法
（4）营销沟通的典型模式
（5）广告运作的一般流程
（6）广告战役、广告简报和广告策划案的具体含义及内容

所有广告都应该是为了某个具体的营销目的而制作的，市场营销则是一个比广告更为复杂的管理活动，就广告而言，有些内容是在其策划和制作前就已被规定好了的，而在这一章里，我们将为大家描述这些内容，并简要介绍关于广告运作的一般流程。

7.1 与广告相关的营销策略

与广告相关的营销策略包括：营销环境的分析，营销信息系统的建立，竞争者分析，以及如何运用STP（即市场细分、瞄准、定位）策略锁定相应市场等。

7.1.1 营销环境

所谓营销环境是指在营销活动之外，能够影响营销部门建立并保持与目标客户良好关系的各种因素的组合，我们可将其分为微观环境和宏观环境。每家公司都处于其所在的营销环境之中，这些环境既提供机遇，也存在威胁。能否了解环境并洞悉环境变化将在一定程度上决定着公司的未来。

7.1.1.1 微观环境

企业的微观环境是指能够影响企业服务能力的各种因素，其中包括企业的其他部门、供应商、中间商、用户、竞争者和公众等。

在进行营销决策时，营销部门首先需要

综合考虑公司其他部门的工作，如高层管理部门将负责制定公司的使命、目标和政策，财务部门将负责寻找和使用资金，研发部门将负责设计和开发产品，采购部门将负责提供原材料，生产部门将负责生产，而会计部门将负责核算成本和收入等，所有这些部门的运作都会对营销计划和行动产生影响。

作为公司上线的供应商和下线的营销中介也将在整个用户"价值传送系统"中起到重要作用。供应商将为公司提供资源，帮助其制造产品或提供服务，而包括经销商、货物运输商、营销服务机构和金融中介在内的营销中介，则会帮助公司将产品销售和分配给最终用户。

用户是购买该企业产品或服务的人员的总称，他们构成市场，可被划分为消费者市场和企业市场，他们是企业营销的核心。与此同时，竞争对手也是公司必须密切关注的对象，按照市场营销观念，一个公司若想成功，除满足消费者的需求和欲望外，还必须具备比竞争对手更强的优势，所以在某种程度上，竞争对手具有和用户同样重要的地位。

此外，公司的微观环境还包括一些更为广泛的公众，他们与企业有着千丝万缕的联系，对公司达成目标具有实际或潜在的影响，其中包括金融公众、媒体公众、政府公众、民间公众、地方公众等。

7.1.1.2 宏观环境

除微观环境外，企业及其相关者还将在包括人口统计、经济、自然、技术、政治、文化等在内的更为宏观的环境中活动。

其中，人口统计是按照人口的规模、密度、地理位置、年龄、性别、种族、职业等进行划分的结果，营销人员对人口统计颇感兴趣的原因是人口统计与构成市场的人相关，例如，营销人员总是希望尽可能详细地了解某个市场的年龄结构、家庭结构、受教育程度和白领化程度，以便有针对性地向他们提供产品/服务。

而每个地区的收入水平和分配水平也不尽相同，购买力是影响营销的重要因素，通过对宏观环境中经济环境的研究和分析，营销人员可以找出影响消费者购买力和消费方式的经济因素，例如，在面对国际市场时，营销人员常将它们划分为自足型经济、工业化经济或新兴经济，从而制定出相应的营销组合。

如今，自然环境和技术环境变得日渐重要。自然环境是指对生产或营销产生影响的自然资源的利用方式，如原材料问题，污染问题等。技术环境是指不断诞生的新技术所创造的新的市场和机遇。技术正在成为影响人类命运的显著因素，事实上，每一项新技术都会替代旧技术，当旧的行业对抗或忽略新技术时，就会无可避免地走向衰落，所以，营销人员必须密切关注技术的发展趋势。

政治环境也将极大地影响营销决策。政治环境有时也被称为政治法律环境，涉及一个国家或地区的政治体制、方针政策、法律法规等。这些因素会制约和影响企业的经营行为，尤其是较为长期的投资行为。例如，百事可乐早在1972年就进入了苏联，并很快扩展到其他东欧国家，但由于体制所限，百事浓缩液只能被用于交换诸如罗马尼亚葡萄酒和保加利亚铲车之类的地方性产品，这些产品在东欧之外又没有大的需求，所以，到1989年时，百事公司已投入了近20年的时间，换来的却不过是一些亏损破旧的国有瓶装工厂。

人类都是在特定社会中长大的，社会文化将塑造他们基本的信仰和价值观。这些基本的信仰、价值观、偏好和行为将对营销决策产生深刻影响。在一个给定的社会中，核心信仰往往相当牢固，如传统社会里的婚姻观和生育观等，所以，营销者应尽可能地理解并吻合这些核心信仰。

7.1.2　建立营销信息系统

营销信息系统是指为决策者及时准确地收集、整理、分析、评估并传送信息而设立的程序和系统，具体可分为这样几个过程：评估信息需求、开发信息、对信息进行分析和传递。

7.1.2.1　评估信息需求

虽然营销环境中几乎所有的信息都会直接或间接地影响到营销活动，但在实际操作中，营销者却必须加以甄别，才能提升信息获取的有效性。

为此，管理者和营销人员不仅需要认清问题的范围，还需密切合作，以提出具体的研究目标。与通常重视调研过程的见解不同，确认问题及研究目标才是市场研究中最困难的部分，在众所周知的新可乐（New Coke）案例中，可口可乐公司采取了非常正规的调研程序，却因将研究问题定得太窄而造成了灾难性后果。

7.1.2.2　开发信息

确认问题范围后，营销者要做的就是从公司内部记录、营销情报中寻找信息或通过营销调研开发信息，并将信息进行分析，传递到相关的使用者手中。

内部记录：营销者可以尽可能地使用内部记录和报告。内部记录和报告是由公司内各部门搜集的信息组成的，例如，会计部门会提供财务报表，生产部门会报告关于生产、装运和存货的情况，销售部门会报告经销商和竞争对手的活动，售后部门会提供有关消费者满意度和服务方面的信息。如今的电子记录和后台数据为营销者提供了空前翔实的资料储备。营销者也可以通过诸如此类的电子信息，来评价业绩、发现问题及创造新的营销机会。

营业情报：营业情报是指关于营销环境和日常发展的信息，营业情报可以从许多渠道获得，其中大量情报可由本公司的职员提供——如经理、工程师、采购人员、销售人员等。公司不仅需要掌握有关供应商、经销商和顾客的情况，也需要尽可能多地了解竞争对手。关于竞争对手的情报可以从他们的年度报告、讲话、新闻报道及广告中获得，也可能来自商业刊物和贸易展览会。有些企业专门成立了收集和发送营销情报的办公室，用以浏览主要出版物，总结重要新闻，为营销人员提供简报，也有些企业将这些工作外包给专门的公司。

营销调研：并不是所有的营销信息都可以通过内部记录和营业情报来获得，有时候，企业不得不通过营销调研来获得一手资料。所谓营销调研是指运用科学方法，有目的、有系统地搜集、记录、整理有关市场营销的信息，分析市场状况，从而为市场预测和营销决策提供依据。在具体实践中，公司可利用自己的调研部门，也可借助其他专业公司，而无论调研是由哪个部门完成，一般都将分为以下几个程序：确定问题和调研目标，拟定调研计划，实施调研计划，解释和汇报调研成果。

7.1.2.3　信息分析及传递

即便拥有全面的信息搜集、庞大的数值积累和复杂的统计方法，如果没有针对性的分析也将无功而返，解释研究结果是信息开发中重要的一步。研究人员需要解释自己的发现，并提出有用的研究结果，以帮助管理部门进行决策。如果研究人员做出了错误的解释，那么研究将没有意义，甚至产生糟糕的后果，同样，委托调查的一方也可能因为有所期待而拒绝接受与期望不一致的结果。此外，信息分析还包括那些能够帮助营销者做出最佳决策的数字模型。过去30年里，营销科学得益于技术工具的进步，这些科学化的手段可以帮助营销人员做出更为正确的决策，但前提是营销人员懂得正确利用这些信息。

通过内部报告、情报系统和调研获得的信息，还必须在合适的时间内提供给需要它们的营销人员，如果信息的获取和传递环节设计得不够好，这些宝贵的资源就会因为市场的变化而变得一钱不值。如今的技术发展，使信息传递发生了巨变，借助互联网的力量，营销人员可在任何时间、任何地点获取信息，也可及时地利用各种模型来分析数据，制作报表，或与相关人员就这些问题进行沟通，这在以往是不可想象的。

■ 案例：新可乐

1982~1985年间，可口可乐在"新可乐"的营销调研上大约花费了500万美元，其中包括20万个"蒙眼品尝测试"，这在当时算是一笔巨款了。结果显示，某种偏甜的配方在竞争中获胜。这时，可口可乐正面对百事可乐的猛烈挑战，测试结果使可口可乐高层合乎逻辑地认为，的确是口味问题影响了他们的销售。最终，他们决定更新产品，将消费者的最新偏好推向市场。

1985年4月23日，可口可乐公司宣布推出"新可乐"（New Coke），同时找来喜剧演员比尔·科斯比（Bill Cosby）为其代言，但公司万万没想到的是，新产品的推出引发了消费者的骚乱，销售额在经历了最初由好奇心引发的上升后，立即开始了直线下降的命运。

正如上文所言，导致这场大规模危机的原因是可口可乐公司最初思考的局限性，由于对自身产品的信心缺失，导致他们将调查局限在口味上，忽视了可口可乐那个印在鲜红汽水罐上、令美国人钟爱了百年的符号的价值。幸好，在经历了数月的混乱后，可口可乐做出了亡羊补牢的挽救性措施，1985年7月，他们宣布启用原有配方，并以经典可口可乐的名字重新推出，但直到5年后，他们才

慢慢收复失地。

7.1.3　竞争者分析

公司只有尽可能多地找出有关竞争对手的资料，经常与那些实力相当的竞争者在产品、价格、渠道和促销上进行比较，才能找出潜在的竞争优势，才能制定出最有效的竞争性市场战略，从而对竞争者施以攻击，并加强自我防卫。

7.1.3.1　识别竞争者

正常情况下，识别竞争者似乎是一件轻而易举的事情，公司可以将制造相同或同类产品的公司视为竞争者，例如可口可乐和百事可乐，耐克和阿迪达斯。然而，公司可能面临更为复杂的竞争环境，它们可能输给潜在的而非目前的竞争对手。很多著名公司都因患上了"竞争近视症"而落败。例如，柯达公司（Kodak）曾时刻提防来自富士公司（Fujifilm）的进攻，却忽略了来自"数码影像"技术的更大威胁，最终于2013年黯然退出破产保护，在这个故事中，最具讽刺意味的是，早在1975年，发明世界上第一台数码相机的正是柯达公司，而它因迟疑不决而直到2003年才宣布全面进军数码产业，彼时，不仅佳能早已占据了数码影像的龙头地位，就连三星，甚至中国华旗都已初具规模。所以说，能否找出真正的竞争对手对公司发展至关重要。

7.1.3.2　确定竞争者的目标和策略

在识别主要对手后，营销人员还需要思考竞争对手在市场上寻求什么，以及他们的核心驱动力是什么等问题，为此，公司需要知道竞争对手目前的利润能力、市场份额、现金流、技术地位、服务领先性，以及对这些目标的看法。只有了解竞争对手的目标，才能预测它对不同竞争行动的反应。在上述案例中，柯达公司的失败不仅来自技术的滞后，更源于对竞争目标的判断失误。此外，在营销学里有一个术语叫"策略群体"，用来

表示一个行业内采取相同或类似策略且专注于同一个特定目标市场的一群公司。事实上，如果一家公司与另一家的策略越相似，它们之间的竞争就会越激烈。

7.1.3.3 设计竞争情报系统

企业的营销信息系统中将包括对竞争者情报的收集、解释、分配和使用。有时候，收集竞争者情报的资金和时间成本都会很高，因此，设计这个系统首先需要识别重要的竞争信息和信息的最佳来源，然后，需要及时地从销售人员、渠道、供应商、市场调查公司和同业行会以及各类出版物中获取，同样，这个系统需要被审查，并对相关资料进行解释，最后，这个系统还能将最主要的资料和结论发送给决策者，并有能力随时回答经理们对竞争者相关问题的质疑。

7.1.4 细分、瞄准、定位（STP）

使品牌处于最具竞争力的位置，并据此开发出详细的市场营销组合，始终是营销的目的和价值所在，而作为一种被广泛使用的营销方法，STP法虽不是完全精确的科学，却具有相当可靠的实践性。

7.1.4.1 STP的价值和含义

所谓STP是指目标市场营销的三个主要步骤："市场细分"（Segmenting）、"瞄准"（Targeting）和"定位"（Positioning）。其中，第一步是市场细分，就是把一个市场分为几个有明显区别的消费者群体，第二步是选择目标市场，或称瞄准目标市场，就是在评估各子市场的有利条件后，选择一个或几个子市场进入，第三步则是市场定位，就是将产品或服务在市场细分下的目标市场中进行优势定位。

在教科书上评判成败是一件容易的事，但在瞬息万变的真实世界里，品牌所走的每一步无不是战战兢兢、诚惶诚恐的。没有哪个企业一上来就会对自己的目标市场了如指掌，企业总是一边探索，一边调整，此外，

市场总是不断变化，即便广告主正确运用了STP营销法，竞争对手也会做出反应，消费者的偏好也会因种种原因而改变。因此，企业想要生存下去，就不能企图一劳永逸，而必须对曾经可行的定位战略进行更新或调整，有时是微调，有时则是推倒重来。后者是指对产品组合或营销组合进行重新部署，形成新的定位战略，这种努力通常被称为重新定位。重新定位旨在使衰败的品牌走向复苏，或使表现欠佳的品牌获得光彩。重新定位意味着巨大的挑战，当生产商被迫对已经存在了一段时间的品牌进行重新定位时，他们必须借助广告来改变消费者多年积累而成的对某个品牌的认识。

7.1.4.2 市场细分

在商品极大丰富的前提下，大多数企业已清晰地认识到，他们不可能为市场上所有的消费者提供产品或服务，至少不能用一种方法为所有的购买者提供，所以，他们必须将其进行分割。

市场细分的概念是1956年美国市场营销学家温德尔·斯密（Wendell. R. Smith）首先提出的，它是指根据消费者的不同需求，把整体市场划分为不同消费者群体的过程，其中，每个细分市场都将由需要与欲望相同或类似的消费者组成。

市场可以按照地理、人口统计、心理、行为等方式被细分，多数情况下，企业还会采用多市场细分，即将多种细分方式联合运用。例如，老练的营销者可以把地理信息和人口统计数据合并起来，形成地理人口统计细分。2013年，麦肯锡就将中国大中城市和沿海地区年收入在10.6万至22.9万的人群定义为新中产阶层，这个人群相对年轻，分布在金融、咨询、互联网、新媒体等收入较高的行业，他们的父辈可能并不出身中产，但他们自身已习得并有能力享受来自西方的消费文化，他们有着调性一致的生活方式，包括住房、交通、旅游、休假、食物、生活用

品等，尽管具体生活因地域不同而相异，但"品质"无疑是这个人群中普适而重要的关键词。

将消费者分类并不像确定数学公式那样简单直接，营销人员需要考虑市场细分的各种因素，以寻找那些最可测量、最可接近、最有实质性和最可操作的子市场。

7.1.4.3　瞄准

市场细分揭示了企业找到子市场的机会，而所谓的"瞄准"则是指企业在评估各类子市场后，选择进入那些值得进入的目标市场的过程，这个过程包括评估备选的子市场和选择进入最有潜力的子市场两个步骤。

公司首先需要衡量各子市场的规模、发展潜力以及结构方面的吸引力，用来判断这些子市场能否与公司的资源和目标相一致，并结合公司自身的资源、产品种类、产品生命周期的阶段，选择在某个市场进行覆盖。此外，公司对子市场的选择还需建立在自身规模和行业地位的考量上，以期获得最大的竞争优势。

多数流行品牌将至少适应众多子市场中的一个，例如佳洁士（Crest）牙膏强调对牙齿的保护，以此吸引家庭子市场；舒适达（Sensodyne）牙膏则定义为专业抗敏感，从而针对那些饱受牙齿敏感痛苦的人群。

7.1.4.4　定位

公司一旦选定某个需要进入的子市场后，就要开展优势的市场定位了。

正式的定位理论（Positioning）是1972年由艾·里斯与杰克·特劳特提出的，他们开创了一种全新的营销思维，正如艾·里斯在《广告攻心战略——品牌定位》一书中曾经指出的那样："定位并不是要你对产品做什么事，而是要对潜在顾客的心智下工夫。"这意味着商战不再是纯粹的产品之战，而是心智之战，因为消费者脑子里存放商品的空间有限，每一个品类，大概只能挤下三个牌子。假使你的商品不在其中，就会大大丧失被购买的

机会，那么，你要做的就是设法让竞争品牌的定位动摇，然后取而代之。定位理论也被评价为"有史以来对美国营销界影响最大的观念"。

在营销实践中，定位工作往往包含三个阶段：确定一组可能的定位，从中选择最佳的竞争优势，并向市场传递表达定位的价值主张。营销者可以广泛地考虑一些因素，比如产品属性、产品用途、产品使用时机等，然后在其中进行最佳化选择。例如，在美国，人们吃早餐时，通常在茶水和咖啡之间进行挑选，而可口可乐为了开发新的使用时机，出人意料地把茶水和咖啡作为竞争对手，引导消费者把可乐饮料作为第三种选择。

公司一旦确立定位，就必须采取有力措施向目标客户交流并传递这种定位形象，也就是将产品价值转化为某种消费者认可的价值主张。产品或服务的价值是指生产商所能提供的某一方面的功能，价值主张则是指这些功能对消费者某一方面需要的满足。公司必须强有力地塑造出本企业产品与众不同的功能或个性，然后将它们生动鲜明地传递给消费者。

■ 案例：星巴克的新世纪战略

20世纪80年代末，霍华德·舒尔茨（Howard Schultz）召集一批投资者买下了星巴克，并将其定位为"第三空间"，即除了办公室跟家之外，每个人都应该拥有的消磨生命的心灵空间。这个定位令星巴克得以快速扩张，不仅在美国本土，而且遍布全球。

但是，三十多年过去了，星巴克已成长为一个巨无霸式的企业，虽然关于星巴克的种种传说都将成为其进入其他市场时最好的营销引爆点，但它的市场定位其实已从消磨

时光的"第三空间"悄悄地游离开。以中国为例，一般咖啡馆倾向于选择安静的地方，即使在热门地段，也会选择角落位置，但星巴克却与众不同，反而偏爱商圈、写字楼、商场等豪华场所，它通常会在最为显眼的地方设立店面，对临街位置更是毫不避讳。星巴克经常出现在白领的典型领地，可以让他们不用花费太多时间就能立即到达，而其明亮的门面采用了白绿搭配，简洁、自然，摒弃繁复装饰的思路实际上是在迎合都市白领的品位，和整洁高效的写字楼毫无违和感。此外，星巴克的店内设置，亦和一般的"咖啡馆"不同，里面越来越少的沙发，越来越小的桌面，以及各种与情调不符的纸杯和塑料杯，在杯上煞风景地写上顾客名字等做法都在证明，随处可见的星巴克，已与"第三空间"无关，而更趋于成为一家便利、快速的咖啡外卖店。

7.2 营销沟通工具——广告

通常说来，广告是营销传播的沟通工具之一，它可以用感性或理性的方式解释产品的用途、特性或传递某种氛围，这些信息可能很直接地改变了人们的看法，也可能只造成了某种感觉，此外，广告不能单独行动，它常常需在其他工具的配合下，共同为营销传播服务。

7.2.1 营销沟通模式

1948年，拉斯韦尔在《社会传播的结构与功能》一文中，明确提出了传播过程及其五个基本构成要素，而营销传播人员在此基础上进行修订、补充和发展，形成了有关营销传播的各种模型。以下模型（图7-1）是其中较为实用的一种，我们将以广告为例，为其做出更加具体的阐释：

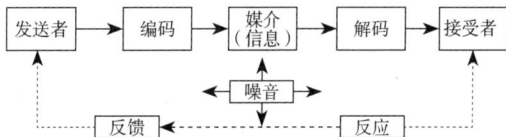

图7-1 营销沟通模式

发送者（Sender）：即营销信息的发送者——企业及其广告代理商。

编码（Encoding）：将信息概念转换为符号的过程——广告代理商将利用独特的创意将企业期望消费者理解的信息转化为相应的文字、图形和图像。

信息（Message）：发送者传递的一套符号系统——企业真正发布出去的广告。

媒体（Media）：信息从发送者传至接收者所经过的沟通渠道——例如，企业既可选择报纸杂志，也可选择电视媒体或网络媒体。

解码（Decoding）：接收者对发送者所传递符号赋予意义的过程——消费者看到企业发出的广告，并对其包含的内容加以理解。

接收者（Receiver）：接收传来信息的人，用传播学的语言来说就是受众——在这里，就是看到广告的人。

反应（Response）：接收者收到信息后的反应——他们可能产生无数种反应中的任何一种，例如，他们可能会对广告产生认同感，也可能什么反应也没有。

反馈（Feedback）：接收者将反应传回发送者——企业和广告公司可通过调研了解消费者是否喜欢这些广告，消费者也会主动表达对广告或产品的批评或赞美，还会在购买行为上体现出来。

噪音（Noise）：在沟通过程中发生的其他事件导致接收者所收到的信息与发送者所发送的信息不同，甚至接收不到信息——例如，由于媒体环境过于杂乱，导致消费者根本没有注意到广告的内容，或别的精彩广告夺走了消费者的关注力。

7.2.2　策划营销沟通的流程

一般来说，营销沟通计划应包括市场状况分析、传播策略制定、计划执行方式，以及预算、控制等重要环节。

7.2.2.1　分析阶段

营销沟通首先应该了解当前的市场状况，掌握关于行业、市场、产品、竞争、分销、目标市场等相关背景的重要数据。

其中，行业分析应指出并说明某个特定行业的最重要之处，它是用来研究供需关系中"供"的一方的，侧重于行业的发展与潮流，以及有可能影响传播计划的其他因素。而市场分析是行业分析的另一个侧面，是供需关系中"需"的一方，在市场分析中，传播人员必须详细说明哪些因素在驱动和决定企业的产品或服务，找出它们何以如此重要的原因。

此外，市场分析还要说明现有客户是谁及其原因，以便在此基础上，确定营销沟通的目标受众。目标受众可能是潜在的购买者或目前的使用者，也可能是做出购买决策或影响这种决策的人，当然，他们可能是个人，也可能是群体。合理的分析会以某个显著的事实作为突破口，而了解消费者使用某个产品或服务的动机也将帮助营销传播者找到扩大整体市场的传播手段。无论是客户自己的策划部，广告公司的策划部，还是策划公司，策划的用武之地很大程度都将体现于这一环节。

7.2.2.2　制定传播策略

通过营销沟通的传播模型，我们可以知道，发送者必须了解他们想接触的对象，以及他们希望获得的反应，他们同时需要尽可能详细地考虑目标受众解码的过程，从而在信息编码时做出更正确的选择，此外，他们还需寻求有效的媒体将信息传达给目标受众，而且需要发展反馈渠道，具体而言，营销沟通者必须做到以下几步：确定目标受众、决定所要求的反应、选择输送信息的工具、选

择输送的信息及其媒体、收集反馈。

确定目标受众。目标受众是一群接收并理解企业讯息的人。作为信息接收者，他们可能是报刊和书籍的读者、广播的听众、电影电视的观众、网民，也可能是接受集团推销信息的高层主管。目标受众的不同会深刻影响沟通者的各项决策，例如传递的内容、方式、时间、地点及传递者的人选等。

目标受众一旦明确，营销沟通就需要决定所寻求的反应了。理想的反应当然是购买行为，但购买行为是消费者经过漫长决策后的结果，而目标接收者可能只是处于购买准备的某一阶段，所以，营销沟通者需要了解目标接收者所处的阶段和接下来他们最有可能接近的阶段，并在此基础上设置针对性策略，例如，引导他们认知品牌，寻求品牌信息，试用品牌产品等。

在明确目标受众希望得到的反应后，营销者还需发展一个有效的信息，并考虑利用什么形式传达信息才能达到最佳效果，通常可选的沟通工具包括广告、公关、销售推广以及人员推销，每种工具都有自己的长处和短处，在选定某种或某几种沟通工具后，要就具体传播展开策划，例如，企业可利用公关策划新闻，利用新媒体引发线上线下的多维互动，也可投放广告，用一个令人目眩神迷的大片引爆市场。

接下来，沟通者还需寻找一个具体的媒介载体。早期的媒体环境相对单纯，所以，媒体人员有很多经验和惯例可循，但在新媒体环境下，传播世界变幻莫测，所以，传播者在选择沟通工具前需要对所有的工具和方案加以更加严格的审查。

最后，传播策略还需设计一个反馈系统。收集反馈是为了及时评估接收者对信息的反应，以便做出调整。两个企业可能花相同的钱，却收到截然不同的市场反馈。这说明，大手笔的传播预算并不能保证传播活动的成功，那些正确而富于创意的方案远比盲目的

花费重金来得重要。

7.2.2.3 预算、执行及控制

预算是指根据计划预测财务的支出、利润或亏损情况。营销传播的最终目的是引起销售，所以，整个活动计划都将作为营销成本被考虑在内，并需要在衡量近期和长远销售的基础上做出相应调整。高层管理部门一般会审察预算，然后批准或修改。一旦批准，该预算就会作为营销活动的基础。

此外，在营销传播计划转化为特定行动前，营销人员还应根据具体目标回答许多问题，包括：做什么，什么时候做，谁来负责，成本是多少等。例如，当管理者希望加大销售推广的力度以赢得市场份额时，行动计划中就应明确指出特别供货的数量，交易的具体参与方式、展示设计的形式以及活动何时开始、进行多长时间、何时完成、每件事由谁负责等，这些内容都将是具体执行时的重要依据。

营销人员还要对整个传播过程加以控制。所谓控制是指对计划进展过程的随时监控，一般来说，计划越复杂，需要的行动就越复杂，需要控制的环节也越多。

7.2.3 广告策划

如果说营销计划来自客户的话，接下来的广告策划则一般由广告公司来完成，前提是客户在营销传播计划中，选择了广告作为传播工具。

7.2.3.1 广告策划的一般流程

一般而言，广告策划是指在充分考察市场、产品、消费者的前提下，根据广告主的营销策略，按照一定的具体程序，对广告活动进行的前瞻性的规划活动。

在具体运作中，一般会由一个代理商主要负责，而它在制定广告方案时必须做出四个重要决策，即：设定广告目标、确定广告预算、制定广告具体策略和评价广告效果。其中，具体的广告策略将包含内容策略和媒

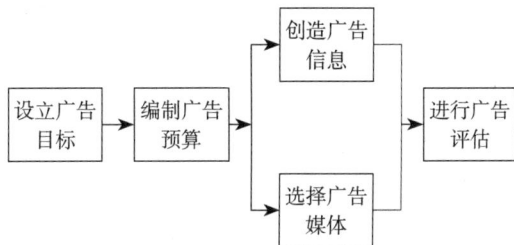

图7-2　广告策划的一般流程

体策略两个方面，所以，我们也可以说酝酿一项广告活动必须做出五个重要决策（图7-2）。

7.2.3.2 设立广告目标

广告运作的首要环节是制定广告目标。广告目标是指在一定期限内，针对既定目标接收者所设定的沟通任务。广告目标为广告计划中的各项任务奠定了参照基准，广告目标具有多种不同的形式，包括提升销售额，推广新产品，增强品牌忠诚度等。假如某些品牌的消费者非常忠于这个品牌，那么，想要增加销量，就必须在忠诚度上下工夫，广告的目标就是说服现有消费者继续保持他们的忠诚，一些大品牌常年投放广告正因如此，例如，绝对伏特加总在贩卖它的独特瓶形，宝马总在贩卖它的驾驶乐趣，宜家总在贩卖它的设计感和低价格。

广告目标有时候会与销售目标冲突，因为，广告，甚至传播都只是企业营销组合中的一个变量，产品、价格和渠道可能会对销售负有更直接的责任，传播组合中的其他变量也会影响或暗中削弱广告的力量，例如，频繁的销售推广会丧失高定价商品的奢华气质，而危机会让品牌在竞争中溃败等。所以，专家们早已指出，沟通目标才是广告合情合理的目标，没有理由让广告符合明确的销售期望。

7.2.3.3 编制广告预算

为广告活动制定预算是一件令人头疼的事情。很多企业会由自己负责广告预算的制定，在企业内部，预算建议将按照自下而上

的顺序产生，最后汇总到负责营销的主管那里，资金的分配和支出再按相反顺序进行，在小型企业里，上述过程可能全由一个人负责。但有时，企业也会依赖自己的广告代理公司，由他们根据对竞争者或行业的评估来做出广告预算的建议。如果采用这种方法，那么，广告公司内负责品牌的客户人员通常会首先分析企业的目标及媒体需求，然后再向企业提出预算建议。

7.2.3.4　制定广告的具体战略

广告的具体战略是内容决策和投放决策，其中包括两个主要因素——广告信息的生产和广告媒体的选择。

1. 创造广告信息

无论广告主的意图是什么，广告的实际价值都在于受众对它的理解。讯息战略作为广告战略最重要的组成，其过程主要包括：信息环境的分析、信息内容的构想以及具体的信息执行。

创造信息，首先需要关注信息环境。了解信息环境，不仅需要大量的文本资料，还需感性的体验和分析，对信息制作者来说，哪怕是小规模的观察式调查也可能是获得洞见的坦途，倘若完全缺乏体验，就只能两眼漆黑地在荒野里徘徊了。

在确定的信息环境下，创意人员就需要创造信息内容了，广告信息源自对某一观念或思想进行编码的结果。广告的目的是使消费者以某种方式对产品或公司做出反应，而人们只有在相信其做法能获得满足的前提下才会做出反应。

信息的传播效果不但依靠内容，还将依靠其表达方式。每条广告都将包含能指和所指，其内容（说什么）和表现形式（怎么说）构成了丰富的内涵。广告公司必须将好的信息内容转换成赢得目标市场注意和兴趣的真正的广告制作。创意人员需要找出最好的形式、格调和用语来制作信息。虽然任何信息

都能以任何制作方式加以表现，但它们有优劣之分，而广告表现的专业性就体现在能否找到适合创意构想的最佳形式上。所以说，构想是创意的内容，表现是创意的形式，二者是一体两面的关系。

2. 选择广告媒体

在所有广告预算中，媒体花费是最大的一笔，如何利用这笔开支实现传播效果的最大化，是广告策略中需要解决的重要问题。通俗地说，选择媒体的原则就是用尽量少的钱获得尽量大的关注度，但在执行过程中，这是一个需要技巧和经验，直觉和勇气的过程，其中的重要参数包括广告的到达率、频次与广告效果、广告的投放方式、主要媒体类型，以及特定媒体工具等。

7.2.3.5　进行广告评估

广告评估是指对广告效果进行评估，一般可分为销售效果评估、沟通效果评估和社会效果评估。其中，销售效果是指广告投放对销售额的影响。广告的销售效果往往是很难衡量的，因为销售的实现除广告外还会受到许多因素的影响——如产品特性、价格、可获得性等。所以，广告公司更愿意通过传播效果来进行评估。传播效果是指广告传播对人的思想和行为产生的有效结果，具体是指受传者接受信息后，在知识、情感、态度、行为等方面发生的变化，通常意味着传播活动在多大程度上实现了传播者的意图或目的。此外，由于广告具有社会性，所以各种社会或文化因素都会对它产生影响，反之，它也能影响社会和文化潮流，一些优秀的广告甚至能在人们心中种下理念的种子，或成为终生难忘的不朽记忆。所以说，广告的社会效果虽不是一个可以完全量化的标准，却始终发挥着极为重要的作用。

了解主要的评估标准，对广告主和广告公司都至关重要，只有双方心中有数，开展广告活动才能有的放矢。

7.2.4　广告策划的实际操作

在实践运作中，广告策划还会存在更为丰富的细节，具体到广告主和广告公司，则包括各自应有怎样的分工，承担怎样的责任，以及具体的任务描述等。

7.2.4.1　广告战役

战略是人们做事的方法，是分析各种因素并加以思考的结果，战役则是在已知的形势和目标之下采取的行动。作为一个局部，战役直接服务并受制于全局，也不同程度地影响着全局。广告战役（Advertising Campaign）是指在某一特定市场上为实现某一特定目标所集中进行的大规模的广告活动。

消费者每天看到的各种广告，无论是一段2分钟的广播广告，还是一支30秒的电视广告，或一块悬挂了半年的路牌，都可能隶属于某个具体的广告战役，也就是说，我们每天听到和看到的广告基本上都是某些广告战役的组成部分。就像真正的战役一样，广告战役是因某个具体目的而投放的，它由一系列协调一致的广告作品及相关宣传组成，它们共同传播某个有着内在联系的统一主题。广告公司会发起一次次广告战役，短的只有几周，长的可达数年。由于品牌塑造是一个连续的过程，所以，战役的数目也是没有止境的。

7.2.4.2　广告简报

对广告公司来说，一个广告活动往往会从广告简报开始。广告简报，英文叫作Advertising Brief，是客户给广告公司下达的工作单，简报可分为创意简报和媒体简报，也可能合二为一。简报有可能直接由甲方，也就是广告主提供，也可能由广告公司的客户部在充分理解广告主意图后加工完成。无论来自广告主，还是来自广告公司的客服部门，简报的要旨都是清晰有效地传达出本次任务的内容。

广告简报可详可略，这是因为广告任务不同而导致的，也和工作人员的能力和素质有关。此外，广告简报不仅应该引导广告公司的创意人员或媒体人员了解客户背景，还应帮助他们找到关键点。在具体工作中，广告简报一般都会有一个基本格式，内容则依据每次目标的不同而不同。其基本格式一般包括：项目的背景介绍，目标受众分析，营销策略，以及提炼而出的传播目标，此外，还应附加自身品牌和竞争品牌分析之类的内容。

对一些优秀的创意人员而言，来自客户或客户部的创意简报并不是刻板的教条。有人说，二流的创意人会按照要求定制创意，而一流的创意人则会设身处地换位思考，比如他会考虑，如果我是客户，我该怎么想，如果我遇到这样的问题，我该怎么办，如果资源有限，我会怎么处理等。假如当年李奥·贝纳只是按照万宝路的创意简报来完成作业，恐怕时至今日，我们在市场上根本就见不到万宝路了。

7.2.4.3　广告策划案

广告主提出广告简报，广告公司则必须做出回应，这个回应就是广告策划案。不同的任务会诞生不同的策划案，不同的公司也会发展不同的风格，一般而言，广告策划案应包括以下几个部分：

介绍：实施小结/概述

形势分析：历史背景/行业分析/市场分析/竞争对手

目标及战略：确定广告目标/陈述具体的战略计划/说明计划如何达成目标

预算：方法/数额/证明

实施：信息策略/媒体策略

评估：标准方法/执行与控制

1. 介绍及形势分析

广告策划案的介绍部分应包括实施小结和概述，它们主要是对客户简报的回应。实施小结是对计划中最重要部分的说明，这样便于阅读者迅速记住整个策划案的核心内容，也方便甲方高层用最短的时间了解广告计划的精髓。和许多文件一样，概述是一个惯例，它为整个计划确定将要包含的内容，并提供背景。

广告策划的形势分析往往采用相同的架构，广告公司将在这一部分列出与形势有关的重要因素。虽然市场细分和消费者行为调查为广告公司提供了大量的有用信息，但他们不可能把所有的形势因素都开列出来，所以说，这一部分的关键不在于包罗万象，而在于从众多因素中挑选出真正关键的因素，然后说明这些因素与目前任务之间的联系。

新的决策将建立在企业历史之上，广告公司首先应深入了解所有与广告主相关的重要历史：品牌历程、行业历史、企业文化、品牌发展的关键时刻、重大失误以及巨大成功等。接下来的行业分析中，广告公司不仅要展示自己对甲方历史的谙熟，也将使客户相信广告公司了解他们的行业、主要兴趣以及他们的企业文化，最好还能展示出对主要产品的销售、价格和毛利等方面的理解程度。在市场分析部分，广告公司应描述目标市场及公司在目标市场的地位，例如过去几年总体市场和子市场的规模，消费者的需求和影响消费者购买的营销因素等，还需对目标受众进行分析。目标受众是指专门为某一条广告或某一场广告战役而挑选出来的特定消费者，广告活动将针对他们展开。在对行业和市场分析完毕后，策划重点将转向竞争者分析。

当然，广告公司还应在他们的广告策划中包含客户提供资料之外的更为丰富的关于品牌的知识，以显示广告公司调查的全面性、知识的深入性以及他们对客户的关注度。

2. 目标及预算

开展广告活动的核心是界定明确的广告目标，这往往是广告策划案的精彩之处，广告公司可以深化广告主提出的目标框架，也可发想出广告主还未想到的更好的目标。受

众也许知道广告主希望他们如何理解广告，但他们有自己的需求、习惯和偏爱的理解方式。每个受众都会将现有广告与他们已有的产品知识、品牌知识和广告知识呼应起来，在看了几年广告，买了几年某品牌产品后，受众会对每个品牌的传播活动积累起自己的经验和认识。例如，当人们看到一支可口可乐的新广告时，就会通过他对可口可乐的了解和对可口可乐广告的以往印象来看待这条广告。而这些因素也需在制定目标时尽可能地被考虑在内。

广告公司还应在策划案中呼应客户提出的预算问题。广告的任务是影响消费者或潜在消费者对产品/服务的需求。公司当然希望花费在广告上的金钱能够或早或晚地体现在销售上，虽然这对广告来说有点困难，但广告公司应做出努力，他们应通过介绍预算的使用方法以及每个具体操作的数额，来证明策划案将如何实现广告效果的最大化。

3. 实施及评估

广告实施是指创意策略、媒体策略的实施，即制作广告，并在相应媒体上投放广告的过程。

信息策略的陈述应该清晰而直截，它用来概括广告商希望强调的利益和定位点。这些策略陈述还需找到适合的表达方式，也就是在创意概念指导下，转变为能说服消费者去购买或相信某些东西的有特殊吸引力的具体广告。此外，广告的实际受众将通过某一种或几种媒体接触到广告。所以，广告公司要根据自己的专业经验提出契合目标受众的媒体类型和具体的媒体载具。

广告评估是对广告活动的结果进行评估，这是广告运作的最后一个环节，但它往往是下一轮广告策划的起点和目标。在策划案中，广告公司应从自己的角度提出评估的标准、方法以及结果，还应在所有的事前计划中保有弹性，以便在实施过程中加以调整和优化。

小结：

市场营销可以理解为与市场有关的人类活动，即以满足人类的各种需求和欲望为目的，通过市场把潜在交换变为现实交换的活动，广告则被视为刺激消费热情，调动潜在消费意识，并最终促成购买的传播活动。从终极目的来看，二者是一致的，从操作手段来看，广告服务于市场营销。

课堂练习：

1. 你认为营销目标与广告目标有什么不同？

2. 有人说，避免一个坏的决策有时会比作出一个好的决策更有价值，你同意吗？

3. 广告支出与销售额之间并不存在必然关系，你认为大多数广告主认可这个观点吗？如果认可，他们为什么还去投放广告？

思考题：优乐美

优乐美是喜之郎公司2007年推出的一款奶茶产品，有原味、香芋、咖啡、麦香、巧克力、草莓6种口味，而在它2008年投放的广告中，把奶茶比作爱情的方式，产生了极佳的品牌效应，从而使它一跃成为即冲奶茶品类里的后起之秀。

1. 市场分析：

2004年，香飘飘率先从中国台湾引入了杯装珍珠奶茶的概念。杯装奶茶便于携带，热水一冲，即可饮用，因此深得年轻消费者的欢心，也造就了巨大的市场潜力。喜之郎公司于是借势于2007年推出了自己的奶茶产品——优乐美。由于竞争对手香飘飘奶茶的市场切入点是渠道，即主要通过乡镇和特殊渠道来将这一新型产品普及到年轻人中，而为了与之产生区分，优乐美决定从塑造品牌入手，并将广告作为塑造品牌的重要手段。

2. 目标受众分析：

优乐美奶茶的目标受众锁定为15~25岁的年轻消费者。这个群体敢于尝试新鲜事物，互动意愿强烈，但品牌忠诚度不高，涉世未深，容易对爱情充满幻想。于是，通过研究和分析，代理商决定从情感入手，为这个群体打造温馨甜蜜的品牌形象。

3. 广告目标：

广告的投放目标是提升品牌知名度，向目标消费者传达优乐美品牌的内涵及价值观。

4. 广告内容与投放媒体：

结合消费者的情感需求和产品的独特属性，代理商找到了完美的契合点，那就是爱情的喜怒哀乐和奶茶甜中带涩的滋味以及手捧奶茶意象的息息相关。于是，广告内容便在营造浪漫爱情的基础上，着力体现优乐美的情感内涵。

为突出创意，并引发目标受众的关注，广告首先选择大众偶像周杰伦担纲主演。周杰伦给人以才华横溢但青春叛逆的一贯印象，但由于当时周杰伦自导自演的电影《不能说的秘密》正在热播，而电影中周董罕有地流露出了羞涩、温柔和深情的一面，所以，创意方决定将这种调性与优乐美的品牌精神相结合，用有冲突感的温馨醇厚强化年轻人的向往之情。

广告的最终呈现方式为：在秋季的落叶或冬季的飘雪中，周杰伦和女主江语晨坐在咖啡馆、公交站或校园雕塑前，手捧热乎乎的优乐美奶茶莞尔细语，并用略带羞涩的口吻表达爱意。其中的广告对白不仅唤起了年轻人的共鸣，还成为一时的流行语式，"我是你的什么？""你是我的优乐美。""原来我是奶茶啊？！""这样我就可以天天把你捧在手心啦"。作为产品的杯装奶茶贯穿全片，成为牵引故事发展的导线和情感表达的载体。

这次广告战役的媒体投放以电视广告为主，温馨浪漫的画面出现在中央一台、湖南卫视、星空卫视、华娱卫视等各大电视台2008春节档的黄金时段，此外，代理商还大量投放了与目标受众接触度极高的互联网媒体，如腾讯网、校内网等，从而增强了受众的接触率，并实现了由广度到深度的沟通。

5. 广告评估

经专业评估机构事后统计，除传统电视媒体投放外，腾讯网总曝光度为140.28亿次，总点击量为630万次；校内网总曝光度为3.9亿次，总点击量为64万次；视频网站总曝光度为3.15亿次，总点击量为59万次；杰迷网总曝光度为2200万次，总点击量为18万次。这波广告的投放不仅为优乐美带来了401031杯奶茶的销售量，更使优乐美在品牌形象和调性上形成了与其他奶茶的明显区分，大大提升了品牌好感度。

请问，你对这一系列广告是否还有印象？你对现阶段优乐美奶茶的市场状况是否了解？请查阅资料，对优乐美这10年来的品牌发展和广告投放做出总结。

第8章

广告目标与广告预算

■ 案例：万宝路的世界

"万宝路"（Marlboro）1908年在美国注册登记时，正值一个"迷惘的时代"，年轻人经历了第一次世界大战的冲击，理想碎了一地，认为只有拼命享乐，才能缓解战争创伤，而在男人们放荡形骸的同时，女人们也纷纷效法。菲利普·莫里斯公司（Philip Morris）觉得这是一个绝佳的商业机会，所以针对女性市场，开发了一款温柔优雅的女士香烟——万宝路。

但是，尽管吸烟人数逐年上升，万宝路香烟的销路却始终平平，要说，莫里斯公司也算费尽心机，他们用"像五月的天气一样温和"（Mild As May）的广告语来取悦女性烟民，当听到妇女们抱怨白色烟嘴因染上口红而不雅时，还赶快将烟嘴换成红色，但一切努力都收效甚微，最后，公司还是不得不在20世纪40年代初停止了对万宝路牌女性香烟的生产。

第二次世界大战后，香烟市场出现了一种新技术——过滤嘴，它承诺消费者可以阻止有害物质尼古丁的进入，这令莫里斯公司重燃希望，赶忙再度推出万宝路，并给它配上了时髦的过滤嘴。令人失望的是，市场对此依然无动于衷，直到1954年，历史悠久的莫里斯公司仍是当时美国6家主要烟草公司中最弱的一家。

一筹莫展中，莫里斯公司找到了赫赫有名的李奥·贝纳先生。李奥·贝纳非常善于将产品演化为某种令人难忘的形象，从而唤起人们对产品的渴望。20世纪30年代末，李奥·贝纳为"绿巨人"所作的广告就是其中的典范。当时，罐装食品已被发明，但出于本能，消费者总认为其不够新鲜而拒绝购买，为了扭转这种惯性思维，李奥·贝纳通过富有诗意的"月光下的收成"来营造气氛，同时用朴实真切的文字来阐释内容，他写道"无论日间或夜晚，'绿巨人'豌豆都在转瞬

间被选妥，风味绝佳……从产地至罐装不超过3小时。"通过这些具有真实感的描绘，消费者开始将"绿巨人"与新鲜感联系起来，从而实现了可观的销量。

在仔细研究了莫里斯公司的既定资源和未来任务后，李奥·贝纳决定全盘推翻以往的策略，他的理由是，香烟是一种特殊商品，它必须形成牢固的消费群，只有重复消费的次数越多，才越有可能获利，而女性显然不是烟草商品的主要使用者。少女阶段，她们也许认为抽烟带来某种叛逆的魅力，但出于爱美之心，她们会担心过度抽烟使牙齿变黄，面色变暗，所以抽烟时，本来就较男性烟民有所节制，一旦结婚生子，她们会立即变成贤妻良母，甚至会反对自己的女儿抽烟。此外，李奥·贝纳还指出，由于莫里斯公司之前推出的广告过于文雅，是对女性脂粉气的附和，所以令男性烟民望而却步。之后，在李奥·贝纳的建议下，一个彻底改造万宝路的策略诞生了，新策略将万宝路的受众群体转向重度使用者，即那些经常使用该产品的人，对香烟而言，他们无疑是指社会上那些无所畏惧的青壮年男性。

莫里斯公司首先从产品层面开始改变，他们调整了香烟的口味，变淡烟为重味香烟，增加了香味含量，包装则采用当时首创的平开式盒盖技术，以象征力量的红色作为外盒的主要色彩，细线条也变成大面积红白相间的几何图案，并将名称的标准字Marlboro尖锐化，使原本隽秀的字体变得粗犷遒劲。

此外，广告风格的改变则更为重大，李奥·贝纳认为：新的广告意在建立一种全新的"男子汉"形象，以此吸引那些喜爱、欣赏和追求这种气质的消费者。他换掉了妆容灿烂的曼妙美女，代之以马车夫、潜水员、农夫等粗糙汉子，而最后，这个理想形象又

集中到了粗犷、豪迈的西部牛仔身上。于是，出现在人们视野中的万宝路新形象变成了目光深沉、皮肤黝黑的英雄男子，他们总是把袖管高高卷起，露出多毛的手臂，并在手指间夹着一支冉冉冒烟的万宝路。

为了使效果更加逼真，代理商在拍摄广告时，放弃了专业模特，代之以真正的西部牛仔，他们驰骋于原野，与雄浑有力的配乐彼此配合，用阳刚之气创造了一个旭日东升、万马奔腾的"万宝路的世界"，而广告词"Come to where the flavor is, Come to Marlboro country."（光临风韵之境——万宝路），更让男人们雄心顿起，血脉喷张（图8-1）。

在李奥·贝纳为之策划改变后的第2年（1955年），万宝路香烟就进入了美国香烟品牌销量前10的榜单，之后扶摇直上，至1968年时，其市场占有率上升到全美同行第二位，1995年，美国《金融世界》评定其为全球第

一烟草品牌，价值高达446亿美元。

1987年，美国金融权威杂志《福布斯》的专栏作家布洛尼克曾针对1546名万宝路爱好者开展调查。试验之一是，向每个自称热爱万宝路味道和质量的瘾君子，以半价提供质量与商店出售万宝路一样、但没有品牌包装的香烟，结果，只有21%的人愿意购买。布洛尼克面对这种现象的解释是："烟民们真正需要的是'万宝路'带给他们的心理感受，简装的万宝路香烟，虽然在口味、质量上同正规包装的香烟是一样的，但不能给烟民带来满足感"。调查中，布洛尼克还注意到这些"万宝路爱好者"每天要将万宝路香烟从口袋里拿出20～25次。可见，万宝路包装以及广告所赋予的"万宝路"形象，已经像服装、首饰等装饰物一样，成为人际交往中的一个重要标志。

通过本章的学习，我们应掌握以下内容：
（1）定位策略和价值主张

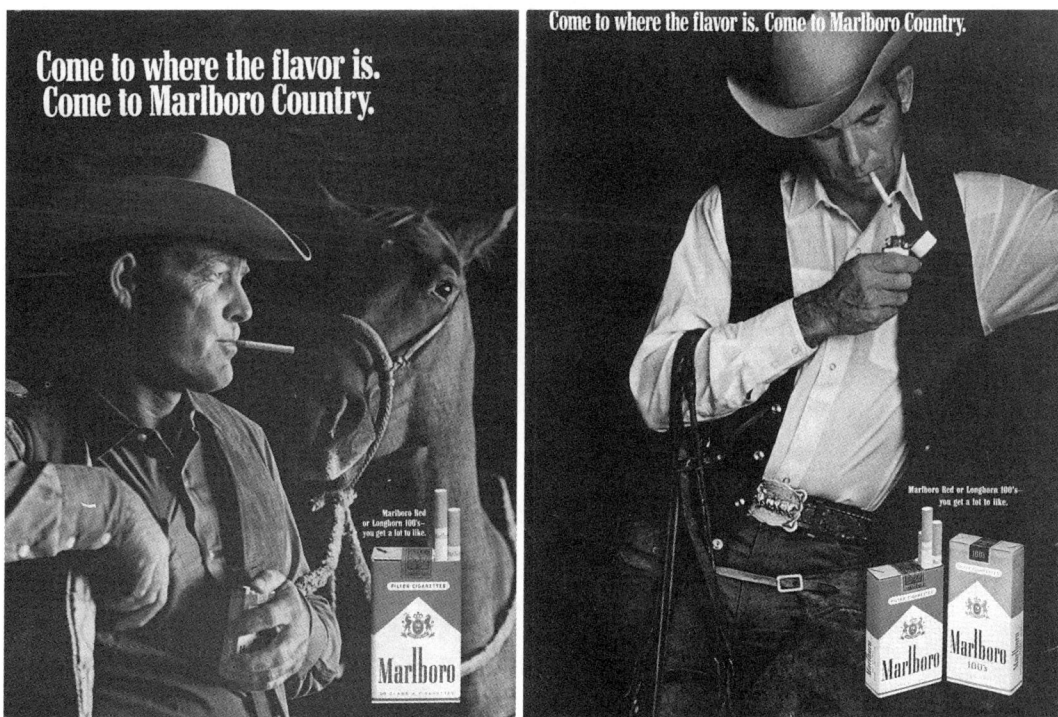

图8-1　万宝路香烟平面广告

（2）广告目标的设立

（3）如何制定广告预算

广告是微妙且变化无穷的艺术，它渴望创新，抗拒公式，在新鲜里招展，在模仿中枯萎。但如果原创的目标已不复存在，那么今天有效的方式，明天就可能失效。所以，发展广告规划的第一步就是制定广告目标。

8.1 定位策略和价值主张

定位策略是一种针对竞争对手开展的战略模式，它既有和竞争对手相比的相似点，又有比竞争对手更优更好的差异点，以及面向用户的个性化的产品和服务策略，即共鸣点。所以，定位虽不能改变产品/服务，却能找准产品/服务在消费者心目中的位置。

8.1.1 定位策略

一旦确立定位，公司的营销组合就必须支持这个定位，因为公司的定位策略是指某种具体的做法，而不是停留在桌面的口号。例如，一个公司如果实施了"奢侈品定位"，那它就必须生产市场上罕见的少量提供的产品，同时制定较高的价格，并选择高水准的经销商作为铺货渠道，而在广告中，它也必须不遗余力地传递某种显示高贵感的信息。而如果公司定位为业界的技术领导者，则该公司需要在研发领域投入大量资金，并在真正引领业界潮流的前提下建立它的品牌形象。当年的熊猫手机曾将自己定位为"高科技的引领者"，可惜这只是企业单方面的愿景，而非事实，所以即便投入了海量的广告费用也是枉然。

8.1.2 价值主张的表达

价值主张（Value Proposition）是包含产品价值或消费者价值的核心主张。所谓产品价值，就是产品或服务所提供的某方面的功能，而消费者价值则表现为这种功能能否满足消费者某一方面的需要，如能否获得社会潮流或时尚的认同，体现个人价值或个人品位等。理想情况下，价值主张可被提炼成一两句话，就像品牌宗旨一样，它试图向消费者传递品牌定位。广告是价值主张的表达方式之一。有技巧的广告可以将产品原本被忽略的特点表现出来，或激起人们潜在的欲望。

此外，还有一个广告公司使用频率很高的词汇——诉求，英文为Appeal，指的是陈诉和请求，也指追求和要求，即广告主或广告公司向目标受众诉说，以求达到所期望的反应。

■ 案例：海飞丝

因果关系定位是指将一种产品或服务设定为解决生活中一个问题的答案。当某产品类别中挤满各种品牌时，因果关系定位可以让消费者直截了当地找到答案，宝洁公司（P&G）正是使用这种定位的鼻祖，它纷繁而理性的品牌规划已成为定位理论的经典范本。

海飞丝（Head & Shoulders）隶属于宝洁公司，因其含有一种能去除真菌的化学成分ZPT，而被定位为有效去除头皮屑的特殊洗发水。然而，当海飞丝携带其品牌资产进入新兴市场时，如何触动消费者却成了宝洁公司需要面对的难题。因为，对当时的新兴市场来说，头皮屑并不是什么大不了的问题，根本不必费力地去寻找一种专门的解决方案。那么，如何使消费者能像消灭虱子或跳蚤那样坚定不移地消灭头皮屑呢？宝洁公司想出了一个对策——让人们见识到头皮屑的危害。

接下来，海飞丝用"你绝不会有第二次机会给人留下第一印象"为主题进行了广告宣传。这是一个听上去平凡，实际却暗藏杀机的广告主张，因为它的潜台词是：那些不消灭头皮屑的人，可能会葬送一生的幸福。在电视广告中，一位豆蔻年华的戏剧专业考生因头皮屑而差点在决定性的入学考试上失利，一个英姿勃勃的青年人因头皮屑而差点失去万人羡慕的新职位，一个满怀希望的准女婿因头皮屑而差点丧失了未来丈母娘的欢心。"我完了！"当主人公差点认命的时候，海飞丝从天而降，拯救了他们的前途。终于，通过强化教育和谆谆教导，受众普遍认识到了头皮屑的严重性，也认识到海飞丝是免除他们头屑烦恼的完美的解决方案。

8.2 设立广告目标

发展广告规划的第一步就是制定广告目标，制定广告目标是指根据过去有关目标市场、定位和营销组合的决策，确定向既定目标接收者传达特定价值主张的过程。

8.2.1 广告目标

消费者之所以喜欢某种商品，是因为他相信它会比其他竞争产品带来更大的价值。如果我们在品牌传播策略中，巧妙地从商品的产生、发展到使用情景中提炼出一个特别的价值主张，消费者就会从中看到商品或服务的优异之处，这就是广告所要执行的任务，也就是广告目标，而一旦目标消失，相关广告运作的价值也将随之消失。

具体的广告目标千差万别，但为了论述的方便，我们在此将以商品广告和品牌广告来划分。这里所说的商品广告主要是指宣传比较具体的产品或服务信息的广告，而品牌广告则是指不以直接宣传商品为目的，而以培养消费者对整个品牌的好感为目的的广告。商品广告和品牌广告绝非界限分明，每一支商品广告无不体现着品牌的形象，而品牌广告也希望能够在或远或近的未来引起商品的销售。此外，日益国际化的市场也将使广告目标的设定更加复杂多样。

8.2.2 商品广告

商品广告呈现出各种各样的面貌，因为它们来源于各种各样的目标，在此，我们按照商品推向市场的不同阶段，将它们分为告知性广告、劝说性广告和提醒性广告。

8.2.2.1 告知性广告

告知性广告的主要目的是建立基本需求，如：向市场推出某种新产品、揭示某种产品的新用途或新功能、描述所能提供的服务、通知市场价格变动等。

1. 向市场推出新产品

全世界每年都有不计其数的新产品推出，例如，美国一年就约有3万件新产品推向市场，但其中的95%都无法成功。新产品的推出不仅需要大量的研发成本、设备与产能消耗，还需付出巨额的宣传费用，所以，新产品广告往往需要格外的鲜明生动和大量的投放，才能对消费者产生影响。

2. 介绍产品功能或新用途

告知性广告还可用于介绍产品功能或新用途，也许并不是全新功能，但却不为人所熟知。例如，麦斯威尔咖啡20世纪进入中国台湾市场时，由于竞争对手雀巢咖啡那句"味道好极了"已深入人心，使它不得不放弃"滴滴香浓，意犹未尽"的原有广告语，转而把咖啡这种产品与结交朋友的功能结合起来，于是就有了"好东西，要与好朋友分享"的新主题，而广告内容也展示了朋友欢聚，共饮咖啡的社交氛围。

3. 描述所能提供的服务

服务是一种形式独特的产品，它包括本质上无形且不会带来任何所有权的可供出售的活动和利益，它的生产可能依靠也可能不依靠某种实质的东西。快递、剧院、游乐场、零售商等都是出售服务的行业。快递业的服务集中体现在"快"和"准时"上，联邦快递（FedEx）的掌门人就曾经骄傲地说到"我们是电脑时代的赫尔默斯。"而作为全球最早的快递公司，联邦快递公司拥有数百架专用飞机，对洲际运输也可做到24小时送到，所以，他们的广告总是斩钉截铁地宣称——使命必达（we live to deliver）。

4. 通知市场价格变动

企业为某种产品制定出价格后，并不意味着大功告成。随着市场营销环境的变化，企业必须对现行价格予以适当调整，而通知消费者价格变动有时是件比较尴尬的事情，因为涨价会得罪消费者，降价又会损害品牌形象，如何巧妙宣传，不但避免损失，还可提升好感度，就是广告需要完成的工作了。

■ 案例：我想告诉你

SONY MicroVault是一种用于USB接口的快速存储设备，其5GB款上市时，因小小一枚就可包含以往几十张CD的容量而令人惊喜，于是，广告用非常准确的画面表达了这一信息，文字处理则更为精简，只有"128MB，256MB，512MB，2GB 和5GB。超大存储。（128mb，256MB，512MB，2GB and now 5GB. Mega Storage）"几个小字而已（图8-2）。

在大城市生活或工作的人一定有这样的痛苦：你可能熟悉每条后街小巷或捷径小道，可一旦遇上交通堵塞，依然束手无策、动弹不得。为此，世界著名汽车公司纷纷推出了自己的城市小车，而奔驰公司在其推出新款小车Smart Fortwo时，强调它只有2.65米的精妙造型。（New smart fortwo, still only 2.65m.）画面则采用极为直观的方式告知消费者，它比当时流行的城市小车丰田IQ更为灵巧（图8-3）。

德国大众在系列稿中采用比喻方式宣传了它的车道辅助系统，画面中的道路两旁竟布满了铃铛和喇叭，以此象征大众车道辅助系统无所不在的警戒功能，"大众汽车提供车道辅助系统，你不小心，它小心。"（The lane assist by Volkswagen. It's alert, when you're not.）（图8-4）

联邦快递系列广告则是一个个敞开的印有"联邦快递"（FedEx）标志的包装箱，两个快递员通过包装箱传递一些精致易损的物品，如铜管乐器、瓷器花瓶等，经过处理的

图8-2　SONY MicroVault平面广告

图8-3　奔驰Smart fortwo平面广告

图8-4　德国大众平面广告

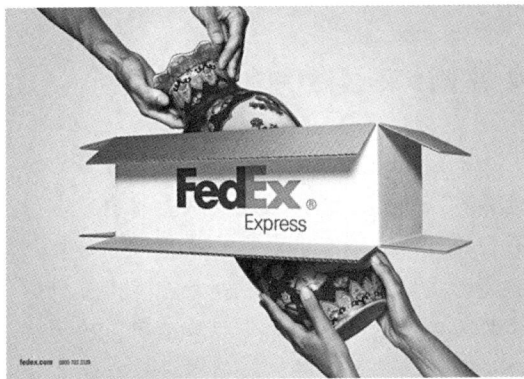

图8-5　联邦快递平面广告

画面表明了瞬间交接的特色，安全快捷的概念传达一目了然，而左下角的网站和服务电话更是广告的真正用意（图8-5）。

8.2.2.2　劝说性广告

劝说性广告是指通过言之有物的语言和画面劝服消费者，使消费者相信某个品牌的优越之处。劝说性广告要求受众在认知上给予一定的投入，一般说来，它的目的包括：培养品牌偏好、改变消费体验、引起即时反应等。

1. 培养品牌偏好

根据马斯洛的需求层次理论，人都有情感的需求和实现个人价值的需求，所以，消费者会因情感倾向而乐于购买某个品牌。在产品同质化日益严重的今天，广告主普遍会设定品牌的偏好目标，以期消费者喜欢，甚至偏爱自己的品牌，例如，雀巢咖啡设定为一种温馨和关爱的感觉，麦氏咖啡设定为一种热情而分享的感觉，左岸咖啡馆则设定为一种伤感而唯美的感觉，选择哪种咖啡有时会涉及自我的身份认同，以及别人看待自己的方式，但这些形象其实很大程度上是通过广告来塑造的。

2. 改变消费体验

消费体验取决于人们对事物的期望和对过去经验的回忆，或两者兼而有之。例如，意识形态广告风格的奠基者许舜英发现，广告能体现并引导消费者的某种生活态度，能让他们获得释放的快感、消费的理由和欲望的满足，所以，由她指导的中兴百货系列广告就为消费者提供了一种华丽而颓废的消费体验，将普通的购物上升为一个有哲学意义的事件。

3. 引起即时反应

有些广告的目的非常直接，它旨在敦促受众立即采取行动，这种广告结合了强行推销和冲动性购买的特点，通常以价格诉求或方便性诉求为基础，以提供免费电话号码或点击购买为表现方式。即时反应广告自诞生以来可谓长盛不衰，主要原因有两个：第一是市场上永远存在对价格敏感的消费者，第二是由于许多企业已建立了丰富的数据库，可以瞄准那些有具体需求的顾客群体。

■ 案例：不要做伪娘

多芬（DOVE）曾经是一个全球著名的女性品牌，然而，它在2013年成功推出了专为男性设计的沐浴露，之后又推出了专为男士打造的洗发水。事实上，这款洗发水针对的是那些对洗发水界定并不明确的男士。为了改变男性的消费体验，公司将价值主张表述为"男人要用男人的东西"，而相应的广告片则讲述了一则办公室的故事。

片中，一名男子因使用了女性洗发水而在同事眼中呈现出诡异的喜感，在夸张的镜头语言下，各种头发飘逸的画面都用女性洗发水的特效来显示，同样的甩头，同样的定格，同样的陶醉表情，然而，当它们再现于纯爷们身上时，就有了近乎恐怖的效果。你还在用女性洗发水？那么，你在同事眼里就是这个样子。想必，很多原本对此无所谓的男性看罢广告都会暗自惊心，忍不住要摸摸自己的脑袋。当然，最后时刻，多芬男士洗发水出手拯救了"伪娘"，让他在5秒钟内回归本性，找回自信！（图8-6）

8.2.2.3 提醒性广告

一些提醒式广告用来提醒购买者不久可能用上某产品，或请消费者记住购买地点及时间，另一些是在产品淡季使顾客仍记得该

图8-6 多芬Man+care产品影视广告

产品的存在。更多的提醒性广告则用于产品的成熟阶段——它可能仅仅是为了维持极高的知名度。

1. 提醒购买者

节日大促前夕的广告就属于典型的提醒式广告，例如，2016年11月前夕，全国各大城市的地铁、户外、楼宇、电影院，以及视频网站上，处处可见"天猫双十一"的品牌宣传。它的广告语是"你所有的热爱，全在这里，尽情尽兴，'天猫双十一'全球狂欢节。"官网上则播放着由30多个国际品牌口号串联而成的品牌诗。天猫做出这样的大动作，无非是提醒消费者早早挑选心仪的商品，放入购物车，以便在最后刹那完成购买。此外，国际著名冷饮品牌哈根达斯（Häagen-Dazs）也常常会在销售淡季——冬季投放广告，其目的是提醒消费者：天寒地冻时享用美味的冰激凌，也许别有一番滋味。

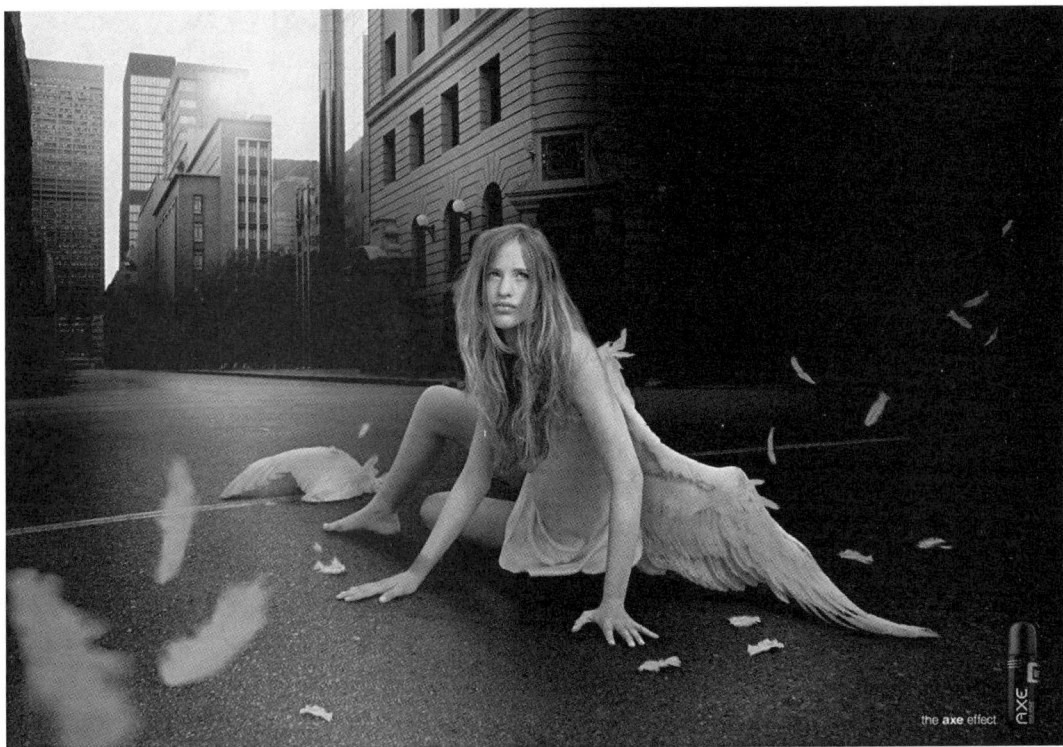

图8-7 "AXE effect" 平面广告

2. 维持知名度

品牌的制胜之道就是使消费者在想起竞争品牌之前首先想起自己，为了实现这个目标，广告主不仅在一开始就要建立自己的品牌形象，还要使消费者一直记住自己的品牌名称，并成为购买前脑海里的优先选择，这种目标通常被称为品牌回忆度。和人类一样，品牌不仅需要最显著的形象，最突出的个性来诱发联想，还必须不断亮相和接触以加深记忆。大多数提醒式广告都具有图像化和趣味性的倾向，比如可口可乐就是通过那些创意十足且制作精良的广告不断提醒消费者"我还是老大"的。

喷雾、须后水等。据说，阿克赛男士香水最大的特点是就在香氛中含有女性特别喜欢的味道，它的广告语是："令女人情窦初开的香气"。在电视广告中，当那些年轻美貌、自视甚高的女士们在遇到使用了阿克赛香水的男人时，都会立即缴械投降；有位年轻女子，因不小心错用了阿克赛香水，导致所有同性看她的目光都充满了缠绵和爱慕。发展到后来，这种致命的诱惑力竟然使天使也难以抗拒、甘愿放弃一切，追随香氛坠入人间，阿克赛品牌则索性将这种迷恋命名为"AXE effect"（凌仕效应）（图8-7）。在中国，因AXE已被注册，它被改称为LYNX（凌仕）。

■ 案例：凌仕效应

阿克赛（AXE）是联合利华旗下的男性日用洗护用品品牌，产品涉及沐浴液、体香

8.2.3 品牌广告

品牌广告是指不涉及具体产品，却可协助品牌提升整体形象的广告，在此，我们将

其分为三个类别：企业形象广告、观念性广告和公益广告。

8.2.3.1 企业形象广告

企业形象广告指不直接推广或介绍具体产品和服务，也不直接影响消费者的商品选择，而是通过宣传，间接地在顾客、股东、金融界和普通公众中树立企业希望被认可的形象的那些广告。这种形象的建立，不仅可以鼓舞现有员工、吸引优秀的新员工，还可在整合营销中发挥重要作用，例如，它可以极大地受到消费者的青睐或在对抗竞争对手时处于更加有利的位置等。

■ 案例：BASF

巴斯夫股份公司（BASF）是一家德国化学公司，也是世界最大的化工厂之一，它在欧洲、亚洲、南北美洲的41个国家拥有超过160家全资子公司或合资公司。虽然巴斯夫公司面对的客户大多是企业用户而非个人消费者，但它还是坚持投放大量的形象广告，以在全世界树立品牌形象。这些广告并不直接售卖巴斯夫的某款产品，却通过人们日常使用的事物去解释化学在普通人生活中所起的作用，从宏观角度引导人们去认知和尊敬这个企业（图8-8）。

8.2.3.2 观念性广告

观念性广告是指针对广告主非生产领域的问题而制作的广告，通常涉及一些广告主关心的社会、政治或环境问题，并在这些问题上表明企业的态度。广告主知道，如果能够把自己的态度置于恰当的社会背景中，自己的品牌就会自然而然地带上这个环境的某些特征。观念性广告往往会立场鲜明地支持某种社会观念，而品牌在广告中赋予的社会意义，往往也是品牌目标消费者所秉持或乐于接受的。

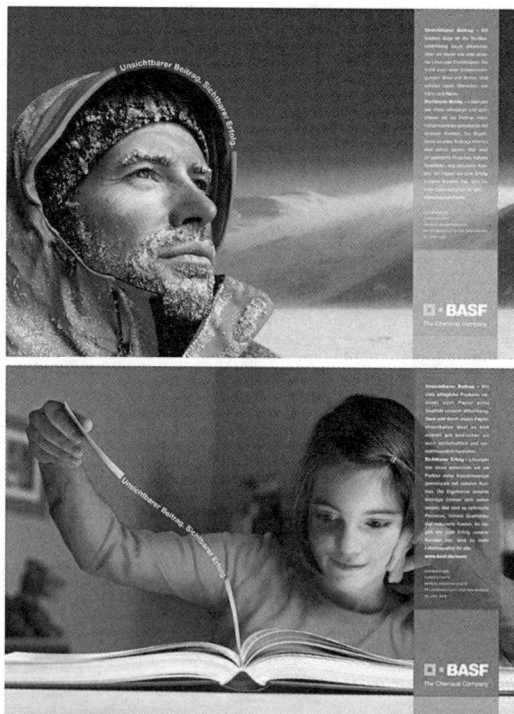

图8-8　巴斯夫企业形象广告

■ 案例：背奶妈妈

"背奶妈妈"是指生育后因工作原因不能在家做全职妈妈，必须利用工作空档储存母乳，带回家供宝宝第二天喂食的职业妇女。

一般企业都不会专为"背奶妈妈"准备那种能够让她们有尊严、不被打扰、舒适储奶的哺乳室，以至于她们需要在无人的会议室角落、厕所或储藏室等杂乱的空间里，忙碌、不安、尴尬地完成这项工作。

基于这种情形，作为世界知名医疗卫生公司的强生（Johnson）决定发起一项支持"背奶妈妈"的社会性活动。强生公司首先在企业的楼宇电视及网络上播出倡导性广告片，诉说"背奶妈妈"所面临的困境，以及用于改善的有效方法。然后，告诉大家，在强生官方微博上已开放免费申请"临时哺乳室"告示牌的活动，并展示了此牌的使用方式，即将它贴在妈妈们需要储奶的空间门上，接下来，强生公司还鼓励网友们将"那里有哺乳室"的信息分享到网站地图上，使妈妈们即便出门在外，也可通过手机找到临近的哺乳室。

8.2.3.3 公益广告

公益广告是以为公众谋利益和提高社会福利为目的的广告，是企业或社会团体向消费者阐明它对社会的功能和责任的广告。公益广告往往具有积极意义，并带有一定的教育性质，它的特点是将企业与某一个重要的社会公益事业联系起来，如节能环保、减少贫困、提高识字率、控制药物滥用、戒烟戒酒等。公益广告往往会作为企业公益营销的组成部分，为建立、改善或巩固有关企业的良好形象发挥作用。

■ 案例：魁北克汽车保险协会

"Buckle up, stay alive！"（系上安全带，活得久一点！）魁北克汽车保险协会的公益广告采用了一个貌似普通的形式，一位驾驶者，甚至连面目都没有露出，只有T恤上的生日和一条斜跨过身体的安全带，然而，仔细阅读后，人们惊讶地发现画面中安全带遮住的数字代表了"死亡的年份"，而这支广告的用意是提醒大家，有安全带的保护，才能活得更久，其中更具冲击力的深层含义则是，解开安全带的一刻，也许就是生命终结的一天。如此深意，让人细思极恐（图8-9）。

8.2.4 国际广告决策

国际广告主所面临的复杂性要远远多于国内广告主，因为每个国家或地区市场都有独一无二的社会文化背景，所以，在制定广告目标时需要考虑的因素更多。

8.2.4.1 背景与问题

跨国传播首先要考虑不同市场的宏观环境，例如政治、经济、文化等，这些因素都

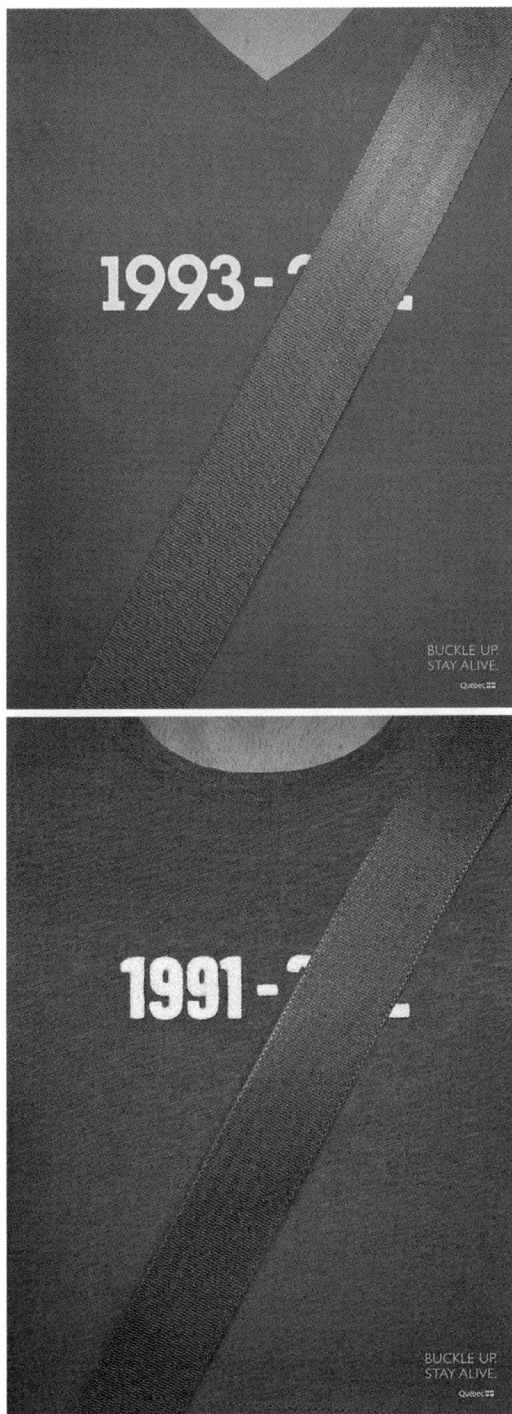

图8-9　加拿大魁北克汽车保险协会的公益广告

将与产品的使用及偏好息息相关。每种文化都有自己的习惯与仪式，这些习惯和仪式保证了文化与其核心价值的密切联系。对属于同一文化的成员来说，梳妆打扮，送礼做饭等习惯与仪式似乎是自然而然的事情，完成它时并不会过多考虑，但实际上却会深受其影响。

全球广告商还将面临媒体成本及可用性问题，各国或地区间的媒体使用差异很大。有些国家因媒体太少而无法处理所有提供给它们的广告，另一些国家则因媒体过多，使广告商不能以合理的成本覆盖到全国。此外，有些地区的媒体价格需要经常协商，而且变化很大。在对广告实施的管理上，各国也不尽相同，有些国家甚至为限制广告费用、规范媒体使用，确立广告主张以及广告规划等各方面的问题而制定了严格的法律。

8.2.4.2　方案与对策

有些跨国公司希望采用统一的主题和表现形式在全球投放广告，因为它们本身往往就是全球消费文化的一部分，另一些公司则必须为每个市场量身定制产品和服务讯息。

1. 标准化

全球广告的标准化显然能带来许多利益，如更低的广告费用，更一致的公司或产品形象等。很多跨国公司都会对代理商进行精挑细选，由总部为每个战略品牌指定优先考虑的广告机构，而各地分公司则需按照规定在这些机构中做出选择。为保证世界各地的分支机构在宣传上的一致性，这些公司还会通过严谨的规定来约束各分公司，如明确规定品牌的标识、字体、颜色，以及有关广告使用的各种细节。

在广告执行上，标准化也不失为一种可靠的方式。如在麦当劳《婴儿篇》中，一个躺在摇篮里的婴儿让观众非常好奇，因为每当摇篮靠近窗口时，他就露出笑脸，而当摇篮摇下去时，他就哇哇大哭，最后，镜头从婴儿的角度看去，人们才恍然大悟，原来，窗外有一个麦当劳的黄色"M"，看见它，他就高兴，看不见时就伤心地哭了。这个广告创意曾在全世界使用，只是每到一个国家，主角便换成了当地肤色的孩子，而在中国版中，麦当劳还在充分考虑中国本土文化的前提下特意加进了一位母亲。

2. 部分标准化与本地化

但全盘标准化也有缺点，它可能会忽略各国市场在文化、人口统计和经济方面大不相同的事实，所以，大部分国际广告主及其广告商虽然在思想上采取的是全球视角，但在行动上却必须从当地现实出发。他们往往首先发展出一个全球性广告策略，然后根据各地区的实际情况，调整广告活动，使其能反映当地消费者的需求和期望。

也有一些公司针对每个国家的广告主题都会不同，因为每个市场都存在着不同的产品形象和顾客动机。例如派克公司（Parker）在德国的广告强调的是派克笔的书写性能——"你如何能准确地写字"；在英国，则强调其异乎寻常的制笔工艺——"以胡桃木薄片轻柔抛光的金笔尖"；而在美国，则突出其地位和形象——"在此，你能识别谁是老板"及"有些时候必须使用派克钢笔"等。

■ 案例：地域性调整

1993年底，万宝路在中国播放了一则贺岁广告，广告将镜头对准中国的西部大漠。镜头中，马蹄声响、锣鼓震天，众多身穿民族服装的西部汉子在茫茫大漠中，跳着庆祝丰收的锣鼓舞。鼓声越来越急，舞步越来越快，至高潮处，戛然而止，之后，镜头呈90°仰拍，随着一声粗亮豪迈的长啸，城头突然倒挂下无数鲜红的缎带。最后在欢天喜地的场景衬托下，传来了"万宝路恭贺各位新年进步"的广告语。依然是万宝路的调性，但换成中国的西部风，这便是万宝路公司跨国策略中的一种适应性调整。

同样，无印良品在日本是一个注重环保、注重设计，以极简和朴素为美的品牌，但它于2008年进驻中国一线城市后，也微调了它的广告定位。由于成本问题，无印良品在中国始终面临着价格偏高的难题，例如，无印良品上海店的产品价格甚至比日本同类产品还高出25% ～30%，所以，针对中国消费者，他们更多是将其打造为一个具有禅意审美的时尚品牌，而购买者通常也倾向于在此寻求身份标识。

8.3 编制广告预算

营销传播是营销组合之一，一般说来，传播预算只会占据销售额较小的比例，但在一些大体量产业中，其绝对值依然可观。

8.3.1 编制广告预算的意义

广告预算首先来自营销传播的总预算，行业间和公司间花在广告方面的费用会有很大差别，例如，化妆品行业全部的广告费用可能占其销售金额的20%～30%，而在工业机械行业则仅占2%～3%，即使在同一行业内，各公司的花费也可能完全不同。

尽管有越来越多的数学模型可以参考，媒体的数字化演进也为统计和投放提供了前所未有的便利，但编制预算的痛苦依然困扰着广告主们，所花费用是否正确，广告到底能对消费者购买和品牌崇信产生多大影响始终是未解之谜，此外，大多数广告主需要花几个月，甚至几年时间才能建立起强有力的品牌定位和消费者忠诚，这种长期效果又往往被认为是难以衡量的。

8.3.2 编制广告预算的方式

编制预算的方法有很多，从简单的粗略估计到复杂的计算机模型不一而足，在此，我们将介绍其中的几种，它们分别是：量力而行法、销售额百分比法、竞争平衡法和目标任务法。

8.3.2.1 量力而行法

一些公司会使用量力而行法来制定预算。他们将预算制定在公司能够负担的水平上，小公司经常使用这种方法，因为他们不敢在广告上花费超出现有资金的额度。他们往往会将总收入减去业务费用和资本支出，然后将剩余的部分作为广告费用。

这种方法很安全，但会忽视传播活动对销售量的影响，因为在这种预算思路指导下，即使广告对企业的成功会起到关键作用，企业也依然倾向于将广告放在优先排序的最后一项。此外，这种粗放型的预算方式还会导致每年传播预算的不确定，从而令长期规划变得困难。

8.3.2.2 销售额百分比法

销售额百分比法是指以目前或预测的销售额的某种百分比，或以单位销售价的百分比来设定预算。这种方法有几个优点：第一，销售额百分比法意味着广告费用将根据公司的"负担能力"而定；第二，这种方法能促使管理当局考虑广告费用、售价与单位利润之间的关系；第三，这个方法能产生竞争的稳定性，因为竞争公司倾向于将销售额的相同百分比花在营销传播上，所以对预测未来的竞争态势有一定帮助。

虽然这种方法有可见的优势，但它也会错误地将销售额视为传播的原因而非结果，从而使预算根据资金的有无，而不是真正的机会来设定。例如当销售额下降却需要增加广告费用时，这种方式就很难及时给予支持了。此外，预算每年会随销售额的变化而变化，也导致营销部门无法进行长期规划。

8.3.2.3 竞争平衡法

竞争平衡法也是行业内很多公司采用的方式，它的原则是令广告预算与竞争者的相应支出平衡。在执行中，公司常常需要监视竞争者的广告费用，或从刊物和商业协会获得他们的费用估值，从而根据行业平均水平来制定预算。支持这种方法的原因之一是他们相信竞争者预算是一个博弈的结果，可能是整个行业的智慧结晶，原因之二则是向竞争者费用看齐，可避免广告大战的发生。

8.3.2.4 目标任务法

我们认为最合乎逻辑的预算编制法应该是目标任务法，所谓目标任务法是指公司将依据广告传播的任务来制定相应的预算。使用这种方法的前提是：一、有明确而特定的传播目标，二、有实现这些目标所应执行的任务，三、可以估计执行这些任务的成本，而这些成本的总和就是被建议的广告预算。

目标任务法迫使管理者必须思考和说明其所花费用和传播结果之间的关系，例如，当小米公司希望它的新款手机在头6个月的引进期中有95%的认识率，那么，公司应当采用怎样的广告信息和媒体投放，这些信息和媒体计划的费用是多少，都是管理当局必须考虑的问题，即便这些问题很难得到确定的答复。

8.3.3 编制广告预算需要考虑的因素

可见，编制广告预算虽然没有固定的公式，但作为营销人员还是应该考虑某些特定因素，如：产品所处生命周期的阶段、市场份额、竞争与干扰、广告次数、产品差异等。

8.3.3.1 产品所处生命周期的阶段

产品生命周期理论是美国哈佛大学教授雷蒙德·弗农（Raymond Vernon）于1966年在其《产品周期中的国际投资与国际贸易》一文中首次提出的。产品生命周期（Product Life Cycle）是指一种产品从开始进入市场到被市场淘汰的整个过程。弗农认为：产品在市场上的营销生命，和人一样，也会经历形成、成长、成熟、衰退这样的周期。而以广告占销售额的比率而论，新产品需要庞大的广告预算以建立知名度并获得消费者试用，成熟产品则往往只需较低的预算用以维持。

8.3.3.2 市场份额

市场份额是指一个企业的销售量或销售额在市场同类产品中所占的比重，也就是企业对市场的控制能力。企业市场份额的不断扩大，可以使企业获得某种形式的垄断，这种垄断既能带来垄断利润，又能保持一定的竞争优势。所以，一般说来，高市场份额品牌的广告费用占销售额的比例通常比低市场份额的品牌要高，而建立新的市场份额，或从竞争者那里夺取份额所需的广告费则比维持现有份额更高。

8.3.3.3 竞争与干扰

在竞争者众多且广告费用较高的市场，也就是多干扰市场，品牌必须大量做广告才能被消费者听到。而面对一个成熟市场，即便受众对公司形象已经了如指掌，也还是需要不停地投放广告，以排除干扰，起到提醒作用。例如，奔驰和宝马都是汽车中的精品，但它们之间的定位差异，依然需要大量广告来传递，其中，奔驰不断在其广告中体现尊贵与身份，宝马则属意年轻的富人阶层，总是在广告中更多鼓励目标受众尽享驾驶乐趣。

8.3.3.4 产品差异

在产品分类中，当一种产品品牌与其他产品品牌没有本质区别时，就需大量广告将它们区分开来，如啤酒、矿泉水或洗涤剂等。当产品与竞争者有很大差异时，则可利用广告向消费者指出这些差异。当然，某些批评家认为，消费品公司倾向于花费太多金钱在广告上，因为他们将多花钱视为一种"保险"，而工业品公司则花钱太少，因为他们过于依赖销售人员带来订单，而低估了公司和产品形象对工业顾客的销售作用。

链接：广告金主们

大量投放广告是很多品牌赢得成功的利器。例如，雀巢公司在创造消费者品牌意识和产品偏好方面，就从不吝惜金钱，在韩国，雀巢仅用7年时间就夺得了35%的市场份额，瓦解了卡夫公司长期以来的垄断地位，而其主要手段就是大规模的广告战。无独有偶，联合利华也是一个"绝不心疼钱"的大型公司，它旗下的力士香皂早在1986年就进入中国市场，并采用了一贯有效的明星战略，但1992年，当宝洁旗下的香皂品牌舒肤佳进入中国后，竟通过实惠低调的"除菌"定位很快赢得了中国妈妈的欢心，相比之下，联合利华耗资亿元的广告宣传，其实并未收到预期效果。

小结：

唯有在市场细分下了解目标市场，选择优势目标市场，以及分析目标受众的需求后，广告工作才能开展。而无论是电视独大的20世纪下半叶，还是唯数据马首是瞻的今天，目标和预算永远是广告运作的起点。

课堂练习：

1．斯沃琪的每款新表都有一个或浪漫、或深沉、或奇异的名称，如"玫瑰""禁果""提醒我""往日情怀""探险""潜望镜""碳元素"等，在你看来，这样的方式可以起到怎样的作用？其原因何在。

2．激浪（Mountain Dew）最近制造了一个诡异的生物"Puppy monkey baby"（狗猴娃），并推出了一条诡异的广告，从创意角度，是为了表现其新产品Kickstart的配方：激浪、果汁和咖啡因的三合一。但这个配方听上去就很不合理，广告表现也算丑得出奇。请查阅相关资料，并谈谈你的看法。

3．"承诺，大大的承诺，是广告的灵魂。"这是塞缪尔·约翰逊（Samuel Johnson）说过的一句话。直到如今，仍被奉为普遍适用的广告名言。在你看来，这里所说的承诺指的是什么？

思考题：雀巢咖啡

尽管生产线很广，涵盖品类繁多，但在一般消费者眼中，雀巢就是速溶咖啡的代名词。雀巢的速溶咖啡起源于1930年，当时，巴西政府开始与雀巢公司接触，希望研发新产品，而雀巢的瑞士实验室为此组建了一支由咖啡权威领导的研究队伍，并开始了长达7年的研发，最终发明出一种只需用水冲调便可保持咖啡原味的浓缩方法。

这是一种具有突破性的全新技术，但当雀巢公司将它推向市场时，却在传统观念面前碰了壁。雀巢公司在广告中竭力强调了它的速溶性和便利性，强调它与传统咖啡的不同，而在当时的社会文化中，相夫教子是妇女生活的核心，煮咖啡是她们的必备技能，人们普遍认为，熬煮的咖啡不仅香味醇厚，还能展示女主人的好客之意，如果她们开始买速溶咖啡图方便，就会显得不够贤惠，也不符合丈夫对妻子的期望。所以，雀巢公司传递的广告信息并不讨喜，速溶咖啡的销售也毫不出色。但是，雀巢公司坚信这是一个革命性产品，所以坚持多年采用这样的广告诉求，后来，随着时代进步，女性步入社会的日益增多，速溶咖啡既方便又能保持原味的优势终于被消费者所认识，销售额也开始稳步上升。至20世纪五六十年代，速溶咖啡已被广泛接受，这时，雀巢公司才开始转换广告目标，强调咖啡的纯度、良好的口感，以及浓郁的芳香。

早在1908年，雀巢公司就开始和中国建立贸易关系，但当时只有上流社会的人们才有机会品尝，20世纪80年代，当速溶咖啡再次进入中国时，面对中国人传统的喝茶习惯，雀巢首先要做的就是培养人们对咖啡的认同，于是，雀巢公司利用广告等多种手段，着意宣传咖啡的社会功能，将喝咖啡的体验定义为一种时尚的西方文化，而伴随优雅生活场景的经典广告语"雀巢，味道好极了"也给无数消费者留下了美好回忆。

通过以上案例，我们可以看到，广告表现与广告目标息息相关，而广告目标又与营销目标环环相扣，那么，请问，你最近是否购买过雀巢产品，是否看到过相关广告，请根据所学内容，谈谈你对这个品牌的感受。

第9章

广告创意的思考模式

■ 案例：不同凡想

超级碗（Super Bowl）是指美国国家美式足球联盟的年度冠军赛，一般在每年1月的最后一个星期天或2月的第一个星期天举行，这一天被称为"超级碗星期天"，多年来都是全美收视率最高的电视节目，并逐渐成为一个非官方的全国性节日。

1984年1月，第18届美国橄榄球"超级碗"开赛不多时，占优势的一方就触底得分，按照惯例，电视台应该立即重播这一得分画面，然而，这一次并没有出现赛事重播，相反，全美的电视屏幕突然诡异地黑屏两秒钟，接着，一支风格古怪的广告片不期而至。

在冷漠压抑的背景音乐下，几百号光头群众穿着囚衣齐刷刷地步入会场，然后开始如痴如醉地聆听歇斯底里的"老大哥"在屏幕上的演讲，而从通道另一头，一个身穿印有麦金塔电脑（Macintosh）图形的纯白背心、手持铁锤的女子从"思想警察"的追捕中逃脱，当"老大哥"在屏幕上嚎叫"我们必胜！"时，女子用铁锤狠狠击向屏幕……屏幕粉碎，之前的一切伴随光线和烟雾幻觉般消散；人群半张着嘴、惊恐地目睹着"老大哥"的消失，此时，旁白平静地念道："1月24日，苹果电脑公司将推出麦金塔电脑。你将明白为什么1984不会变成《1984》。"46%的美国家庭收看了这次比赛，超过9600万观众观看了这则广告。美国三大电视网和50个地方电视台都在当晚播放了关于这条广告的新闻。而若干年后，它还被《电视指南》和《广告时代》评为有史以来最伟大的商业广告之一（图9-1）。

这支广告仅制作就花费了40万美元，这在当时是非常昂贵的，虽然它在"超级碗"上只被播放一次，但播放费用也高达50万美元，所以，它完全可被称作一次超级的创意活动。然而，这支广告之所以名垂青史，并

不仅仅因为高额的制作和播出费用，也不因为它讨巧地只播放了一次，或因为它非常时髦而又令人不安的形象，这条广告之所以引起轰动，在于它抓住并上演了20世纪80年代埋藏在美国文化，尤其是年轻人心中的一些重要的东西，那就是对思想受到钳制，生活极度贫乏的厌恶和对个人自由的向往。

1983年，苹果公司计划发布使用图形用户界面（GUI）的麦金塔系统，负责宣传工作的是创意人李·克劳。面对即将到来的1984年，李·克劳及其团队成员不禁想起了著名的《1984》。《1984》是英国作家乔治·奥威尔（George Orwell）最杰出的反乌托邦政治讽喻小说，在他笔下，"1984"不是一个年份，而是一个令人窒息、毫无自由，甚至连思想都不允许存在的专制社会，英语里有一个专有名词"Big Brother"，直译为"老大哥"正出自此书，他是大洋国的领袖，虽然在书中自始至终没有真正出现，却始终作为权力的象征和令人膜拜并畏惧的对象。

图9-1　苹果公司麦金塔系统的广告片《1984》

此时的乔布斯已成为人们眼中的成功人物，但在内心深处，他依然乐于把自己当作一名反抗者，他招募充满黑客气质和海盗精神的手下，甚至让他们在麦金塔的办公楼上挂起极具符号感的海盗旗。自1981年8月，电脑巨头IBM推出个人电脑后，乔布斯内心那征服权威的叛逆情结又开始发作了。他曾经煞有介事地对采访者宣称，IBM一旦垄断市场，就会立即停止创新，那么，电脑世界必将迎来漫长而无望的黑暗，于是，将苹果视为一个反抗专制、争取自由的符号便是年轻人的向往，也是品牌自己的期待了。

1985年，乔布斯因在权力斗争中失败而离开苹果。此后，他创立了NeXT电脑公司，10年后的1996年，NeXT被苹果收购，乔布斯重回苹果。第二年春天，李·克劳再度接到乔布斯的邀请，这次，他被要求制作一支全新的广告片，广告目标不是突出某个产品，或赞美计算机带来的某种利益，而是赞颂一种更为超越而普世的能力——创造力。它的目标受众也不仅是苹果的消费者、潜在消费者，而是包括苹果员工在内的更为广泛的大众。这一次，乔布斯希望用它来重振萎靡多时的公司形象。

广告团队最终将创意表达定位在那些敢于冒险、不惧失败，赌上自己职业生涯的全部去做与众不同事情的伟大先行者身上。无论在哪个领域，都有那么一群曾被视为异类的"疯狂者"，爱因斯坦、列侬、邓肯、毕加索……这些标志性人物因其反体制的创造性和不甘平庸的特质，而激励着人们去重新定义人生的价值。

这支广告的题目叫作《不同凡想》，其60秒完整版的文案是这样表述的：

"致疯狂的人。他们特立独行。他们桀骜不驯。他们惹是生非。他们格格不入。他们用与众不同的眼光看待事物。他们不喜欢墨守成规。他们也不愿安于现状。你可以认同他们，反对他们，颂扬或是诋毁他们。但唯独不能漠视他们。因为他们改变了寻常事物。他们推动人类向前迈进。或许他们是别人眼里的疯子，但他们却是我们眼中的天才。因为只有那些疯狂到以为自己能够改变世界的人……才能真正改变世界。"

此外，他们还创造了一系列平面广告，每则广告除"叛逆者"的黑白肖像外，就只有角落里苹果的标志和简洁的广告语"不同凡想"了。

"不同凡想"的英文表述是"Think Different"，这可能就是伟大创意产生的原则，它还有一些类似的表达，例如，"创意，就是对一千条创意说'不'。"例如，"一个真正的创意，拥有自己的力量与生命"，例如，"有件事是肯定不会变的，那就是，创意人员若能洞察人类的本性，以艺术的手法去感动人，他便能成功，没有这些，他则一定失败。"可见，创意就是要打破成见、建立新知，而实现创意的基础是人性，追求人性里那些灿烂而永恒的渴望，也将是优秀创意永恒不变的要旨。

通过本章的学习，我们将掌握以下内容：
（1）广告创意的内涵
（2）产生广告创意的基本方式
（3）广告创意的表现技巧
（4）创意的发展趋势

创造力是一种类似于原动力的东西，它驱动着人类向更完美的境界发展。长期以来，人们对创造力有着两极化的认知。天启说认为它看不见、摸不着、"不可言说"，是天才式的灵感迸发。而与之对应的科学派则认为，它并不神秘，不过是大量信息长期积累的结果，是知识和阅历的集成，是群体成员间的相互触发和启示。具体到广告创意，则是人类普遍创造力中的一种，同样存在着神秘化和经验化两种论调，只是，作为营销工具之一，广告创意不管看起来多么天马行空，都会受到商业目标的约束。

9.1 广告创意

对一般大众而言，广告的核心就是创意，而"创意"一词的本意就是别出心裁、独创一格，用新事物区别已有之物。广告创意首先是一种创造性思维，它是智慧的综合体现，又会遵循某种既定的思考方式。

9.1.1 创造性思维

创造性思维，是一种具有开创意义的思维活动，即开拓认识的新领域、见证认识的新成果。创造性思维是以感知、记忆、思考、联想、理解等能力为基础，以综合性、探索性和求新性为特征的高级心理活动，而人们在经过长期实践后，总结出了各种可以运用的方法，如纵向思维与横向思维、形象思维与抽象思维，逻辑思维与灵感思维等。

其中，纵向思维是一种遵循可靠途径、排除不相关事物的思维方式。与之对应的横向思维则是从与某事物相关的其他事物中寻求突破口，强调多方观察，从不同角度思考问题的一种激发性的、跳跃式的思维方式。形象思维是指借助具体形象的生动性、实感性来进行创造的思维方式，抽象思维则是借助概念、判断、推理等抽象形式来概括验证创意的思维方式。此外，逻辑思维有明确的思维方向和充分的思维依据，能对事物或问题进行观察、比较、分析、综合、抽象与概括，灵感思维则伴随着突发性、瞬时性、随机性、跳跃性的发生，来完成从混沌到清晰的整理，以及潜意识向显意识的转化。

9.1.2 广告创意的内涵

广告创意的英文是Producing Idea，即产生点子。在广告公司，它是指广告人员在市场调查分析的前提下，根据广告目标，以广告策略为基础，对抽象的产品诉求概念进行具体艺术创造的过程及结果。从静态角度来看，它是指创造性的立意或构思，从动态角度来看，则是指广告人的创造性活动。此外，无论广告公司的创意部处于什么样的位置，一般都被认为是公司取得成功的法宝，也是潜在客户选择公司的首要因素。

广告创意的核心是创意概念，概念的一头连着创意策略，另一头则连着外部表现，外部表现就是广告创意的最终形态。所以，广告创意首先需要回应包含市场诉求在内的创意策略。一方面，正如图里（J. O Toole）所说：广告创意有时的确是一闪而过的想法，但这种想法需契合广告目标，并结合产品的优势和消费者的偏好。而另一方面，广告如果仅仅是信息的简单介绍，是难以吸引消费者的，所以，广告应赋予产品、服务或品牌以某种生动、美好的印象，能够使消费者得以用新的，或者自己期望的方式看待品牌。

大多数营销活动的目的都是建立品牌关系，却只要那些具备创造力的活动才能确保这个目标的达成，正如美国营销大师爱玛·赫伊拉所说"不要卖牛排，要卖烧牛排时的滋滋声。"

9.2 如何产生广告创意

爱因斯坦曾说："方法比知识更重要"。作为一种创造性活动，广告创意的每个环节，都与思考方法和实践运用息息相关。而20世纪40年代，一个名叫詹姆斯·韦伯·杨（James Webb Young）的优秀文案曾对广告创意的产出模式进行过总结，他将其分为五个阶段，即：资料搜集阶段、分析阶段、酝酿阶段、开发阶段和评价决定阶段，这一模式的基本框架，直到今天依然有效。

9.2.1 资料搜集阶段

作为创意人员，资料的搜集工作将开始于客户简报以及附在简报之后的各类相关材料。创意人员也可能独立或在客户部的帮助下寻找相关内容，而在这些资料无法提供答案的情况下，广告公司还可能进行一些具有针对性的调查。

9.2.1.1 获取及阅读资料

作为甲方的客户应该将为广告公司提供信息作为自己的职责。如果缺乏足够的信息，创意人员就会迷失方向，或者只能依赖直觉判断哪些信息与目标受众有关。

而想了解客户的市场状况也并无捷径可走，创意人员首先应该耐心地阅读完甲方提供的所有资料，包括一般材料和特定材料，一般资料可能是广泛的行业信息，而特定材料则是客户品牌的专属信息。这些资料可能非常有条理，也可能非常庞杂，相对而言，来自客户的资料只有少数是新鲜有趣的，大多都枯燥乏味。

光是阅读创意简报及所附资料还不够，还要深入体会。创意人员应该把所有资料都放在手边，不但仔细阅读，还要圈选重点，不断发问。要知道，那些令人拍案叫绝的出色创意可能正藏在这些冰冷严肃的规格表里呢。

除此之外，创意人员还应尽可能多地收集并阅读各种行业资讯，弄清楚这家公司的生意是怎么回事，多到可以用行话和客户对答的地步，才会最大程度地获得客户的信任，也才有可能在和客户的进一步交谈中获得更加直接，甚至额外的有效信息。

9.2.1.2 广告调查

也许只凭借深入阅读还不够，创意人员还要做一些必要的调查。广告公司虽然不是一个小型的麦肯锡，但也深知调查的价值。

广告调查的主要目的是了解目标消费者，在策划阶段是了解消费者的需求，创意阶段则是了解作为广告接受者可能产生的反应，这种调查被视为探索性调查。探索性调查可以挖掘广告机会，收集广告讯息，帮助创意人员和客户小组发现目标受众的街头语言和人群画像，为创意人员提供制作广告的关键信息。这些调查可大可小。

对依靠智慧多过依靠数据的创意人来说，用直觉获得信息与感知也不失为一个有效的方式，偷听顾客的谈话，和有关人员聊一聊，去工厂走一走，都会成为良好的开端。而在商场购买客户的产品，亲自驾驶客户品牌的轿车，或将自己的构想拿来和对手的提案做一番比较，查阅以前未被采用的方案，以及不定期地与品牌经理吃个午饭，与朋友们谈论关于品牌的一切等，都可以算是小型的调查。广告大师霍普金斯和伯恩巴克就是这么做的。霍普金斯在工厂里发现了喜立兹的秘密，伯恩巴克则说："学问就在商品里面……你得跟你的商品一起生活，跳进去，融入其中才行。"在调查过程中，创意人员应该在心中问上几百个问题：这东西是怎么制造的，里面的成分是什么，品管的标准是什么，消费者为什么要购买它，它被拿回去后会怎么用等。

除以上方式外，探索性调查还有很多方法与程序。在广告公司经常被用到的方式是消费者问卷调查，这种问卷调查往往针对消费者的生活方式，例如AIO调查，就是通过问卷调查了解消费者的活动、兴趣和观点，从而将消费人群按照生活类型进行区分的。此外，焦点小组也是广告公司常用的探索性手段之一。作为一种集体性访谈法，它将在主持人的引导下，在潜在消费者基本不受限制的情境下，由小组成员自由地提出对某些品牌问题的意见和看法，从而为品牌提供基本判断和启发性建议。

■ 案例：喜立兹

霍普金斯认为，人们在购买东西时想知道购买的理由，最好是对他们有利的理由，而他自己建立的经典案例就是喜立兹啤酒。

喜立兹啤酒因销售不好请来了霍普金斯，霍普金斯于是来到工厂进行考察。当厂方滔滔不绝地介绍啤酒的长处、特点和技术时，霍普金斯始终无动于衷，而当大家即将离开之际，他却突然惊喜地叫了起来，原来他看到啤酒的空瓶正在经过用高温蒸汽进行消毒的车间。当厂方了解到大师的兴奋点后颇感失望，他们告诉他，这是每个啤酒厂家都会去做的事情，但霍普金斯不以为然，他回答说，这并不重要，重要的是消费者不知道。

结果，喜立兹啤酒凭借对"每个啤酒瓶都会经过高温蒸汽消毒"这个独特的产品特性的传播，不仅消化了库存，还获得了市场第一的品牌地位。

9.2.2 分析阶段

所谓分析阶段，就是在消化了所有资料后，坐下来尽可能地找出商品或服务最有特色的地方，并尝试提出各种解决方案的过程。

对一个真正优秀的创意人来说，实事求是比能言善道更有价值。通过对背景资料的分析，创意人员应该把产品或服务能够打动消费者的关键点列举出来，例如：

（1）本产品与同类产品所具有的共同属性有哪些，在产品的设计思想、生产工艺，产品自身的适用性、耐久性、造型、使用难易程度等方面有哪些相通之处；

（2）与竞争产品相比，本产品的特殊属性是什么，优点和特点在哪里，并从不同角度对产品的特性进行列举分析；

（3）本产品的生命周期正处于哪个阶段；

（4）本产品的竞争优势会给消费者带来何种便利；

......

与此同时，创意人员还需思考一件非常重要的事情，那就是受众的界定，其实，市场细分是企业必须做出的第一个，也是最重要的营销决策，市场细分的目的就是识别那些需求和欲望，而落实到真实世界，就是形形色色的消费者。所以，创意人员需要思考目标消费者最关心、最迫切的需要是什么，这一点往往是创意的突破口。

在这个阶段，创意人员也可以反思创意简报。优秀的创意人员有时会遵循知觉而不是简报来思考问题，他们会检验资料和调查的结果，躲避动笔的诱惑，努力让简报里的东西沉淀下来。他们会提出一些问题，会和客户部的同事反复讨论，以求彻底弄清或达成共识，这些问题可能包括：

（1）这个广告的具体目的是什么？

（2）这个广告要说的产品或服务是什么？

（3）潜在消费者的需求和渴望是什么？

（4）潜在消费者有什么特征？

（5）什么时候，用什么媒体来接触潜在消费者才最好？

（6）公司、产品或服务的背景是什么？

（7）同类产品的广告在说什么？

（8）广告主有什么特别的需要和要求？

（9）过去的广告给你什么灵感或洞见？

（10）广告要做事前测试吗？如果要做，那将是什么样的测试？

9.2.3 酝酿阶段

酝酿阶段就是为创意的提出做心理准备的阶段。创意的大部分工作都是花费时间在寻找正确的方向。创意人要通过挖空心思，翻来覆去的思考，才能获得一点灵感，但有时候，那些大创意（Big idea）也会不请自来，例如，在"百事挑战"诞生之初，大家并未预料到它日后会显现出惊人的效果。此外，独自思考和团队合作都是有效的，要知道摩擦会产生星星之火，而星星之火却可能成为燎原巨焰。

9.2.3.1 启动

大部分情况下，广告人都需要在紧迫的时间内解决某位客户交给他们的往往并不十分明确的问题。而创意的启动阶段，可以说，就是相关资料与社会经验在某个创意人头脑中结合、融汇，并迸发的过程。

当阅读资料到一定阶段时，创意人会有一种"可以开始了"的直觉。其实，在开始之前很久，他们就已经开始"创意"了，因为那些表达在广告创意里的东西，可能在思考阶段就已慢慢涌现，但在具体启动时，每个人还是会有自己的方式，有的人非常理性，有的人则更多依赖某种"感觉"，所以说，启动过程并没有一个量化的标准。

大部分创意人都会博览群书，比如在创意革命的"三面红旗"中，伯恩巴克酷爱阅读哲学书籍和小说，李奥·贝纳声称什么书都读，只有大卫·奥格威明确表示他不读诗，很少读小说，对哲学也毫无兴趣，他还说，小说、诗歌对广告创作没什么影响，但是，大卫·奥格威却是写书最多的一个。事实上，对创意人来说，开卷总是有益的，如果没有读过小说《1984》，没有对书中描述的极权主义深有同感，就不会创作出广告《1984》，如果不是对人类各领域拥有深刻洞察，也不会诞生充满力量的《不同凡想》。而除可提供营养的人文类书籍外，创意人还应大量翻阅年鉴，赏析优秀案例，在影像极度发达的今天，还应大量观摩各类广告片及电影，并有意识地将它们存入记忆的银行。其实，电影世界就是一个用之不竭的意象宝库，可为古今中外各种情节的具象化提供参考。创意人也应该爱聊天，爱逛街，爱购物，爱聚会，他们懂得品位，也热爱潮流，幽默好奇，也思路清晰。正如一位广告大师所言：如果你并不拥有丰富的想象力，对万事万物没有太多的疑问，那么，我劝你最好离广告这行远一点……因为对生活抱持全面的好奇，永远是创意人员成功的秘诀。

此外，创意部并不像影视剧里描绘的那样，在一个墙上贴满古怪东西的办公室里，穿梭着奇装异服、歪歪倒倒的外星人，而他们光凭聊天、调情和拍脑袋，就能轻而易举地解决各类复杂的营销问题。事实上，想不出创意的日子是非常煎熬的，有时简直是痛不欲生，作家瑞德·史密斯（Red Smith）就曾说过一句很无奈的话，什么东西都挤不出来的时候，你只能枯坐在打字机前先开始再说，对创意人而言，情况也差不多。而每次广告创意的启动，都需动用创意人员大量的内在积累。

9.2.3.2 魔岛理论

当然，接下来，创意人应该将概念全部放开，尽量不受任何约束，听其自然，放任自流，让其置于潜意识的心智中，让思维进入一种"无所为"的状态，然后去寻找一个将商品或服务戏剧化的结果。而所谓戏剧化，就是用一种独特、刺激、有说服力而又便于记忆的方式呈现利益点。一些"大创意"就是在这种状态下产生的，所以说，除知识和经验的转化外，发想创意有时也的确需要某种不期而至的灵感，它就像乌云密布时的一道闪电，让创意人在黑暗摸索中豁然开朗，在百思不得其解时茅塞顿开，又仿佛是"众里寻她千百度，蓦然回首，那人却在灯火阑珊处"的不期而遇，而每到此时，都将是创意人最为欢欣鼓舞的时刻。

这种境界被韦伯·扬比喻为"魔岛"。据古代水手描绘，航行在航海图上没有标志的深海时，水面上会突然出现许多环状的珊瑚岛，里边充满了奇幻的气氛。韦伯·扬认为，创意的形成就是这样的，它们的出现，就好像在脑际白茫茫的飘浮中，突然跳出了一些若有若无的"岛屿"，伴随着神秘的特质以及某种无法言说的奇妙感觉。

9.2.3.3 头脑风暴法

除苦思冥想外，也有一些方法有助于激

发灵感，例如头脑风暴法（Brainstorming）。头脑风暴法，又被称为脑力激荡法，它通常会借助集体讨论、集体动脑的方式产生创意。头脑风暴法的步骤一般分为：选定议题、通知与会者；脑力激荡；筛选与评估。

这一方法的原则首先是自由畅想，也就是说，与会人员将排除一切障碍，无所顾虑地异想天开；另一个原则是集体创作，也就是鼓励每个人在别人构想的基础上不断衍生出新的想法，并在相互启发，相互激励中获得最大产出。头脑风暴法还有一个原则是禁止批评，任何创意不得受到批评，也不必自我否定，在这里，创意无所谓对错，因为，构思越多，可供选择的空间就越大，组合越多，产生好创意的可能性就越大。所以，在这种情况下，创意的量越多越好，至于质的把控，将放到最后阶段，由专门人员来负责。

该方法在20世纪40年代由美国BBDO广告公司发明，经实践证明十分有效，所以，已被广告公司广泛使用，只是具体到每个公司，实施的方式会有所不同，例如有的公司在办公室进行，有的在宾馆，有的跑到某处风景优美的山上，此外，有的公司会召集所有的创意人员，有的则请出项目相关的小组成员，有的甚至把行政、后勤或自己的亲朋好友一并请来。

9.2.4　开发阶段

所谓创意开发，就是将想法具体为可表现的广告，哪怕只是一个雏形。作为开始，可以是动笔书写文字，也可以是信手涂抹画面，好的文案可以用图像思考，好的设计也可以用文字表达，尽管开始时可能比较粗糙，但在不断的演进中，平淡无奇的策略最终会变化成有趣的创意。

构思过程中，也可能出现新的创意方向，这些方向往往具有不同的特点，尽量把每一个新的创意方向都记下来。面对一个新任务时，要用最近的距离，从各种角度去观察，看得越细越好，但在开发创意时，却要推得越远越好，不要自我设限，尤其不要害怕越界，反而应该担心还不够极致，因为即便越界，也总会有人来限制你，但不够极致却将成为滋生平庸的温床。同时，不能"浅尝辄止"，不要发想一两个方向就开始自我满足。

最后，还应该对已经形成的广告概念进行孵化。创意最终呈现的方式可能是画面，也可能是标题，或两者并存，另外，它可能刚被想到时就已非常完整，也可能只是一个核心点。至于什么才是成功的创意，业界并没有明确的定义，但其中一个公认的标准就是RIO原则，我们将在下文中为大家做详细介绍。

■ 案例：英国反烟运动

吸烟的危害已众所周知，反吸烟也是一项长期而持续的公益运动，但即便如此，反烟运动依然困难重重。世界上很少有其他事物能够像烟草那样对人具备控制力，让他们换个品牌尚且困难，更不要说彻底戒除了，其中的原因很多，比如，烟草行业有强大的品牌基础，有几十年的重金支持，有众多的产品线，更重要的是，尼古丁能带来神经中枢的愉悦感，从而使消费者上瘾，哪怕损害健康也在所不惜。所以，当广告公司需要开展一个针对英国年轻女性烟民的反烟运动时，他们知道这个任务并不像看起来那么轻松。

一般来说，广告可以诉求吸烟有害健康，但她们尚且年轻，所以没有死亡率的概念，即便直接用肺癌恐吓她们，也收效甚微。广告也可以诉求香烟会增加开销，但自20世纪30年代以来不断被精心安插在电影中的抽烟镜头，使她们觉得抽烟很"酷"，和"酷"比起来，那点开销简直算不上什么。广告还可以诉求与烟民接吻时口气难闻，或大部分公共场合禁止吸烟之类的内容，但对吸烟者来说，这些都没有震撼性和说服力。它们是吸烟的障碍，但不是戒烟的理由。

创意人需要另辟蹊径才能达到目标。于是，他们放弃了闭门造车，开始大量访问年轻的女性烟民，当他们将客户已有的信息与一个全新的调查结果结合起来后，发现答案其实很简单。

最终他们拍出了一系列精彩的获奖广告，在这些广告里，既没有香烟可能缩短寿命的说教，也没有香烟让你成为孤家寡人的劝服，他们只是用画面表现了吸烟会摧毁女人身体魅力的事实，抽烟会让一个女人的牙齿变黄，使她的肤色黯淡，让她的眼角起皱、嘴角生纹，总之，它只是会毁了你的容颜而已。这些广告完成了它们的使命，因为它们击中了年轻女人的要害：她们的虚荣心。

9.2.5 评价决定阶段

创意思考的最后阶段是评价决定阶段，这个阶段将由自己或专门人员来进行筛选和评估，从而确定备选方案中最好的一个。

9.2.5.1 评价决策的流程

作为营销沟通手段的广告，常常需要在第一时间达到广告目标，并获得消费者的认可。而评价决策过程的第一步就是自我判断，每个创意人都将在若干个方向，若干个创意中寻找自认为最有震撼性，最符合策略的那个。之后，创意优劣的评价还将在体制中遵循自下而上的方式完成，例如，初级成员会将作品交由资深人员判断，创意小组会将作品交由创意总监判断，然后，创意部可能还会与客户部进一步沟通，一些重要的创意还会惊动老板，最后，广告公司会带着在内部获得共识的创意作品，前往客户处进行提案，接受来自客户的审判。

9.2.5.2 测试方式

最棒的创意总是那些在若干年后依被人提起，并持续打动人心的作品。只是对经典

的评价需要假以时日，而广告客户及其代理商却常常会通过另一些手段来及时判断创意的阶段适用性。例如，有些公司会从目标受众中挑选一些消费者来评估备选广告的不同版本，并通过技术手段来预测广告讯息的奏效与否，这些手段可能包括：仿真杂志、广告脚本等。

仿真杂志测试：很多时候，调查人员会把某杂志的新书样本当作实验杂志，有时他们也会为测试目的而专门制作一本假杂志。调查人员在仿真载体中插入一条或几条受试广告，然后要求消费者代表像平常那样进行阅读。一旦阅读完毕，调查人员就向消费者提出与杂志内容和广告有关的问题，比较典型的问题包括受试广告的回忆度以及对广告及产品的感觉等。这种方法有利于比较不同讯息的效果。

广告脚本测试：也称广告文本研究、广告文案测试，是指对已经设计出来、但尚未发布的广告进行测试评估。通常测试会涉及多个脚本，而测试的目的是让消费者在多个脚本间进行比较，从而挑选出效果最好的一个进行投放。这种方法主要应用于广告投放前。

9.3 广告创意的表现技巧

广告的最终制作可能会受到财力、组织、营销战略等多方面的限制，但创意本身，即谁来表现，表现什么，以及如何表现等却拥有无限的可能性。

9.3.1 RIO原则

RIO原则是DDB公司制定的一套独特的创意原则，其中涉及优秀创意应该具备的三个特质，即关联性（Relevance）、原创性（Originality）和震撼性（Impact）。其中，关联性强调的是广告和目标受众的相关度；原

创性是指广告创意的独创性；而震撼性是指广告创意必须关注的广告效果。广告和商品如果没有关联性，就会失去意义，作品如果没有原创性，就会欠缺生命，而没有震撼性，则会被信息的海洋吞没。将"关联性""创新性"和"震撼性"同时实现是对创意人提出的最高要求，因为仅仅发想与消费者需求有"关联"的点子并不难，仅仅原创新鲜也容易办到，真正的难题是既要"关联"，又要"创新"，还要"震撼"。以下，我们将就前人的经验，从广告的表现主体、表现内容以及情绪和格调这几方面为大家做一些总结。

9.3.2 谁来表现

谁来表现是从广告表现主体的角度来研究的。在此，我们将其分为产品表现式、人类表现式和非人类表现式三种。

9.3.2.1 产品表现式

产品表现式是用产品作为广告主角的表达方式。在USP时代，广告人拼命挖掘产品的差异点，时至今日，竞品间的差异已不再明显，但仍有一些产品具有独一无二的优势，另一些产品则因超越对手的特点而值得在广告里大谈特谈。

苹果公司的很多广告都是以产品为主角来表现的。例如iPod nano 3上市时，广告就在画面中央放置了一个产品，并通过产品屏幕的动态以及外壳的不断更换来展示特征；到iPod nano 4时，主打广告还是诉求彩色外壳，而其颜色流淌、淋漓尽致的视觉体验给人留下了鲜明的印象；iPod nano 5推出时，由于其FM调谐器已能显示歌曲和表演者名字，画外音也能同步讲述，所以，广告除秀出不同颜色的外壳外，还通过让表演者进入显示屏的方式来突出这一新特征。

9.3.2.2 人类表现式

除产品主角外，广告采用最多的还是人类，因为人类才是产品或服务的使用者，通过人类才更容易表现产品/服务的优势、特点，使用方式，品位，以及所代表的阶层。广告主可以通过消费者、专家、明星及其他任何人来进行创意表现。

由于广告的潜在目的是向消费者宣传有关品牌的产品或服务信息，所以常常会模拟消费者的思考方式和行为习惯来设计创意内容，有一类广告索性邀请货真价实的消费者，通过"让大家告诉大家"的方式进行推广，这类广告就叫消费者证言广告（Consumer Testimonial）。

和消费者证言相仿，专家证言也是通过作为专家的第三方向目标受众传递品牌讯息的，只是信息内容多从专业角度出发。例如，宝洁旗下的佳洁士（Crest）牙膏就因被美国牙医学会（ADA）认可而常常在广告中采用专家代言。专家代言中还有一类是企业创始人，因为他们在行业内有一定威望且具有专业说服力，故用他们证言，可以起到说服消费者的目的。

此外，名人是一个宽泛的概念，指各行各业中能力崇高且备受景仰的人物。企业首先会就自己的目标受众进行调查研究，筛选对细分群体最具影响力且最吻合品牌精神的名人人选，然后，发想一些有创意的形式，并通过将受众投射于名人的情感转移至品牌本身而达成目标。

除上述具有典型特征的人群分类外，几乎所有人都可按照创意表现的需要，成为广告的主角或参与者。这些人中最受关注的是婴儿和美女（美男），一些颜值不高的演员也可凭借富有特色的表演而获得很高的认知度。

9.3.2.3 非人类表现式

另一些广告并不采用产品或人物来展示卖点和制造气氛，但它们同样魅力无穷。这些主角可能来自真实世界，也可能纯粹是人类的创造。

非人类形象中最为显著的是动物。动物常常和上述的婴儿及美女（美男）一起被归纳为3B模式，或3B原则，即广告表现中最易用到的三个元素：美女（Beauty）、婴儿（baby）和野兽（Beast），也有人称之为ABC原则，即动物（Animal）、美女（Beauty）和小孩（Child）。无论是3B原则，还是ABC原则，其实都是讨喜的"庸俗元素法则"，但由于他们具有深厚的人性基础，最易让人产生好感，所以虽然屡见不鲜，却依然效果斐然。

此外，还有一些主角并不是现实中的真实存在，却能承载美好感受，进而成为品牌的最佳代言。这些形象包括二维和三维时代的卡通人、卡通动物，并无生命的玩偶或不可名状的各种创造物。例如，为符合"一点就透"的品牌主张，七喜就创造了一个上天入地、调皮嬉戏的线条小人菲都狄都（Fido Dido）。

■ 案例：我只用力士

女明星们如花的笑脸，迷人的肌肤，以及一句"我只用力士"的广告语，是力士香皂在世界各地的通用表情，而明星证言则是联合利华为它设定的长达90年的广告模式。

1924年，智威汤逊公司协助力士进行了一场消费者竞赛，竞赛邀请广大妇女积极地给力士邮寄她们使用力士香皂后的感受，有53000封证言信件入选，其中很多竟出自电影明星之手。为此，智威汤逊在1927年为力士创造了一则广告，广告标题是"10个电影明星中有9个都用力士香皂呵护她们的肌肤。"画面则采用了16位好莱坞女星的集体签名证言。于是，从1930年开始，力士就策略性地将自己与400多位知名女星联系起来，至今，这个榜单几乎囊括了100年来那些最耀眼的名字：玛丽莲·梦露（Marilyn Monroe）、伊丽莎白·泰勒（Elizabeth Taylor）、奥黛丽·赫本（Audrey Hepburn）、索菲亚·罗兰

（Sophia Loren）、简·方达（Jane Fonda）、黛米·摩尔（Demi Moore）、凯瑟琳·泽塔-琼斯（Catherine Zeta-Jones）等。

9.3.3 表现内容

好的广告表现当然是与内容相关的。在人们生活更富裕，以及产品更加同质化的今天，喜欢某条广告就会引导消费者爱上某个品牌。在此，我们将从广告内容的角度来为这些丰富多彩的广告类型做出总结。

9.3.3.1 信息式

信息式广告是指向目标用户传达真实的产品信息，使其感受到产品益处的广告。这类广告常常采用具有说服性的实事作为广告内容。通过向受众提供信息，展示或介绍有关产品的质量与特点，有理有据地论证这些信息带给他们的好处，从而使受众展开理性思考、权衡利弊，甚至在被说服的情况下采取购买行动。品牌推广初期非常适合采用信息式广告。例如，雀巢咖啡1961年进入日本市场，而在1962年，它们就根据日本消费者以多少粒咖啡豆煮一杯咖啡来表示咖啡浓度的习惯，开展了名为"43粒咖啡豆"的广告运动，广告不仅在画面中展示了这一事实，还用广告歌清楚地唱出了"43粒咖啡豆"的广告信息。

9.3.3.2 产品演示

产品演示就是将产品的特性、优势或使用方法通过现场演示的方式传达出来，以"眼见为实"的真切感受促使消费者产生购买需求的广告方式。产品演示是一种立竿见影的宣传方式，在电视媒体诞生后，由于其所具有的动态演示效果，使产品演示广告理所当然地成为一种重要的样式。例如，在帕克特斯即粘胶广告中，年轻司机将胶水瓶碾碎，令车辆和沥青路面牢牢地粘在了一起。这一情节化的现场示范，使其迅速成为小包装胶水产品中的市场领先者。

9.3.3.3 比较式/竞争性

比较式广告是指广告主通过广告，直接或间接地将自己的公司、产品或服务与竞争者的公司、产品或服务进行全面或某一方面的对比，从而突出自我，或攻击对手。这类广告也被称为竞争性广告。这种广告类型于1972年由美国希克氏公司创造，后被广泛使用。中国法律不允许攻击竞争对手，但可以将产品和不具名的其他商品进行对比。此外，也有一些比较式广告是将自家产品的新旧两代或使用前后进行对比，例如，宝洁公司的比较式广告，其经典设置便是"使用前（Before）"和"使用后（After）"。

9.3.3.4 日常生活的戏剧化

这类广告的应用范围非常广，说白了，它侧重于讲述一个或有趣，或温暖，或浪漫的故事，而这个故事通常描绘了某个消费者因使用某个品牌的产品而获得的好处和满足。当产品区别较小且强调产品的社会性而非功能性时，这种方式会有很好的功用，其中，个性化和生活化也是这类广告的最大特色。例如，比克（BIC）刮胡刀的卖点是刀片锋利而效果柔润。所以，广告描述了一位黑人爸爸（据说黑人的胡须最硬）在剃须后，轻轻走进女儿房间，和她道晚安。小姑娘闭着眼睛，很享受这轻轻一吻，随即，她竟喃喃低语道"晚安，妈妈"。这是一个略带戏剧化风格的生活片段，在充满趣味地传递出产品特点的同时，也营造了家庭受众所热爱的温馨氛围。

9.3.3.5 多片段生活形态式

广告的目标是通过信息的传播说服消费者，而这些信息必须贴近消费者的生活，并具有时代感。多片段生活形态式广告采用的可能是一个个很短的故事，甚至只是一些场景，但连贯起来，却是对某种生活状态的真切表达。

作为胶卷市场第一品牌的柯达公司（Kodak）虽已黯然落幕，但当年那些"串起生活每一刻"的系列广告却堪称经典。广告并不强调色彩饱和、颗粒细腻等技术指标，而是通过生活中最精彩、最难忘的瞬间，将拍摄照片与幸福生活联系起来，从而让家人和朋友永远记住那些美好时光。

9.3.3.6 歌舞片

所谓歌舞片是指依靠歌唱舞蹈刻画人物、展开情节的广告片。与其他类型的广告相比，歌舞片对形式美感的追求应该说是最彻底的，优美的音乐、曼妙的舞姿、华丽的场景，更容易使不同民族、不同种族、不同宗教的观众产生共鸣，也使广告信息更容易被理解和接受。此外，广告片中的音乐舞蹈不仅将作为表现形式，也将作为功能性的工具以使广告主题获得升华。有些行业，如软饮料、啤酒或糖果业就经常采用这种样式为自己的品牌预设某种气氛。

9.3.3.7 超现实性叙述法

超现实性的故事叙述法是指通过非现实的艺术风格来表现对象特性的广告手段。与日常生活的情节化类似，这里的内容表达也是通过某个故事，或某个故事的片段来传递产品的形象、特点、功能、效用、利益的，而不同之处在于它的创意表达方式可能更为夸张或奇特，甚至可以完全突破现实的限制，而进入某种狂想的境界。当然，采用这种方式的前提是区分艺术真实性与生活真实性之间的差异，以艺术夸张不致引起诉求对象的误解为原则。

■ 案例：夸奖自己和挖苦别人

益达是1984年箭牌公司在美国推出的一款无糖口香糖，它曾在短短五年间跃居为全球无糖口香糖的第一品牌。由于不含糖分，益达口香糖总是理直气壮地宣扬自己保护牙齿的功用，在这张平面广告中，它就以超现实的手法，彻彻底底地说清了关于"益达健康牙齿"这件事（图9-2）。

图9-2 益达口香糖平面广告

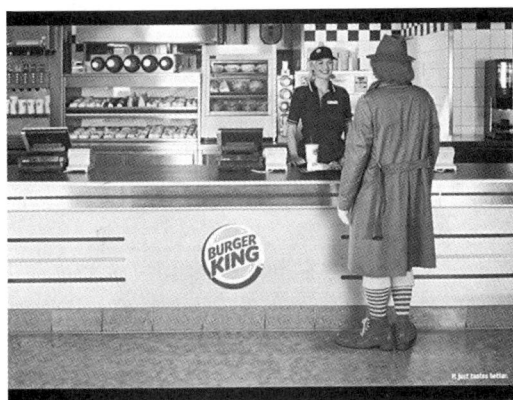
图9-3 汉堡王平面广告

此外，打击对手也是夸奖自己的另一种手段，汉堡王的很多广告都是捉弄"老对手"麦当劳的，在一张广为流传的平面广告中，麦当劳叔叔正偷偷去汉堡王用餐，至于原因？右下角写道：只因味道更好！（It just tastes better.）（图9-3）

9.3.4 情绪和格调

用情绪与格调来研究广告和用内容来研究广告，是两个不同的维度。后者倾向于表达的类别，而前者则倾向于表达的质感。

9.3.4.1 恐惧诉求

恐惧是一种极其强烈的情感，可以促使人们采取某个非常重要的行动。恐惧诉求突出表现了消费者如果不使用某个品牌或不采纳广告提出的建议而将遭受的危害或其他不利后果。广告主之所以认为恐惧可以作为讯息策略，是因为他们相信，恐惧足以促使信息接受者产生购买产品的急迫性，以求降低或消除广告所描绘的那种不利情景。

9.3.4.2 焦虑诉求

和恐惧一样，焦虑也是一种令人不快的感觉，只是表现上没有前者那么强烈而已。焦虑是对尚未发生的不利事件的担忧。焦虑是社会性的，很多人都会产生焦虑，而为了克服焦虑，他们可能会看电视、抽烟、锻炼、吃东西、吃药，也可能购买漱口水、除臭剂、安全套，或开设养老账户。广告主深知这一切的运作规律，于是他们运用许多情景来说明你为什么会产生焦虑，并告诉你怎么才能减轻焦虑。社交产品、饮料产品和个人卫生用品经常采用焦虑式诉求，它们传递的讯息一般都是：目前你正面临一个显而易见的麻烦，而避免麻烦的方法就是购买广告中的这个品牌。

9.3.4.3 好感诉求

赫尔·雷尼（Hal Rainey）伙伴广告公司的史蒂夫·斯韦策（Steve Swetizer）曾经说过"有时，受人爱戴本身就是一种战略。"消费者的好感到底是怎么形成的，对于这个问题，大家总是争论不休，也没有明确答案，但总的说来，好感是受众理解的结果，受众既可能通过比较复杂的思考来完成，也可能通过相当简单的联想来完成。而很多广告，尤其是品牌形象广告，则常常可以构筑品牌与消费者之间的联想，至于方式，则非常之多，例如，怀旧、唯美、纯爱等无一不可。

9.3.4.4 幽默诉求

现代人压力很大，需要娱乐和发泄，有人说，"巧妙地运用幽默，就没有卖不出去的东西。"幽默式广告的目的和好感式完全一样，也是希望信息接受者能对产品产生愉悦而难忘的联想，而幽默的方式如此之多，如：黑色幽默、无厘头幽默，以及轻松式、温暖式、疯狂式幽默等，所有能对心理惯性产生反叛的手法无不列入其中。

虽然幽默广告已成为创意表达中很大一类，但将幽默用作信息策略时，还是要避免以下状况，首先幽默讯息有时会对理解产生负面影响，其次，幽默讯息有时播出三遍后就会失效，最后，幽默讯息可以引起注意，但不一定会提高广告的劝服力。

9.3.4.5　性诉求

弗洛伊德认为：本能是推动个体行为的内在动力。人类最基本的本能有两类：一类是生本能，一类是死本能，其中，生本能包括性欲本能与个体生存的本能，其目的是保持种族繁衍与个体存在。而当广告针对处于生本能上升期的年轻人时，以性作为诉求当然可以引起他们的关注，甚至使之亢奋和沉迷。世界上有很多著名品牌，如CK（Calvin Klein）、杜嘉班纳（D&G）、AXE等都是用性来成功塑造形象的。

9.3.4.6　比喻式

著名文学理论家乔纳森·卡勒（Jonathan Culler）为比喻下的定义是：比喻是通过把一种事物看成另一种事物而产生的一种基本的认知方式。

广告采用比喻式表现会帮助消费者对某些产品特征产生直观的感知。例如，很多消费者对脚气病的反复发作并不在意，于是达克宁胶囊就在广告创意中通过原野上野草的"死灰复燃"来进行类比，让人们了解其不易根除的病理特征。再如，消费者一开始对电脑芯片的认知并不清楚，所以，英特尔便在广告中，将芯片比作电脑的大脑，从而使人们开始对它另眼相看。德芙巧克力自从1989年进入中国后，其广告语就是"牛奶香浓，丝般感受"，而在电视广告中，每当女主吃到香甜的巧克力时，音乐就会响起，巧克力就会变成丝滑的飘带萦绕在她身旁，这种精致的比喻，当然会使消费者产生非常美好的联想。

9.3.4.7　借题发挥

所谓借题发挥，就是借助某件已经发生的事情，来表达自己的意见或主张，广告可借用的源头非常多，流行话题、历史故事、时事趣闻无不涵盖其中。例如，20世纪90年代，润迅通信的"一呼天下应"就是借用了"烽火戏诸侯"的典故，而1995年，《北京人在纽约》已家喻户晓，孔府家酒便将其嫁接入自己的广告，并通过"孔府家酒，叫人想家"这句充满亲情的广告语唤起了所有人的情感共鸣。

■ 案例：比喻与夸张

搭上海移动"IP直通车"，不仅可以获得海量的信息下载，还可获得一部手机缴费30部座机共享的实惠。为传达这一产品信息，代理商在广告创意中采用了两个非常形象的比喻——大象和母猪。（图9-4）

精工爱普生公司（Seiko Epson Corporation）生产的打印系统因逼真亮丽的效果而著名，那么它的打印效果究竟有多么出色呢？这一系列广告可以为消费者做出解释，原来，它们逼真到可以让猫等老鼠等得海枯石烂，鸟孵蛋蛋孵了三生三世。（图9-5）

9.4　广告创意的发展趋势

广告使用的是大众传播渠道，所以投放在大众媒体上的广告一定会传到那些对产品没有兴趣的人的感官中，使他们感到厌烦或被打搅，很多人将商业广告视为噪声，而广告之所以需要创新、需要趣味或内涵，除吸引它的目标受众外，也为了抵消一部分对广告并无需求的受众的反感。

9.4.1　艺术派与技术派

长期以来，"广告到底是科学，还是艺术"的争论总是周期性地出现，诸多广告人对此

图9-4　上海移动平面广告

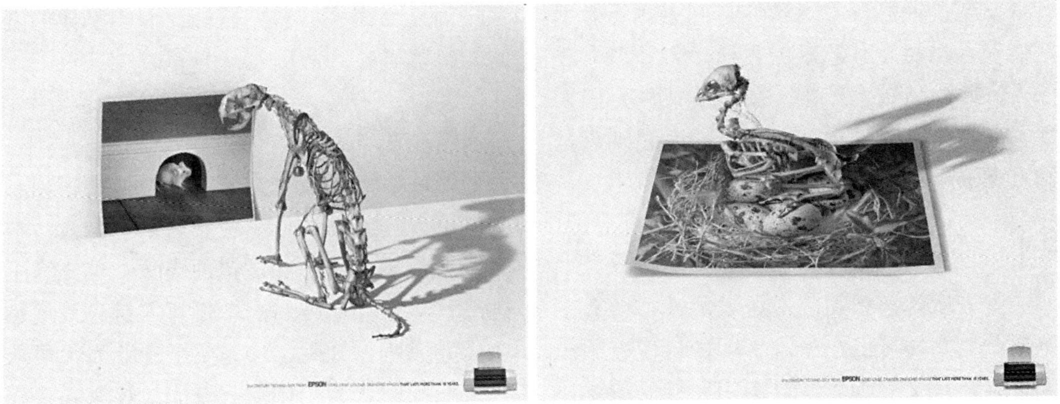

图9-5　爱普生打印机平面广告

做出了自己的回答，并由此衍生出了广告科学派和广告艺术派两大相对独立的理论体系。

广告科学派的鼻祖是霍普金斯，集大成者是提出创意神灯论的大卫·奥格威，后者说过"好的创意，大部分来自市场调查"，其他代表人物还包括最早提出"广告是印在纸上的推销术"的E·肯尼迪，推出"独特的销售主张"的罗瑟·瑞夫斯等。广告科学派的至理名言包括："广告是科学而非艺术"，"说什么远比怎么说更重要"，"以事实所做的广告比过度虚张声势的广告更能促进销售"以及"你告诉消费者的越多，你销售的就越多"等。

与科学派相对，艺术派大师则认为广告是打破陈规的艺术，而非建立定律的科学，他们认为广告的生命在于从美的角度刺激人们的想象，并对图文的表象进行感知，进而产生理解和认同，并逐步产生欲求，最后在欲求影响下行动。广告艺术派的代表人物包括信奉"与生俱来的戏剧性"的李奥·贝纳、主张"五步创意法"的詹姆斯·韦伯·扬，以及认为"广告中的一切因素都是为了更清晰地表达创意"、"让10万的东西看上去像100万"的乔治·路易斯。此外，还有备受业界推崇、建立了诸多创意规则的威廉·伯恩巴克。伯恩巴克曾言："从根本上说，广告是劝服，而劝服是一种艺术而非一门科学"。他还说，"让人记得住的广告从来不是套用公式创作出来的。"

当时空流转到一个以互联网为基础，以大数据为手段，以精准投放为卖点的时代，"什么才是广告的核心"似乎已无需回答，但恰在此时，广告的创意问题又被提将出来。事实上，当我们坐下来认真研究广告历史时，不难发现，没有技术的精准，创意就不能到达消费者，而没有艺术的表达，创意也无法深入人心。新技术产生了新的可能性，但人性不变，所谓艺术派和技术派，其差别只是侧重点不同而已。

9.4.2 文字思维与图像思维

广告除科学派和艺术派之争外，还有一个属于创意领域的小争论，即广告应以图像为重，还是文字为重。这个问题同样需要还原到不同的时代语境中才有意义。

早期的广告是登载在报纸上的，所以，文字占据了更大的比重，我们以前提到的各路大师，几乎都是文案出身。但近三十年来，媒体的发达和分散使人们被越来越多的信息所吸引，在争夺注意力方面，图像却有着显然的优势。以杂志为例，插图是读者首先注意的内容，接下来才是标题，然后才是广告

的主体内容，而这三个因素也必须有效结合，才不至于被匆匆掠过。此外，即使是一个十分出色的广告，能够引起接收者注意的概率仍低于50%，只有约30%的接收者可能记得标题重点；约20%的接受者可能记得广告商的名字，只有少于10%的人会去阅读广告的大部分内容。所以，美国广告人路克·苏利文（Luke Sullivan）在《文案发烧》（原作名为《Hey, Whipple, Squeeze This》）一书中曾说："让图像说话，文案尽可能简洁。我认为人们不喜欢看长篇大论，同样，别把你的主要卖点埋在文案中，仅仅为了提出一个好标题。在机场翻阅杂志的读者，平均每两秒钟就会翻过一页，如果你能让他们停下来，注意到你的标题或画面，你的广告就算成功了。"到了以动态图像为主要吸引手段的新媒体时代，图像思维的重要性似乎更为突出，但是，尽可能简洁的文案并非敷衍了事，恰好相反，越是简短的文字，越需要直击人心。

所以，无论是文字思维，还是图像思维，都将建立在传达特定信息的基础上，好广告会是图片与文字的快乐联姻，而不是他们之间的嫌恶与竞赛。

9.4.3 全能型与专业化

另一个需要被讨论的问题则是关于创意人的。人才流动加速，各种新角色加入，在夹杂着茫然、疑虑和试错的同时，也充满了挑战和希望。那么，一个创意人是应该更加全面并无所不知呢，还是更加专业而无可取代呢？我们认为，创意人首先应该有一个在行的专业，其次，应该是一个技术敏感者。

这个世界正在围绕技术展开，从2012年开始，技术公司开始大量进入广告行业。创意在过去只是广告公司的一个部门，而现在，广告变成了创意的一个部分，也就是说，现在的创意既包含传统广告，也包括技术类的互动、社会化营销、娱乐营销，甚至线下活动，这也体现在国际大赛上，如基于互联网

技术的广告奖项在近年来迅速增加。于是，不仅是技术的直接运用者，如新媒体设计师，广告片制作者、平面设计师，甚至用传统形式表达的专业，如文案和策划，都将因科技席卷领域的越来越广而不得不时刻保持对技术的求知和探索。

另一方面，技术又是速生速朽的，对市场的思考将保留一百年来的共性。现代广告最为辉煌的时代是奥格威、李奥·贝纳和伯恩巴克的时代。他们的遗产被越来越细分为流水线上的工作，如今来到数字时代，媒体渠道的碎片化、信息的不对称和技术的更迭，使受众由整体向个体转变，传播者和受传者的互动更加频繁，界限也日益模糊，创意的广泛价值却再次被突显出来，这一切又与半个世纪前的黄金时代十分相似。早期的大师们都曾是身兼数职的通才，而现在，广告业内部则再一次有了整合的需求，那种很早就被认可的"T"形架构，即思考的广泛性和技术的专门性的结合，似乎依然是对创意人才的最佳诠释。

链接：戛纳国际创意节

戛纳广告节源于戛纳电影节，1954年由电影广告媒体代理商发起，组织者的目的是希望电影广告能像电影一样受人瞩目。此后，戛纳同威尼斯轮流举办此项大赛，直到1977年，戛纳才正式成为广告节的永久举办地。及至1992年，组委会又增加了报刊、招贴与平面竞赛单元，从而使戛纳广告节成为真正意义上的综合性国际广告节。

然而，从2011年开始，戛纳国际广告节（Cannes Lions International Advertising Festival）正式更名为"戛纳国际创意节（Cannes Lions International Festival Of Creativity）"，由过去的广告界盛会，转变成向任何形式的创意传播成果开放的综合性展示平台。而从名字的改变，我们可以看出，广告已与其他传播方式日渐融合，如何利用不同方式、不同媒体达到广告主的传播目的，同时又能在形式和技术上全面创新，才是这个时代的响亮要求。

小结：

广告创意是指在策略框架的基础上，通过不断思考，实现从无到有，从朦胧到清晰，从感性到理性，并最终获得某种表现形式的心智过程，而身处一个瞬息万变的行业，使每个创意人都被额外地赋予了一个苛刻的要求，那就是——需要不断成长，但永远不能变"老"。

课堂练习：

1. 有人说，创意就是要蔑视正统，不合常理，并出人意料，你如何理解这些观点？

2. 广告艺术派的代表人物乔治·路易斯曾在其著作中宣称"如果广告是科学，那我就是女人"。通过这个偏激的言论，谈谈你对广告艺术派和广告技术派的认识和理解。

思考题：百年润发

在铿锵的京胡声中，百年润发为观众们讲述了一个青梅竹马、白头偕老的爱情故事：男女主人公从相识、相恋、到分别和再见，故事场景不断变换，人物情感却始终专一，而我们似乎也从中看到了一个大时代下小人物的悲欢离合。其中，周润发扮演的男主角将百年润发洗发水倾洒在梦中情人长发上时的温情微笑，不知引来了多少女性的羡慕、嫉妒和感动。

中国人推崇夫妻间青丝白发，相好百年，永结同心的忠贞爱情，所以，百年，既是一个时间概念，又是这种中国式爱情观的理想表达，是一个寓意深刻的产品名称，而请周润发充当形象代言人，则是将品牌名称中那份美好充分地体现了出来。这首先因为周润发待人谦和，年龄、外形又和百年润发本身散发的温和之气吻合，其次则因为这是周润发第一次在大陆拍摄产品广告，而让他给心爱之人浇水洗头的情节，也可大大满足女性消费者的深层渴望，再则，百年润发与周润发的名字完美契合，更是神来之笔。

时空的变换，浪漫的爱情，温馨的家庭，加上一点淡淡的惆怅和惊喜，平凡的日常生活升华为悠长的美感，最终又融合在"青丝秀发，缘系百年"的品牌广告语中。

通过以上案例，我们可以看出一支优秀广告从思考、创作到执行各环节的精心之处，你看过这支广告片吗？谈一谈你对它的感受。

第10章

广告的媒体策略

■ 案例：佳能照片链

1933年，摄影爱好者妇科大夫御手洗毅创立了佳能公司的前身——精机光学研究所。1934年时，他发明了一个小东西，取名Kwanon（观音），1936年，精机光研推出了35毫米焦平面快门照相机"Hansa Canon"，Canon除发音和Kwanon相似外，在英文中还有"规范、标准"之意，于是，御手洗毅便将Canon（佳能）注册为公司商标。

20世纪50年代末，佳能发现了135单反相机的巨大潜力，随后，便开始了相关产品的研发，其中，EOS是佳能公司于1987年推出的一系列单反相机及配套系统的名称，EOS不仅是英文"电子光学系统"（Electro Optical System）的缩写，也是希腊黎明女神的名字，一开始，这一系列产品主要针对专业用户和摄影发烧友。

2000年时，佳能推出了第一款数码单反相机——EOS D30。随着科技成本的降低、全社会的普遍富裕，以及经济文化水平的提高，单反相机的市场越来越大。2008年爆发的全球性经济危机，使消费类电子产品出现了严重的市场萎缩，但在数码相机领域，佳能却精准地把握了科技趋势，并通过巧妙的营销活动而逐渐占领了市场领导地位，其中，佳能公司在澳大利亚推出的"佳能照片链"活动就是一个成功案例。

一直以来，佳能EOS在澳大利亚专业相机市场都能占到至少一半的份额，但佳能的理想是让数码产品更加普及，让更多的人加入到摄影爱好者的队伍中来。策划怎样的广告，通过怎样的媒体，传递怎样的信息，才能找到EOS的使用者和潜在使用者，才能和他们对话，并改变他们的思维和行动呢？2010年，一个名为"照片链"（Photochains）的营销活动因此诞生。

在佳能看来，无论是专业人士，还是业余爱好者，技术固然有值得自豪的地方，但"好的摄影作品并不关乎科技，而是关乎启发"，正如活动广告语所说，"每个人都有独特的视角"（no one sees it like you）。所以，"照片链"的活动目标是将佳能相机与人们的日常生活联系起来，具体则是希望消费者能够利用佳能相机捕捉灵感，记录世界，并将灵感迸发的瞬间传递给更多人。

为此，佳能首先在其澳大利亚官方网站上建立了一个叫"EOS Photochains"（EOS照片链）的社交平台，人们注册成为用户后，就可参与活动了。活动流程非常简单，用户进入网站，会看到一张张带有标签的摄影作品，例如一个穿粉红色T恤的男孩踏在滑板上飞跃，标签显示"粉红色"，而这个用户只要用佳能EOS拍摄一张同样带有"粉红色"元素的照片上传，就可作为游戏的继续。为了对用户行为进行鼓励，佳能公司设定了奖励机制：所有注册用户都可在两个星期内，对所有上传的带有命题元素，如"粉红色"的照片进行投票，而得票最多的用户可得到佳能EOS相机一台，此外，他的照片还将成为下一轮活动的起点，例如这次得奖照片的标签是"兔子"，那么，所有用户都将在未来两星期内根据"兔子"元素上传参赛图片。于是，在这个网站上，"照片链"就像接力赛一样，一个接一个地传递下去。

EOS系列相机大致分为入门、中级、准专业和专业四个级别，以满足不同消费者的不同需求，本次活动的参与者中既有职业摄影师，也有业余爱好者，他们将线下拍摄的照片上传到网站，并通过网站将照片进行分享和交流，从而建立起了一个个线下无法实现的交流圈。而网站本身又形成了新的社交圈、分享圈和交流圈，供参与者们扩展人脉，结识新知。于是，对摄影师来说，这次活动为他们提供了新的交流方式，形成了专属摄影师的社交平台，而对非职业摄影师来说，则会因为上传了自己的照片，而将身边的朋友、家人一起带入。此外，Photochains在EOS的企业博客里引发了非常广泛的讨论，并发展出多条"公共照片链"和"私人照片链"，有些链接并非为了比赛和投票，只是朋友间的游戏之作，却联系了彼此的感情，传播了品牌的声誉。

除官网外，佳能公司还将活动内容投放在杂志、报纸等传统媒体上，并在Facebook、YouTube、Twitter等社交网站上做了辅助性推广。活动最后，他们还将挑选出最优秀的作品，与其拍摄者一起制作成路牌灯箱，在全国范围内投放，从而使这些优胜者一举成为广告明星。从线上到线下，这次活动令佳能实现了真正的整合式社会化营销。而自网站创立以来，平均每天都有94张照片被上传，等于平均每小时4张。活动结束后，Canon EOS系列相机在澳大利亚的市场占有率已上升至了惊人的67%。

拍照本来就是一个受众广泛、容易产生共鸣的社会话题，结合摄影者想要分享和炫耀的心理，再加上"比赛"和"游戏"元素，让消费者更容易从观望者、旁观者，变成了参与者，甚至是组织者，从而强化了品牌的良好口碑，而社会化媒体的成功运用，则是这个活动的精彩之处，也使它毫无争议地获得了2010年的戛纳媒介类全场大奖。

通过本章的学习，我们将掌握以下内容：

（1）媒介及大众媒介的内涵

（2）传统四大广告媒体的定义及特点

（3）户外媒体、直投媒体和网络媒体的定义及特点

（4）媒体策略及媒体目标

（5）广告公司的媒体策划与执行

传统的广告媒体投放是建立在大众媒体基础上，以受众被动接受信息为特征的"打断式"策略，但近二十年来，由于新媒体异常活跃的发展，以及媒体融合程度的加深，使受众的媒体使用、信息接收和传播方式都发生了剧变，但无论怎样，广告预算的80%都将用于媒体投放，所以，媒体策略始终是关乎广告成败的核心要素。

10.1　广告媒体

广告是一种通过大众媒体而非面对面进行传播的活动，而诸如广播、杂志、电视或互联网等承载商业广告的载体，就被称为广告媒体。

10.1.1　广告媒体的分类

由于媒体概念的变化，属于广告媒体的范围也在不断变化，而对广告媒体的分类也变得日渐复杂，例如，我们可以按照传播方式，将它们分为刊播媒体和直送媒体；按照覆盖领域，将它们分为全国性媒体和地方性媒体；按照物理属性，将它们分为印刷媒体、电波媒体和数字媒体等。此外，20世纪90年代前，主流媒体是传统的四大媒体，而当互联网以始料不及的惊人速度发展起来后，人们的工作和生活方式也从各个层面发生了改变，于是，在媒体领域，我们又可将它们按照发展顺序，分为传统媒体和新型媒体。

美国媒介理论家保罗·莱文森（Paul Levinson）认为，人有两个目的或动机蕴含在媒体的演进过程中，其一是渴望与幻想的满足，"我们借助发明媒介来拓展传播，使之超越耳闻目睹的生物极限，以此满足我们幻想中的渴求，如现代社会中的望远镜、显微镜及手机等媒介工具"；其二是弥补失去的东西，这是指整个媒体演化可被看作无数补救措施的叠加，例如，有声电影对无声电影的补救，电视对广播的补救等，今天，新型媒体也是按照这种理论假设出现的，并不断成为广告创意的试验场。

媒体类别	平面媒体	电波媒体
讯息内容	文字及图片，可以为黑白、套色或彩色	广播：声音 电视：声音及活动画面
受众主动性	较高 广告与新闻等信息并存，受众可主动选择接收内容；受众可随时重复对讯息的接触	较低 因受电波传送特性的影响，受众只能被动接受电台传送的讯息，且无法控制讯息出现的时间
传播速度	较慢	较快
重复能力	较低 日刊重复所需时间为一天，周刊为一周，月刊则需一月	较高 同一创意讯息可在短时间内被不断重复
受众接触时的投入程度	受众在接触时注意力较集中，通常很少分散注意做其他事情	视情况而定，受众在接触时可能完全投入，也可能注意力分散，未注意讯息内容
创意承载能力	较适合说明形式、比较形式且信息量较大、较复杂的创意讯息	较适合承载音乐形式、故事形式、比较形式（电视）、示范形式（电视）及印象形式
广告贩卖方式	以尺寸大小为计算单位	以时间为计算单位

10.1.2　四大传统广告媒体

传统的四大广告媒体是指报纸、杂志、广播和电视，它们是互联网兴起之前，广告传播活动中最常用到的信息载体（表10-1）。

10.1.2.1　作为广告媒体的报纸

报纸（Newspaper）是以刊载新闻和时事评论为主、定期向公众发行的印刷出版物。报纸曾经是最易采用的主流媒体，无论是大广告主，还是小广告主，几乎都可以利用它来发布广告信息。而作为广告媒体的报纸，其优势包括：

地理针对性。广告主可以利用全国性或地方性报纸来掌握特定的读者群。例如一些厂商可以利用地方性报纸向特定区域派送免费样品。

适时性。由于制作常规报纸广告所需的时间比较短，因此报纸可以使广告及时到达目标受众，而且，广告主还可以选择广告刊登的日期。

创意机会。虽然报纸的创意空间没法和电视媒体相比，但由于报纸版面较大，且比电视便宜，所以广告主可以用比较低的成本向目标受众传递大量信息。而对于那些内容复杂，需要长篇大论才能表达清楚的产品和服务，这一点则非常重要。

信誉。由于与新闻相结合，报纸广告可增加信息传播的可信度和效果，以至于迄今为止，很多人对报纸的潜在看法依然是："登在报上的，一定是事实。"

受众兴趣。人们总是选择自己感兴趣的信息进行阅读，而订阅报纸的读者都是对报纸感兴趣的固定读者，所以，广告阅读率较高。

成本。报纸广告的刊登和制作成本相对较低，广告稿也易于制作和修改，所以，从制作和版面两个方面来看，报纸都属于低成本媒体。

当然，报纸也有缺陷，例如：

细分局限性。虽然报纸具有较好的地理针对性，但它瞄准特定受众的能力到此为止，由于报纸发行面过于笼统，所以，广告主无法从中分离出具体的目标来。

创意的局限性。首先，报纸印刷效果较差，使报纸广告无法展现出组织或产品的美感；其次，报纸属于平面媒体，不具备声音和动作功能，对需要多种创意表现手段的产品来说，不是最佳选择；另外，报纸纸张过多，可能导致读者注意力分散，使广告效果大打折扣。

环境杂乱。常规报纸上充满了标题、副标题和图片，这使广告面临着一个极为杂乱的阅读环境，而同类产品的广告主总想利用同类版面到达目标受众的方式，则加剧了这种混乱的程度。

寿命短暂。人们往往把报纸浏览一遍后就扔掉了，所以，信息很难被重复阅读。而广告主为了克服这种局限性，不得不同时购买几个版面或重复购买数天的版面。

10.1.2.2 作为广告媒体的杂志

杂志（Magazine）是指拥有固定刊名，以期、卷、号或以年、月为序，定期或不定期连续出版的印刷读物。和报纸一样，作为广告媒体的杂志也具有自己的优势和劣势，其中的优势包括：

受众的针对性。和其他媒体相比，杂志最大的优势在于它具有吸引和瞄准高度细分的受众的能力。这种细分以人口统计、生活方式或特殊兴趣为依据。而专业性越高的杂志，读者将越具共同特性，相对而言，他们也越有可能自愿阅读广告。

创意机会。杂志可以为广告主提供有利的创意环境和广阔的创意空间。此外，印刷精美，也能增加产品的价值感，所以，非常适合内容清晰，需要被深度报道的组织和产品，此外，广告主还可尝试各类丰富的创意技巧，如下文将要介绍的妮维雅手环。

寿命长。有些读者会将杂志长期保留，以备将来参考之用。杂志的再读率与传阅率也很高，也就是说，除增加读者本人的接触机会外，还可能提高二手读者的人数。

相对来说，杂志的劣势则包括：

到达率和频次的局限性。杂志的针对性优势同时也给杂志带来了局限性，受众群体划分得越细的杂志，到达总体的受众就越少，造成的结果是读者层面的狭窄。

杂乱。杂志虽不像报纸那么杂乱拥挤，但它们的讯息环境也不容乐观。杂志通常一半内容是政论文章和娱乐信息，另一半内容就是广告，一些专业杂志的广告含量居然高达80%。这样，还会导致品牌之间的直接竞争。

创意环境局限。仅限于视觉传达的杂志，也缺少声音与动态的表现，使读者很容易忽视插在内文间的广告。

准备时间长。这导致杂志广告缺乏及时性，机动性也较低。以往的杂志要求广告主在杂志发行日前数月送交广告，如果广告主错过交稿期，那么，广告就会被推迟很长时间。此外，广告一旦交到杂志社，也较难做出改动。

成本。虽然杂志广告的单位接触成本不像有些媒体那么高，但却比大多数报纸要高，也比广播电视高。有时，在杂志中投放一张插页的绝对成本会高得让人负担不起。

10.1.2.3 作为广告媒体的广播

广播（Radio）是指通过无线电波或导线传送声音的新闻传播工具，其中，通过导线传送节目的称为有线广播，通过无线电波传送节目的称为无线广播。广播的对象广泛，传播迅速，功能多样，对受众而言，它的优势包括：

区域针对性。广播被称为"当地人的朋友"，一个城市的广播媒体总是最大限度地服务于当地人，如城市交通广播。

非强制性收听。因为广播不需要专注地收听，所以听众对广告的抗拒性和排斥性也大大降低，往往会在不知不觉中将其接受。此外，广播的灵活性较大，人们可以在办公室、家中、出租车、商场，甚至街上随时收听。

补充功能。没有图像，声音反而会激发想象力，而由于声音的神秘性和单纯性，使听众对于某些节目主持人会抱有独特的信赖感，如一档早间节目《飞鱼秀》就在十年间培养了大批忠实粉丝。

站在广告主角度，广播广告也具有其他媒体所不具备的优势：

成本低。从制作费用来算，广播广告由于对器材和环境的要求较低，所以成本低廉，而从播出费用来算，广播和电视也要相差十几倍甚至几十倍不止。

形式灵活。由于广播大多是按听众类别来编排节目的，所以客户可以根据宣传对象的不同而在相应的节目中播放广告，也可根据不同目的，自由选择广告播放的时间。此外，调查显示，在电视上播过的广告，如将声音部分移植到广播广告中，则有75%的消费者会在脑海中重现画面，这等于以极低的代价延长了电视广告的寿命。

当然，广播广告也有劣势，例如：

转瞬即逝。缺乏视觉形象的广播广告难于记忆，信息也难以保存，而且信息必须顺序收听，不像印刷媒体那样可以反复阅读。

听众分散。由于听众收听节目的分散性，也会造成宣传效果的难以测定。

10.1.2.4 作为广告媒体的电视

作为广告媒介的电视（Television）是利用电子技术及设备来传送活动图像画面和音频信号的，在互联网兴起之前，电视媒体是所有广告媒体中的王者，其优势主要体现在：

创意机会大。电视最突出的优势在于它能够利用图像和声音传送信息，所以能构造出丰富的信息传递方式。

覆盖范围、到达率和重复率较高。没有哪种媒体可以像电视这样让广告主如此频繁地重复自己的讯息了，它的覆盖范围、到达率和重复率都是其他媒体不可比拟的。

单位接触成本较低。如果广告主需要针对比较宽泛的大众市场的话，电视所能到达的数百万或上亿目标受众的单位成本将非常合算，这也是一些大品牌尤其青睐电视广告的原因。

即便如此，电视也有劣势：

讯息短暂。和广播广告一样，电视广告的问题也是它的易逝性，并且必须按时收听收看。为了克服这一缺陷，广告主不得不耗费巨资制作引人注目的内容，并大量购买广告时间，以保证其频繁地出现在观众面前。

绝对成本高。电视广告的大制作和大量投放导致其绝对成本极高，也就是说，虽然电视广告的单位接触成本在所有媒体中最低，但其绝对成本却可能最高。对许多广告主来说，这些成本实在太高了，以至于他们根本负担不起。

受众专注程度差。广告对电视节目无意而频繁地干扰，使它被视为最不受欢迎的广告方式，人们想尽办法躲避它。有人说，广告主的上万资金都在马桶的冲水声中付诸东流，而遥控器的发明也给广告主当头一棒，因为受众们从此可以愉快而迅速地切换频道以躲开广告了。

■ 案例：妮维雅手环

德国品牌妮维雅（NIVEA）防晒霜多用于户外环境，2014年，为宣传一款新产品，妮维雅决定在杂志中随刊奉送一个电子手环。事实上，这是一款可用于追踪孩子的设备。使用者只需从发布广告的杂志内页上撕下广告所示部分，将它做成手环戴在孩子手上即可。

这个手环的内部有一个和妮维雅移动App——NIVEA Protege相连的密码，孩子一旦带上手环，App就可根据预先设定的距离进行检测，并提醒父母孩子是否超出边界，从而帮助家长管理孩子的行踪，以防孩子走散。

整个产品的概念虽然简单，但需求和实用性都很高。而作为杂志媒体的创造性应用，它与使用场景的匹配度，以及执行上的完美度都值得大声喝彩。

10.1.3 其他传统媒体

除四大主流媒体外，还有若干传统媒体也常被用来作为承载广告信息的渠道，如户外媒体和直接投递媒体。

10.1.3.1 作为广告载体的户外媒体

户外媒体（Out-Of-Home Media）一般是指在建筑物的楼顶和商业区的门前、路边等户外场地设置的发布信息的载体，主要形式包括：射灯路牌、霓虹灯、电子屏幕、公交车身、街道灯箱、气球、飞艇、大型充气模型等，近年来，一些"户内"的"户外媒体"也陆续出现，比如：写字楼宇的LED播放系统、电梯间海报展板等。

户外媒体的传播优势包括：较高的接触率和到达率、较强的区域针对性等，对城市族群，特别是经常在户外流连的年轻一族来说，它具有定向宣传、分众沟通的效果。此外，由于它所拥有的较大的创新发布空间，故可产生强大的视觉冲击力，可营造气氛，制造公关话题。

当然，户外媒体也存在明显的缺陷，包括内容发布有限，只能使用短小讯息等。户外媒体往往只能充当其他媒体的补充，用它传达长而复杂的讯息将毫无意义，此外，户外环境的杂乱、资源的碎片化、行业整合的尚未完成、服务质量和实施程度的不一致，以及价格缺乏透明度、调查研究和数据搜集有限性等都将成为它的短板。

10.1.3.2 作为广告载体的直接投递媒体

直接投递广告，也称DM（Direct Mail Advertising），传统上是指通过邮政系统直接寄送给受众的广告，其中很大一部分是信函广告、样品、折页以及其他有助于推销的物品。除用邮寄投递以外，直邮还可借助其他媒体，如传真、杂志、电视、电话、电子邮件及网络、柜台散发、专人送达、来函索取、随商品包装发出等。

作为一种广告形式，直投广告的优势包括：灵活广泛，即DM的范围可大可小、时间可长可短，且企业可利用的实际形式也无限丰富，它们既可以是一张带香味的明信片，也可以是形体大、价格高的产品宣传册、录像带、CD盘等。DM的优点还包括目标受众能够选择，可针对特定目标，将预算花在刀口上，并可详尽叙述组织或产品的信息等。某些DM还具备与受众进行双向沟通、了解受众意见的功能。

它的缺陷则是制作或寄送的单价成本较高，尤其是一些特殊制作物或样品。此外，由于它不宣而至的特点，以及数量上的不断增多，导致其常被视为不速之客和"垃圾"而遭到拒绝，大多数人甚至连拆开都嫌麻烦。

10.1.4 作为广告载体的网络媒体

作为一种全新的广告媒体，互联网一方面极大体现了技术的方便性，另一方面也导致了整个社会正在从媒体缺乏转变为媒体过剩。

10.1.4.1 网络媒体的优势

网络媒体不仅可在各个位置安排和插播广告，本身也可作为广告的传播载体，而它之所以能在短时间内迅速获得广告主的青睐，则因为它所拥有的显而易见的优越性：

网络媒体可以迅速传递信息，不仅费用低廉，而且便于修改，便于测量。此外，由于技术门槛的降低，使传播内容更为广泛，而UGC（User Generated Content，即用户原创内容）和PGC（Professional Generated Content，即专业内容生产）的并存，也意味着专业性与草根性的兼容并蓄，水乳交融。

网络媒体的另一个空前优势就是沟通的双向性，随着网络科技的不断演进，用户互动的方式也将更加丰富而深入。

10.1.4.2 网络媒体的不足

网络媒体真正将灌输内容的泛播转变为针对群体或个人需求开展的窄播。从没有哪个媒体的信息发出者和接受者可以如此接近并如此亲密。

但是，网络媒体同样存在局限性，例如：有限的表现力，受到个人电脑或手机终端的屏幕限制，网络广告的表现力仍不足以和电视相抗衡。另一个缺陷则是媒体环境的杂乱以及信息的过量。此外，投放的精准性曾是网络广告引以为傲的地方，但几年下来，人们忽然发现，所谓的精准投放中充斥着僵化的无效投放，更不要说各种舞弊和欺诈行为了，这些并非仅靠技术进步就能解决的问题，使营销人员再次相信：技术发展必须和人性洞察并行不悖。

10.2 媒体策略

媒体策略是整个广告策略中最为重要的组成部分，与创意部所接受的营销任务相同，媒体策略也是服务于具体的营销目标的。一般而言，制定媒体策略包含三项基本活动，即，界定营销问题，将营销目标转化为可行动的媒体目标，以及制定具体的媒体解决方案。

10.2.1 界定营销问题

广告传播的两个要素，内容制作和媒体选择是缺一不可的。无论营销策划多么出色，广告计划多么周全，广告内容多么精彩，假如遇到拙劣的信息发布，都会令它们毁于一旦。对媒体选择而言，最重要的因素依然是相关背景的分析和目标受众的定义。

10.2.1.1 背景分析

消费者周围充斥着成千上万的品牌，也充斥着眼花缭乱的媒体，而每个人的大脑

容量有限，所做的选择也有限，所以，品牌名称究竟以怎样的方式留存在人们心中，又会以怎样的方式影响他们的选择，以及什么样的媒体才能最大程度地接触到目标消费者等媒体问题最终都会追溯到营销问题。

对营销目标的研究首先开始于背景分析，背景分析的目的是推测政治、经济以及社会文化潮流对消费者的潜在影响以及广告将要面临的社会环境。其中包括对宏观环境的分析，即市场基本人口结构、经济趋势、政府的宏观政策与法规、未来发展方向等；此外还有产业背景分析，即产业近年的增长和未来发展方向、有关产业的政策法规，产业的广告投放量等；品牌背景分析则是针对相关品牌的产品、定价、渠道、沟通方式等各方面的详细研究；此外，媒体策划人员还要了解包括销量、定位、知名度等在内的市场状况，以及品牌的市场目标和策略、广告目标、创意策略、过去的媒体目标和策略、广告花费和销售比对等。

媒体策划人员也需尽可能多地掌握有关竞争对手的背景资料，例如，竞争对手的4P、销售量、定位、知名度、过去的市场、广告和媒体策略，以及各个目标的推算等。这些资料通常来自广告主，也可能由广告公司或媒体公司自行获取。

10.2.1.2 定义目标受众

在了解品牌背景的前提下，媒体策划人员要进行受众定义，其中包括使用者分析和目标群体分析。在使用者分析中，媒体策划人员应尽量找出群体的特点，例如他们是品类使用者，还是非品类使用者，是品牌的忠诚使用者，还是竞争对手的忠诚使用者，抑或是游离的使用者等。策划人员还应按照市场目标，找出需要沟通的目标群体，并归纳出他们的特点，如：包括性别、年龄、收入在内的人口特征，包括生活习惯、兴趣在内的心态特征，以及包括媒体覆盖率、媒体

偏好度、媒体接触时间地点在内的媒体习惯等。

10.2.2 媒体目标

营销目标将转化为媒体目标，媒体目标是根据营销策略所赋予的传播任务制定的，由于营销与广告角色的不同，使媒体在目标界定上也会有所侧重。

10.2.2.1 界定媒体目标的原则

媒体人员可根据销售目标与营销策略，也可根据品牌在营销策略上所采取的态势来确定媒体目标，如根据品牌建设的重点是知名度还是理解度，是建立品牌形象，还是支援铺货，或加强促销冲击力等。

无论何种状况，媒体目标都应具有以下特性：相关性，即与营销策略和营销目标相关；可测性，即在媒体计划执行后可进行评估；可操作性，即可实施与操作。另外，媒体目标还应具备详尽性。媒体目标阐述得越详尽，目标越具体，就越具备指导媒体策略的价值。

在这些指导原则下，媒体规划者还应在选择媒体类型时考虑诸多相关因素，包括：目标消费者的媒体习惯、产品的性质、信息的类型以及媒体预算等。目标消费者的媒体习惯会极大地影响人们对媒体的选择，例如，电视是接触中老年人的最佳媒体，网络是接触大学生群体的最佳媒体等。产品性质也将对媒体选择产生影响，例如流行服饰最宜在彩色杂志上刊登，品牌形象广告则以电视效果为佳。此外，不同类型的信息也需借助不同的媒体，例如宣传一款新轿车的信息量会很大，所以，应选择一些印刷媒体，而快餐店的促销信息则可利用户外广告来完成。除这些媒体特性外，规划者还需考虑媒体预算，他们需要为此了解各种主要媒体，如报纸、电视、直接信函、广播、杂志和户外等的广告接触度、频率、效果，每种媒体的优缺点，以及它们的价格指数。

10.2.2.2 媒体目标的具体化

具体的媒体发布目标包括：到达目标受众；确定发布的地理范围；明确讯息力度或针对目标受众的广告总量。

第一个具体的同时也是最重要的媒体目标是选中的媒体必须到达目标受众。目标受众可以按人口特征、地理、生活方式或消费心态进行划分，有时候，因为一手数据的缺乏，媒体策划人员不得不根据媒体机构所提供的薄弱的二级数据来策划整个活动。如果广告主愿意多花一些钱的话，则可以聘请媒体调查公司为其提供目标受众的媒体习惯和购买行为等详细信息，这样将大大提高媒体选择的准确性。

确定媒体目标的另一个关键是决定媒体发布的地理范围。早年间，策划人员只需找到和广告主分销覆盖区域相吻合的媒体就可以了，但今天，媒体状况的日益复杂，使媒体的投放区域也变得更为复杂。此外，策划人员还需考虑更多因素，如品牌表现或竞争对手的活动等，也就是说，要从投资角度去评估市场的获利能力，然后再制定各地区的预算分配。

最后一个媒体目标是讯息力度，也就是发布广告的总量。信息力度（Message Weight）是指媒介载体在一次排期中提供的广告讯息的总数或亮相机会。媒体策划人员之所以关心讯息力度，是因为讯息力度可以简单明了地向他们指明针对具体市场的广告量的大小。讯息力度通常用总印象数（Gross Impression）表示，即整个媒体投放的总次数。

10.2.3 媒体解决方案

媒体解决方案需要考虑的步骤包括：决定媒介载体的到达率、频次与毛评点；决定媒体发布的连续性；在主要媒体类型中选择；选择具体的媒体工具；决定媒体的具体安排。

10.2.3.1 决定到达率、频次和毛评点

为了选择媒体，策划人员必须确定达到广告目标所需要的到达率、频次和毛评点（表10-2）。

到达率（R：Reach），也称为接触度，指目标受众在指定时段内只接触过一次媒体的个人或家庭数目，经常用百分数表示。到达率描述的是广告讯息可能会有多少视听众（个人或家庭）"一次或多次"看到或听到广告讯息。举例来说，广告主希望在前三个月的广告活动中能接触到70%的目标市场。

频次（F：Frequency），也称频率，是指视听众在特定时期暴露于某一媒体特定广告信息的平均次数，也称为平均暴露频次，或平均暴露频率，是衡量目标市场中一般人接触该信息的次数。例如，广告主希望平均每人接触三次。

对媒体策划人员来说，与到达率和频次相关的另一个重要测量尺度是毛评点。毛评点，也称毛频点，即总视听率（Gross Rating Points，GRPs），是指在一定时期内某一特定广告媒体所刊播的某广告的视听率总数。计算到达率时，重复部分不重复计算，计算毛评点时，重复部分重复计算。

有时候，广告主会面临增加到达率而牺牲频次或提高频次而牺牲到达率的矛盾，这个矛盾的核心就是有效频次和有效到达率的问题，其中，有效频次（Effective Frequency）是指在广告主的目标（传播目标和销售效果）实现以前，目标受众应接触讯息的次数，许多因素会影响有效频次的水平。例如，新品牌和富有个性的品牌需要高频次，而著名产品的简短讯息需要的频次比较低。有效到达率（Effective Reach）是指特定时段内，暴露于特定广告的广告受众的百分比。如何估算有效达到率的最小数取决于如何确定有效频次。

10.2.3.2 决定媒体发布的持续性

媒体战略的第二个重要决策与媒体发布的持续性有关。持续性（Continuity）是指广告的媒体排期投放形式，一般分为三种：连续式、起伏式和脉冲式（表10-3）。

连续式（Continuity）排期是指全年无休、没有高峰低谷的媒体露出方式。所谓全年无休并不一定每天都必须有媒体露出，而是全年中没有出现具有影响的空档，且露出比重没有明显的差异。

起伏式（Flighting）排期是另一种媒体排期战略，一般起伏式排期会在一段时间内大量投放广告，然后在一段时间内停止全部广告，然后，再在下一个周期内大量投放。起伏式排期常用于季节性销售支持或新产品上市，也用于反击竞争对手。

脉动式（Pulsing）排期是指在一定时期内非均匀地安排广告时间的投放方式，是将连续式排期和起伏式排期相结合的一种排期战略，即广告主在连续一段时间内投放广告，但在其中的某些阶段加大投放量。

到达率、频次和毛评点   表10-2

到达率（R：Reach）	频次（F：Frequency）	毛评点（GRPs：Gross Rating Points）
特定时期，广告目标受众暴露于某一特定媒体特定广告信息的数量与该广告目标受众总体数量的比率	特定时期，视听众暴露于某一媒体特定广告信息的平均次数	特定时期，某一特定媒体所刊播的某广告的视听率总数
到达率（R）=目标受众的视听人数/目标受众总体	频次（F）=毛评点/到达率	毛评点（GRPs）=节目视听率×广告插播次数（例如，报刊阅读率×广告刊登次数）

行程模式	优点	缺点
连续式	• 广告持续地出现在消费者面前，持续刺激消费动机 • 不断累积广告效果，防止广告记忆下滑 • 行程涵盖整个购买周期	• 在预算不足的情况下，采取持续性露出，可能造成冲击力不足 • 竞争品牌容易挟较大露出量切入攻击 • 无法适应品牌季节性需要而调整露出
起伏式	• 可以依竞争需要，调整最有利的露出时机 • 可以配合铺货行程及其他传播活动行程 • 可以集中投放以获致较大有效到达率 • 机动且具有弹性	• 广告空挡过长，可能使广告记忆跌至谷底，增加再认知难度 • 竞争品牌可以前置方式切入广告空挡，从而造成威胁
脉动式	• 持续累积广告效果 • 可以依品牌需要，加强在重点期间露出的强度	• 必须耗费较大预算

10.2.3.3 选择主要的媒体类型

媒体策划的下一个环节侧重于媒体类型的选择，在选择主要媒体类型时，需考虑三个问题：媒体组合、媒体效率以及竞争媒体评估。

媒体组合（Media Mix）是指将不同媒体混合使用，使之有效到达目标受众的方式。一般来说，策划人可采用两种媒体组合方式：一种是集中式媒体组合；另一种是分散式媒体组合。集中式媒体组合（Concentrated Media Mix）是将全部媒体发布费用集中投入到一种媒体的方式，这种做法可以使广告主对特定受众细分市场产生巨大作用，而分散式媒介组合（Assorted Media Mix）将采用多种媒体到达目标受众，这种方式有助于广告主与多个细分市场进行沟通，也可通过不同媒体针对不同目标受众发布不同的讯息。

此外，对纳入媒体计划的每一种媒体，都必须审查其效益。媒体效益常见的衡量标准是千人成本（Cost Per Thousand Method, CPM），即一则广告每送达一千个人所要花费的成本。千人成本可用来比较同一类媒体中两个不同媒体（如，杂志和广播）的相对效益。它的公式可表达为：CPM=（广告费用/到达人数）×1000。

广告主可以从媒体机构获得有关广告成本、总印象数和目标受众规模的信息，也可通过媒体调查机构获得详细的受众信息，以进行目标市场千人成本的分析。此外，对电波媒体而言，还可用单位收视成本（Cost Per Rating Point, CPP或CPRP）来衡量。策划人员一般不会完全依据竞争对手的媒体投放来制定自己的媒体计划，但对竞争对手的媒体进行评估却可以知己知彼。在竞争比较集中的产品种类，如零食、饮料、洗衣粉等类别中，对竞争对手进行媒体分析尤为重要。如果目标受众群不大，但同时引起好几位竞争者的注意，那广告主就必须对竞争对手的媒体投放费及其品牌的相对广告占有率（Share of voice）做一个估算了。

10.2.3.4 选择具体的媒体工具

媒体规划者接下来必须选择媒体载具，也就是在每种媒体大类里选择特定媒体。首先，我们必须了解一些基本知识，即媒体类别和媒体载具（表10-4）。媒体类别（Media Class）是指媒体的大分类，如电视、广播或报纸；而媒体载具（Media Vehicle）是指某一大类媒体中的特定媒体，比如电视媒体里的"焦点访谈""新闻联播"或"挑战不可能""快乐大本营"，杂志媒体里的《三联生

	媒体类别	媒体载具
所指内容	包括电波媒体、平面媒体、户外媒体及新兴的网络媒体等	指在媒体类别下的特定媒体
划分意义	各媒体类别因不同的传播方式而有不同的传播特性及功能，在媒体运用上将因目的不同而有不同选择	各媒体载具具有不同的涵盖面及接触群体，在价格及风格上也各自不同。各媒体载具间的比较，可作为媒体选择的依据

活周刊》、《人物》、《体育画报》、《看电影》等。

选择具体媒体工具时需要考虑很多因素，例如，当广告要刊登在杂志上时，媒体策划人员就必须注意杂志的发行量及广告版面的大小、色彩选择及刊载次数的成本，此外，策划人员还必须评估杂志的各种特性，如可信度、地位、印制质量、编辑重心、广告递交期限等。最后，策划人员还需决定具体媒体足以达到的最佳接触度、频次及效果，并计算投放特定媒体的千人成本。除此之外，策划人员也要考虑广告制作的成本，报纸广告和广播广告的制作成本相对较低，但若要投放一个熠熠生辉的电视广告，广告主恐怕就要预留一大笔制作预算了。

10.2.3.5　媒体排期和媒体购买

媒体的排期和购买活动贯于整个策划活动中，媒体排期（Media Scheduling）侧重于与媒体时机和媒体效果相关的问题。在安排投放计划时，策划人员要对时机、到达率、频次以及竞争媒体分析等各个方面进行评估，还要对整个媒体排期的千人成本或总印象数进行评估，以测算整个排期在每个时间段内产生的效果。此外，季节性购买也会对排期产生重大影响，例如，在消费者表现出购买趋势时要加大媒体的购买量，这种做法也被称为密集式排期（Heavy-up Scheduling）。策划人员还应针对媒体排期制作媒体排期表，媒体排期表的重要性在于媒体排期的直观化。

通过观看媒体排期表，广告主可以对整个媒体计划做到心中有数。

一旦媒体计划和媒体排期准备妥当，活动重心就将转移至媒体购买了。媒体购买（Media Buying）即购买排期指定的媒体时间和媒体版面。一些广告主通过广告公司来制定媒体计划，并完成购买，另一些广告主则利用媒体购买公司来完成，后者是专门批量购买媒体的时间和空间，然后再转卖给广告主的独立机构。

■ 案例：飞利浦电动剃刀

在印度，飞利浦电动剃须刀有着较高的品牌知名度，但销售额却始终无法提升。为此，飞利浦公司不得不进行了消费者调查，结果发现，消费者对电动剃须刀存在两个误解，一是认为电动剃须刀会使皮肤变得粗糙，另一个是认为电动剃须刀不如手动剃须刀剃得干净，而之前的电视广告并没有针对这些问题加以解释。于是，在没有时间修改电视创意的前提下，广告主决定调整媒体策略，由单一媒体改为媒体组合，也就是把电视广告的投放比重调低，改为40天高密度的产品演示，同时，利用报纸首页来传递详细的演示信息。结果，在广告花费基本不变的情况下，飞利浦电动剃须刀的销售额增长了10倍，投资回报率比过去提高了5倍。

10.3 广告公司的媒体策划与执行

对广告公司而言，媒体部门的工作是从客户的媒体简报开始的，接下来，媒体部门需按照简报要求提出一份媒体策划案。

10.3.1 媒体简报

作为媒体计划中最为重要的一个环节，唯有完整、详尽的媒体简报才能帮助广告公司的媒体部或媒体公司更加全面、高效地进行媒体策划。对于媒体简报，每个公司都会有自己的固定格式，它们之间可能会有一些形式上的不同，但在实质要求上却是类似的。例如，它们可能会包括：产品介绍、目标对象、市场目标、竞争者分析、创意思路、客户思路及期望、广告活动期、媒体指标要求、成本分析及预算、广告物料规格、截止期等。

10.3.2 媒体的策划与执行

媒体策划案是对媒体简报的回应，也是广告传播的组成部分，其思考路径包括：形势分析，营销计划分析，广告计划分析，确定媒体目标，制定媒体策略，进行媒体类型选择，具体媒体选择以及媒体购买决策等。另外，还有一个非常重要环节就是对预算的考虑。策划人员考虑预算通常有两种方法：一种是根据媒体目标所需要的投资额来确定预算，另一种是根据既定的媒体预算来做取舍。

从20世纪末开始，面对市场数据和消费者数据的爆炸性增长，媒体策划人员更多地借助电子数据库，电脑和软件来处理媒体策划的各个方面，这些数据包含大量信息，从而有助于策划人员识别目标市场，认识载体的受众成本，分析竞争对手的广告活动。然而，它们可以使策划人员在重金购买前对各种选择进行分析和推算，却不能完全取代策划人员的判断以及创造性的发挥。

■ 案例：J-WAVE

J-WAVE株式会社（かぶしきがいしゃジェイウェーブ）为JFL联播网的成员，是一家以东京为放送地域的调频音乐广播电台，以时尚音乐节目为主。2003年，它的台址将从东京的"西麻布"迁到时尚的"六本木新城"的33层，而如何将这一信息有效地传递给听众，成为广告公司接到的课题。

对于迁址内容，最保守和最安全的方式就是做一个电视或报纸广告，信息中展示J-WAVE新址所在的时尚中心"六本木新城"，并把画面做得酷一点，文字写得有趣一点就可以了。但J-WAVE公司的愿景似乎还不止于此，他们希望广告公司能够利用这个机会帮助J-WAVE提升品牌，强调它的时尚品质，另外，J-WAVE的广告预算并不丰厚，想来一个整合传播的大手笔，也几乎是不可能的。

虽然这个状况让广告公司有点为难，但他们还是克服顾虑，努力去寻求全新的创意点，六本木新城2003年正式开业，总建筑面积为78万平方米，历经17年建设完成，建筑间与屋顶上有大面积的园林景观，在拥挤的东京，这足以成为举足轻重的绿化空间，所以，它在当时是著名的城市综合体的代表项目。广告公司认为：既然"六本木新城"33楼的位置是如此独特，何不将电台定位为"日本最高的做定期广播的广播电台"呢？这是一个好的起点，他们充满信心地将之完善为有趣的创意，而在接下来的一次例行说明会上，客户无意间透露的一个消息，则更让他们大喜过望。原来据客户所言，他们是率先搬到六本木新城的用户；34楼至37楼至今还没有公司租用，于是，一个绝妙的点子就此诞生。

在车水马龙的城市中心，人们忽然看到了惊喜的一幕，六本木新城的33～37层的灯光此起彼伏地闪烁，就像无线电调频发出的信号，这个感觉真是又奇妙又温暖，更重要的是，它是如此地切题，不仅强化了J-WAVE时尚音乐电台的品牌特征，还将信息的被动传送转化为主动体验，而费用又在预算之内。

10.3.3 媒体格局的变化

网络创造的交流文明，使人类呈现出不可思议的多元状态，这是一种既作为个体，又作为群体，既使用口语，又使用文字，既私人，又公共的一体化的时空，它令人类的智能相互联系，成倍聚合，体现在商业领域，则可谓威力无穷。

10.3.3.1 互联网塑造媒体世界

２０１６年１月，中国互联网信息中心CNNIC发布的第37次《中国互联网发展状况统计报告》中显示，截至2015年12月，近半数中国人已接入互联网，网民规模增速提升，同时网民个人上网设备进一步向手机终端集中，而在越来越显著的新媒体生态环境下，传统媒体也正在遭受前所未有的艰难时刻，原本的市场份额和发展空间都在急剧萎缩，具体表现为发行量、收视率和广告收益的直线下跌。

10.3.3.2 媒体策划和购买的专业化

以往，媒体部只是广告公司的一个职能部门，甚至只是一个支持性部门，每次在与客户沟通提案时，媒体部总是最后上场，而且更多是在汇报执行层面的工作，但是，今非昔比，随着行业发展，媒体公司和媒体人员在广告公司的地位已日渐突出，不仅如此，媒体部门早已强大到足以从广告公司中独立出来，成为专业的媒体公司。

专业媒体公司是指专门从事媒体的信息研究、购买、企划与实施服务的经营实体。这些独立的媒体公司将直接面对客户，他们不仅可以推荐客户用什么样的媒体，还可就相关媒体提出创意素材的建议，所以，媒体公司其实早已成为广告主的专业化顾问了。

小结：

为了到达目标市场并刺激市场需求，经过周密策划的广告内容必须拿到媒体上发布才能产生效用，而好的媒体战略可以使中选媒体产生最大的传播冲击力。与此同时，媒体技术正在以空前的速度狂飙急进，如何利用新旧媒体达到传播目的，维持品牌的持续竞争力，将继续成为广告主以及相关传播机构所面临的最大挑战。

课堂作业：

1. 为什么只有把媒体策略放在营销策略的大背景下才有意义？

2. 有人说，完美的媒体是不存在的，你同意吗？

3. 有人说，移动互联网和社交媒体给了创意人一个机会，因为好的创意不再需要大量的媒体投放也可浮出水面，你同意这个观点吗，为什么？

思考题：媒体创新

一栋大楼上忽然有油漆倾倒而下，让停在楼下的轿车惨遭横祸，这个视觉效果极佳的户外广告让人误以为是油漆公司所为，但真正的广告主却是全美互惠保险公司（Nationwide），它想说明：灾难总在无意间发生，既然无法预知，还是买份保险吧（图10-1）。

另一个真正的油漆广告则来自伯杰（Berger）公司。路牌上一个工人在涂刷油漆，而排刷所到之处都采用镂空处理，于是，他好像刷出了和天空一样的颜色，以此证明其色彩的天然纯正（图10-2）。

此外，在新技术被广泛使用的当代，媒体的静态应用似乎已显得有点小儿科了。在那些大型互动式营销中，媒体的创新性应用已到了匪夷所思的地步。2014年，戛纳广

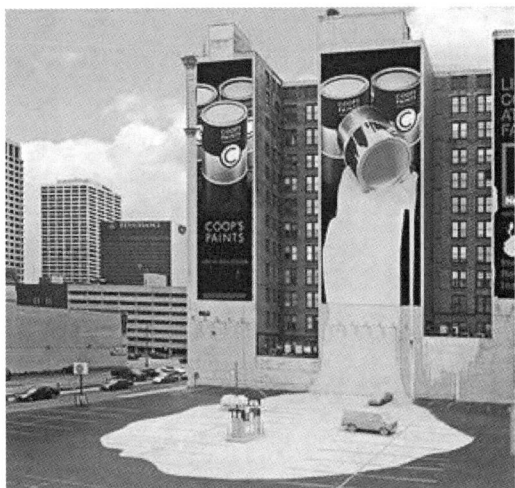

图10-1　全美互惠保险户外广告

告节将全场大奖颁给了俄罗斯的"扩音器"（Meggafon）电信公司，它的获奖作品是由阿西夫·汗（Asif Khans）设计，IART负责技术开发的索契奥运会"3D人脸墙"。这个巨大的三维幕墙配备了近万个可自动移动伸缩的制动器，而游客只要在官方设置地点拍照，就有机会上传照片，从而形成一个属于自己的巨大而真实的3D面部（图10-3）。

媒体的创新性运用让营销人员眼界大开，在某种程度上，似乎也证实了托马斯·弗里德曼（Thomas L. Friedman）在《世界是平的》（The World is Flat）一书中所作的预言："世界被技术填平了"，那么，作为一个广告系学生，你在日常生活中最常使用的媒体是什么？你怎样看待媒体创新？

图10-2　伯杰公司户外广告

图10-3 "扩音器"电信公司户外广告

第11章

广告评估

■ 案例：爱彼迎

2007年，住在旧金山的设计师布赖恩·切斯科（Brian Chesky）和乔·杰比亚（Joe Gebbia）正被每月的房租所困扰，为了赚点外快，他们计划将阁楼出租出去。依照传统做法，他们应该在克雷格列表（Craigslist）上发出招租信息，然后，乖乖地回家等待回应。然而，在这两位设计师眼里，克雷格列表发出的帖子实在太丑，而且，千篇一律，毫无辨识度。于是，他们决定自己搭建一个简易的招租网站。当时，旧金山正在举办大型会议，很多前来参会的旅行者都因酒店爆满而找不到住处，切斯科和杰比亚便在自家网站上贴出了一幅只有三张气垫床的招租照片，并提出供应自制早餐的服务承诺，很快，他们就收获了3枚租客。

发现商机后，他们决定成立公司，公司名叫"爱彼迎"（Airbnb），英文原意是Air Bed and Breakfast，也就是他们赖以起家的"气垫床与早餐"。由于在一个恰当的时代，碰上了一个刚性的需求，爱彼迎公司一经诞生，就获得了超乎预计的迅速发展，至2009年初，已有了相当不错的规模，2013年时，更成为互联网共享经济的典型代表，而这时，切斯科和杰比亚决定再接再厉，全面开展用户调研，并在此基础上启动"用户推广计划（Referral Program）"。

他们认真分析了每个推介与被推介用户的使用行为及留存情况，并通过研究结果预测哪些人会转化成真实的用户，与此同时，他们也通过对比测试，总结了电子邮件、推特、脸书和外链带来的流量特征，并对它们进行优化，以推介邮件为例，爱彼迎对消费者的服务一般分为两个大类：行程安排和内容推介。对已预订行程的用户，爱彼迎会在每个时间节点圈定重要内容。如在预定行程的当月，他们会向用户附上一封"行前准备邮件"，提供优化住宿体验的建议；在预约时间的前一天，会发出一封"预约提醒邮件"，内容包含预约

房实景图、具体地址、预约时间周期、总金额、租户信息、租户联系方式，以及租户拟定的入住须知等；在行程结束后，还会向用户发出一封"反馈提醒邮件"。爱彼迎的"反馈提醒邮件"非常独特，它的目的是让用户了解到反馈流程不仅是一个形式，也会在很大程度上对未来用户提供帮助。而邮件除提供反馈截止日期外，还将添加租户头像，这样做能帮助长期外租的客户通过户主头像回忆起租房时的种种场景。

此外，爱彼迎的评估数据证明，那些从"利他"角度撰写的广告，比"利己"原则的宣传更易带来转化，而体现"利他主义"精髓的促销手段也是如此，于是，用户在邀约朋友加入爱彼迎时，受益方不是邀请者，而是被邀请者，因为他们的调查结果显示，"给好友赠送25美元的旅行经费"远比"邀请好友可获得25美元奖励"更受欢迎。

对那些尚未进入行程的用户，爱彼迎也会适时地进行诱惑。他们会根据用户的搜索记录，向他们发送有关旅游攻略的"推介邮件"，并联动抓拍图片的社交应用"照片墙"（Instagram），以添加标签（TAG）的方式，让更多用户通过照片分享精彩旅程，从而吸引潜在客户。爱彼迎还会定期推出有趣的活动。比如，在每月的一个周末，他们会向用户提供"周末逃跑计划"。测试证明，作为概念的"逃跑计划"仅在邮件标题上就能吸引用户关注，而其推介内容也展示出了爱彼迎对用户居住地的了解，因为他们正是以此为基础向用户提出合理化建议的。此外，爱彼迎还会定期公布由住户评选出的"排名前5（Top5）的最佳民宿"，并每隔10~15天就向用户发送一封相关邮件，以促使房主尽快更新现有资源，激励他们争取上榜的欲望。

作为跨界营销的典范，爱彼迎非常了解和理解它的用户群体，这是一群渴望自由、

充满幻想、追逐爱与情感的群体。2014年7月，爱彼迎又根据用户族群最根本的对"归属感"的需求，提出了新的品牌理念——"家在四方"（Belong Anywhere）。按照创始人布赖恩的说法：他们的用户不需要拥有过重的房产，因为他们将在地点与地点间迁移，而凭借互联网的力量，爱彼迎将为来自世界任何角落的人提供他的理想之家，这个家可能是公寓，可能是村居，可能是树屋，可能是城堡，甚至可能是存在于人们想象之中的"梵高的卧室"。后者是一间真正的梵高的卧室，和画中表现的一样简朴，只有一张床、两只椅子和一个小桌子。门背后的毛巾、床头的挂钩和上面的挂件都和画中一模一样，连墙面和画面的笔触都高度相似。当然，这是一项特别的推广活动，由爱彼迎和芝加哥艺术馆（Art Institute of Chicago）合作完成（图11-1）。

互联网在人们的惊呼声中高速成长。它出现的意义并不在于巨大的规模，不在于全球性的硬件设施，而在于某种不可逆转的趋势。在这种趋势下，不仅媒体之间的界线正在变得模糊，甚至创意和营销，广告与营销之间的关系也不再泾渭分明。这时，如何进行有效的广告投放，如何衡量广告的真实效果，对所有广告主，尤其是那些对旧模式游刃有余的公司来说，无疑是一个巨大的挑战。

通过本章的学习，我们将掌握以下内容：

（1）广告评估的历史及内涵

（2）各类媒体的量化评估方式

（3）广告的销售效果、传播效果及心理效果和社会效果

每当信息传递出去之后，沟通者就会像对待递出的情书一样惴惴不安，因为消费者是否在观看，看到了多少，看懂了多少，是否喜欢，这些问题如果得不到回答，那么那些费尽心思的广告便毫无意义。所以，广告

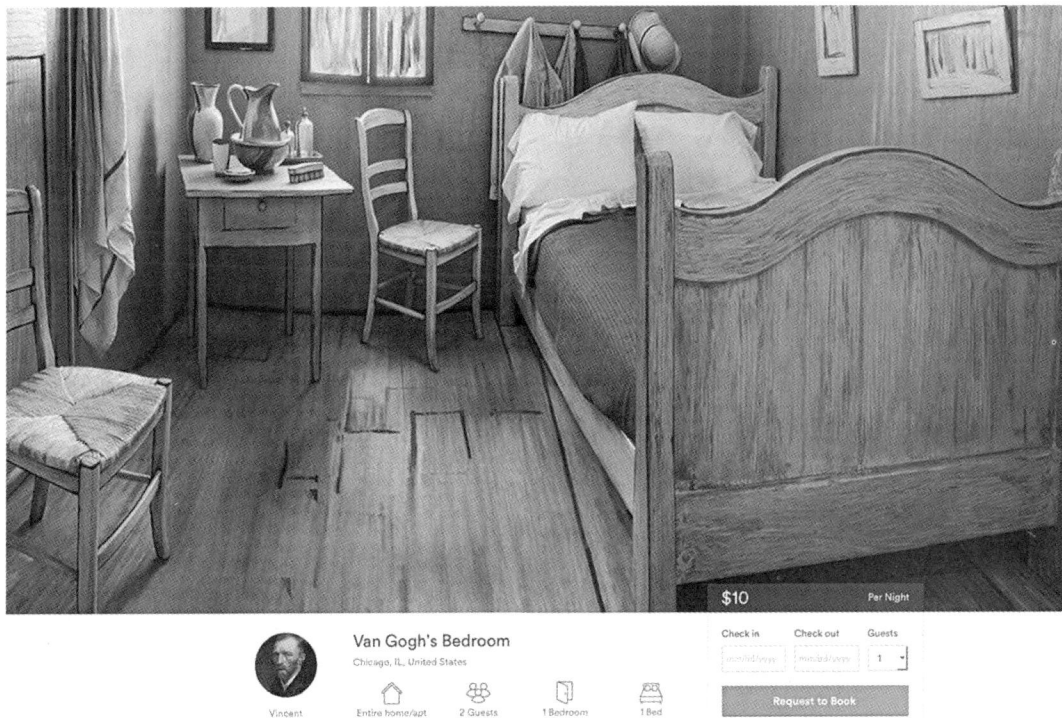

图11-1　爱彼迎"梵高的卧室"

计划的最后一个重要环节就是——广告评估，它是本轮计划的结束，却是下轮计划的开端。

11.1 广告评估的相关概念

广告评估是指对广告效果的测量、分析和评价，所以，这又涉及另外一个重要概念——广告效果。

11.1.1 广告效果

公司当局面临的最困难的营销决策之一就是应该花多少钱来进行宣传，因为对广告效果的测定总是半猜测性的，而沃纳梅克的名言几乎尽人皆知，"我知道我的广告费有一半是浪费的，但我并不知道是哪一半。我花了200万美元做广告，但我不知到底是只花了一半，还是多花了一倍。"

关于广告效果的定义纷繁复杂，威廉·威尔斯（William Wells）在《广告学原理与实务》中将其解释为"广告讯息对目标受众产生的广告主所期望的影响"，威廉·阿伦斯（William F Arens）则认为，广告效果在于是否能够"劝服消费者改用某一种产品，服务或相信某一种观念"，而陈培爱对广告效果的定义是"广告活动或广告作品对消费者所产生的影响。"

通常，我们将广告效果分为广义和狭义两类，其中，狭义的广告效果是指广告取得的销售效果和传播效果，而广义的广告效果则包括在它们之外的社会效果和心理效果。

11.1.2 广告评估的历史

广告主总是害怕自己处于信息的孤岛，也害怕自己的付出没有回报，所以自广告诞生以来，对广告效果的研究就从未停止，广告评估也从最初的广告调查、产品调查，发展到品牌调查、社会心理调查及至今天的全方位专业化调查。

11.1.2.1 广告调查

广告调查开始于20世纪20年代一位叫丹尼尔·斯塔奇（Daniel Starch）的调查专家。他认为只有消费者注意并记住的广告才是有效的广告。当时，斯塔奇开展的服务就是告诉广告主有多少人记住了杂志上的广告。为此，他发起了一项就当时条件而言规模巨大的社会调查行动。他雇佣了几百名调查人员深入街头，背着几捆杂志轮番询问，目的就是要搞清楚消费者可以在多大程度上回忆起某个客户投放的广告。

斯塔奇的评分在当时的广告公司和客户心中拥有一言九鼎的崇高地位，这种影响力最终超出了杂志，成为各类调查的先声。在电视领域，芝加哥的尼尔森（Nielsen）公司开始告诉广告主有多少人在看他们的电视广告、他们是谁以及在哪里看，纽约的阿比杜（Arbitron）公司则在广播领域进行了类似的研究。

11.1.2.2 产品调查

20世纪五六十年代是战后商业突飞猛进的时代，大量的调查方法也在此时被发明。1946年，著名社会学家莫顿和邓德尔在《美国社会学杂志》（American Journal of Sociology）上发表专文，对"焦点小组"法进行了系统论述，而其后几十年里，这个方法一直被广泛地应用于商业市场的调查实践中。与此同时，配额抽样、随机抽样、消费者固定样本调查、问卷访问、统计推断、回归分析、简单相关分析、趋势分析等理论也获得了快速发展，越来越多的大学商学院开设了市场调研课，教科书也不断翻新有关市场调研的内容。这一时期的广告调查一般都集中于产品领域，通常情况下，他们会通过测试产品来寻找独特之处，以便在广告中作为可突出的重点，而一些聪明的广告公司甚至先于客户去寻找产品卖点，所以，客户几乎依赖他们来寻求能在广告中如实宣传的产品特性，例如，BBDO公司就曾建立用于产品测试的厨房实验室，他们所用的设施与客户总部的同样先进。

11.1.2.3　品牌调查

随着产品的极大丰富和同质化程度的增加，品牌调查替代了产品调查。品牌调查探讨的是消费者对某个品牌的看法，是正面的，还是负面的，对他们意味着什么，以及品牌会带来什么附加值等，这种调查着眼于更深入的结论，而不仅仅是产品的"好"与"坏"。

但在实践中，由广告公司来实施调查的情况变得越来越少，由于广告收入的不断下降，广告公司已无力承担深度调查的费用了，所以，此类调查往往会外包给第三方公司。事实上，此类调查很快就成就了一个迅速发展的行业，如盖洛普（Gallup）、MRI和因特品牌（Interbrand）等公司就是专注于此的著名公司，如果客户想获得品牌调查的结果，可以通过他们来进行，也可以从他们那里直接购买。

11.1.2.4　社会心理学调查

20世纪60～80年代的广告调查还受到社会心理学的影响。美国心理学家、市场心理学先驱、动机研究（Motivation Research）之父欧内斯特·迪希特曾经说过："了解一个人的动机是很困难的，因为人们会试着将一切合理化。大多数人都会倾向于用比较有智慧的方式解释行为，尤其当事实的真正原因普遍被认为是不明智的时候，他们更会隐瞒事实的真相。"社会心理调查更关注产品的终端用户，而不是产品本身，也就是说，关注点变成了人，而不是产品和品牌。所以，其调研目标也往往是为了了解用户的基本情况和心理特征，使广告主可以定制媒体讯息，并与具有相关心理特征的人建立联系。

11.1.2.5　全媒体时代

如今，我们进入了一个全媒体时代，一个代码、红外扫描仪和网络媒体的时代，一个可以被全程追踪的时代。有人说，在市场

调查的历史上有两次重大变革：第一次发生在100年前，销售人员发现他们可以向消费者提问；另一次则发生在当代，大数据告诉我们，不一定非要向消费者提问，凭借扫描仪、信用卡收据、邮政编码、电脑或手机，市场人员几乎可以搞清楚每个用户的姓名、地址、收入水平、社会地位、品位、爱好、生活习惯，甚至作息规律。

在全媒体阶段，市场信息的收集、整理和分析过程都将实现数字化。调查数据的分析、储存和提取能力将大大提高，而各种调查技术，如动态分析、运筹学运用、态度测量表、多元回归分析、数理模式、计算机模拟、经济计量模型等也将得到突破性发展。

由于广告行业的飞速发展，以及广告数量的庞大、分类的广泛、数据的零散等原因，一个新的行业——广告监测应运而生。广告监测通过对各种媒体发布的广告数据进行收集、管理、分析，以了解广告媒体的经营状况和广告主投放策略的运作模式，它的诞生使广告效果的评估变得更加技术化和立体化。

■ 案例：菲多利公司

欧内斯特·迪希特在1957年曾为菲多利公司（Frito-Lay）起草过一份24页的报告。在报告中，迪希特写道，菲多利公司的薯片之所以没有卖到该有的水平，原因只有一个，那就是"虽然人们喜欢而且乐于吃薯片，但他们对吃薯片有负罪感……在无意识的情况下，会觉得'放纵自己'吃薯片，应该受到惩罚。"迪希特列举了人们对薯片的7大"恐惧与抗拒"："薯片吃了就停不下；薯片让人发胖；薯片对身体不好；薯片都是油，还吃得到处都是；薯片价格太贵；剩下没吃完的薯片很难保存；薯片对孩子不好。"

在这份备忘录的其余部分，迪希特写下

了针对这些问题的解决方法，例如，他建议菲多利公司在提到薯片时应避免使用"油炸"这样的字眼，而要使用类似"烘焙"这样听上去更健康的词汇。在应对"放纵自己"这个问题时，迪希特建议公司把薯片换成小份包装，他说："顾虑最多、最害怕控制不住自己食欲的顾客，会更容易察觉到新包装的这种新功能，随后选中它。"迪希特还建议菲多利公司把薯片从两餐间零食这个领域抽离出来，将它转变成美国人饮食中无时不在的东西。"应该集中力量，鼓励餐厅和饭馆多用薯片和其他乐事产品作为菜品的一部分，"迪希特说，并举了一连串的例子："薯片配汤、配水果或者开胃果蔬汁；薯片配主菜里的蔬菜；薯片沙拉；薯片配早餐里的鸡蛋；薯片配三明治，等等。"

后来，不只是菲多利公司，整个食品行业都因这份备忘录而受益匪浅。

11.2　各类媒体的评估

广告评估的技术手段因不同媒体而有所不同，其中一些由来已久，另一些则来自最新的技术成果，当然，除狭义的销售效果和传播效果外，社会效果的评估虽然更难量化，却也更显珍贵。

11.2.1　广告评估的前提条件

事实上，媒体评估应开始于媒体策划，策划人员应尽可能地瞄准目标受众，制定具体的媒体计划，然后，对媒体类别和媒体载具进行选择，策划人员还应对备选媒体的质量和影响力进行预估，再通过媒体购买程序和受众测量技巧来决定具体的时间或面积。

作为评估人员，则首先需要了解每种媒体的性质。事实上，每种媒体都有优势和劣势，有天生的能力和局限，印刷媒体和电波

媒体虽然曾经是最重要的广告媒体，但它们的主流地位正在受到挑战，而随着社会生活的逐渐丰富，一些以往的辅助性媒体开始发挥重要作用，如户外媒体和直邮媒体。当然，互联网的诞生，毫无疑问是其中最具颠覆性的传播事件，对它的效果测量也正在进行之中。

在一个媒体融合和新陈交替的时代，评估人员不仅需要重视数据结果的精确统计，更要加强对用户价值的深度挖掘，因为，对营销人员来说，根据实时数据快速做出反应，针对不同人群投放定制化广告，才是媒体评估的价值所在。

接下来，我们仍将按照传统方式，对不同媒体的评估做一番简介，尽管这些基本知识中的某些部分可能已经受到了质疑。

11.2.2　报纸媒体的评估

报纸是19世纪最为显赫的大众媒体，至20世纪时，即便经历了广播电视的挑战，地位也坚挺不倒，倒是近年来互联网的出现，给了它强烈而致命的冲击。

11.2.2.1　报纸广告的分类及购买

报纸广告有不同的种类，按照形式，可分为展示性广告、插页广告和分类广告。其中，展示性广告一般包括印刷广告的标准成分，例如，标题、正文和画面等，以使其与新闻内容形成差别。插页广告一般不会出现在正式的报纸版面上，而是发行前插入报纸的。插页广告也分两种，一种是预印插页，即完全印好夹在报纸中间的广告，另一种是独立插页广告，如各种商品减价赠券。分类广告，又称需求广告，这种广告将不同广告客户的各种需求分门别类地归入不同的小栏目，并在同一标题下集中编印，通常可见的分类广告栏目有遗失、招领、求职、雇人、招生、求师、征友、求偶、房屋出租、小商品出售等，内容涉及社会生活的各个方面。

如果广告主希望发布报纸广告，那么，他要做的第一步就是从报社获得价目表。价目表将具体说明价格、截稿期、交稿说明以及广告主可以获得的利益，如包括哪些特殊版面和特写等，另外还会说明指定市场内的发行量，以及指定市场外的发行量情况。

绝大多数报社在销售广告版面时都会采用标准广告单位（Standard Advertising Unit, SAU）体系。标准广告单位体系将规定广告的大小，例如按照位置和面积，可将广告版面分为整版广告、半版广告、通栏广告（1/4版）、跨版广告、报眼广告、中缝广告、报眉广告、1/8版广告、1/16版广告、异型广告、报纸附加广告等。所以，广告主可以按照单位大小准备自己的广告。对于一期购买数量超过一条，或在一段时间内购买几条广告的广告主，报社也可以提供折扣优惠。

11.2.2.2 报纸受众测量

报纸的受众测量涉及几个不同方面，例如：发行量、阅读人口以及阅读人口特征、刊物地区分布等。

报纸的到达率被称为发行量（Circulation），即报纸每天（日报）或每周（周报）发行的数量，也就是一份报纸实际发行到读者手中的份数。其中可分为付费发行量及赠阅发行量。付费发行量又称有偿发行量，是指通过订阅和报摊发行的报纸份数，还可继续分为订阅发行量和零售发行量。而赠阅发行量是指报社免费赠送的报纸份数。订阅发行量的读者对刊物具有较强烈的信心与兴趣，对刊物的投入程度较高，因此具有较高价值，零售发行量次之，赠阅发行量则大部分并非读者选择的结果，因此价值最低。

报纸广告的收费不仅以发行量为依据，还要考虑读者总数。报纸的读者总数，也就是阅读人口（Readership），是固定时间内阅读特定报纸的人数，公式表现为每份报纸的发行量与传阅率相乘后得出的数字，即：阅读人口=发行量×传阅率。传阅率是指每份报纸被传阅的比率，如一份报纸被3人阅读，其传阅率即为3，而平均传阅率即为每一份报纸平均被传阅的比率。此外，阅读人口可分为基本读者和次要读者，其中基本读者为购买报纸阅读和订阅报纸的家庭的一分子，次要读者（传阅者）包括购买者的朋友、订购报纸的组织内部的个人和公共场所如图书馆的阅读者。

阅读人口特性（Readers Profile）是指每份报纸阅读人口的统计变量，包括性别、年龄、教育、职业、收入等。而地区分布则是针对跨地区发行的报纸而言的，如果报纸在不同区域内有不同的媒体接触状况，则会形成地区分布上的差异。

11.2.3 杂志媒体的评估

杂志是根据一定的编辑方针，将众多作者的作品汇集成册、定期出版的印刷品，又被称为期刊。作为传统的媒体形式，杂志和报纸在广告的文字部分有着共同点，而它们的区别则在于媒体发行的时间、受众，以及技术层面的印刷品质的不同。

11.2.3.1 杂志广告的分类及购买

杂志广告以位置分类，可分为封面广告、封底广告、封二广告、跨版双页广告、扉页广告、封三广告、底扉广告、内页广告、正中内页广告等。

和报纸一样，杂志也采取标准定价法。每家杂志社都有一张价目表，标明整版、半版、两栏、半栏等的价格，以及黑白、双色套印和四色彩印等的价格。此外，和报纸一样，杂志版面的售价差别也很大，广告的大小、位置、创意实施以及是否刊登在固定版面或特刊上，都会对投放价格产生影响。所以，在购买杂志版面时，广告主必须在版面位置上做出取舍。而近年来，随着纸媒的衰落，使得越来越多的杂志社愿意与广告主协商价格，并对批量购买的广告主给予大幅度的折扣。

11.2.3.2　杂志广告的测量

刊物自身常常向外界公布发行量，即由刊物本身根据实际印制量扣除未发行份数所宣传的发行量，刊物也可通过对读者的抽样调查取得的有关刊物在各地区传阅率、阅读人口、读者组合、阅读时间及地点等资讯。此外，评估也可由第三方进行，如稽核发行量（Audited Circulation）就是由独立的第三方对报纸或杂志的发行量加以查证后所提供的发行量数据，同样，刊物接触调查也可由第三方通过对读者的抽样调查获得。通常情况下，由第三方提供的资讯，因立场较为公正，且无利害关系，所以可信度更高。

对广告主而言，最主要的衡量标准来自杂志的发行量。绝大多数杂志都会依据自己的基本发行量制定广告收费标准，这个数字可以保证广告主的最低到达率。

在选定杂志后，广告主需要和杂志社签订版面合同。版面合同规定了广告主在特定期限内在某个杂志投放广告的价格，此外，合同上还会规定几个关键日期，如截稿日期和发行日期。所谓截稿日期是指准备刊登的广告材料必须送交到杂志社的日期，发行日期则是指杂志社将杂志送往订户或报摊的日期，封面日期是指杂志上印刷的出版日期，但大多数杂志的发行日期都要大大早于封面日期。

11.2.4　电波媒体的评估

以广播和电视为主的电波媒体是传播史上最重要的信息载体，由于电视广告一度被认为是广告最完美的体现，故我们在此将以电视媒体为例，来介绍电波媒体的传播优势及评估指标。

11.2.4.1　电视媒体的传播优势

电视广告是经由电视传播的广告形式，它具有鲜艳的画面，悦耳的声音，还可出现文字和图形，并且最有机会现身于千家万户。可以说，正是电视这种媒体，在成就了不计其数的品牌的同时，也造就了今日之广告。

首先，电视的多样化传播使品牌的价值得到表现，无论是鲜明的色彩，流畅的动作，还是华丽的音响效果，都将赋予品牌以令人兴奋又别具一格的特征。作为商业手段，电视广告不仅能为受众提供信息，还能将人们领入一个非凡境地，并将现实生活的诉求转移到图像创造的动态世界中。其次，一旦品牌表现准备妥当，广告主还可用非常低的单位成本将它们传播给亿万消费者，这也是其他媒体望尘莫及的。

11.2.4.2　电视媒体的评估指标

电视媒体有一套成熟的评估标准，其中包括：电视家庭，开机率、家庭开机率、个人开机率、收视率、观众占有率、观众组合和媒体区域分布。

电视家庭：是对某个市场内拥有一台电视机家庭的估算数字。

开机率：是指在一天中某一特定时间内，收看电视节目的户数占拥有电视机的家庭总户数（个人）的比例。由于开机率是指特定时段内所有频道开机的总和，因此只分时段而不分频道。开机率可以表明电视媒体的优势广告时段和受众的工作形态与生活习惯，可用于对不同市场、不同时期收视状况的了解，而依不同计算单位，又可分为家庭开机率与个人开机率。家庭开机率，指在特定时段里，暴露于任何频道的家庭占所有拥有电视机家庭户数的比率。个人开机率，指在特定时段里，暴露于任何频道的人口数占所有拥有电视机人口数的比率。

收视率：暴露于一个特定电视节目的人口数占拥有电视人口总数的比率。同样，收视率依计算单位不同，可分为家庭收视率与个人收视率。

观众占有率：各频道在特定时段中所有的观众占拥有电视机的开机总人口数的比率。收视率与观众占有率的区别在于，收视率是以总体拥有电视机的家庭、人口或设定的对象阶层为基准，占有率则是以测量时段中开机的家庭、人口或设定阶层为基准的。

观众组合：一个电视节目的各阶层观众占所有该节目观众的比率。例如，可考察男性观众与女性观众分别占多少比率。观众组合可以判断该节目是归属于哪一个阶层的，一般而言，族群对属于自己的节目有较高的归属感，投入程度较高，连带的广告效果也较好，特别是那些收视率高且有固定观众的节目。

媒体区域分布：通过媒体区域分布分析，可以了解跨区域媒体在各区域的分布状况，可为跨区域营销的品牌提供媒体整合及提高购买效率的机会。

11.2.5 网络媒体的评估

约翰·沃纳梅克（John Wanamaker）的至理名言堪称广告界的"哥德巴赫猜想"，随着数字广告的诞生，人们曾一度欢呼"那一半浪费的广告支出终于可以找回来了"，因为，网络受众看起来是最容易测量和追踪的。

11.2.5.1 网络广告的评估指标

目前，广告主主要通过一种或几种方式支付网络广告的费用，一些广告主根据印象数付费，还有一些广告主按点击单位付费，另一些广告主按有效点击数付费，即访客在接触广告后点击，也就是按进入广告主网址的次数付费。而以下我们将介绍网络受众测量会用到的一些术语，其中包括：Hits、PV、UV、CPC、CPM、CPA、KPI等。

Hits：即点击量，代表某个网页申请的元素数量，但它无法反映网络的实际客流量。

PV：Page View，即页面浏览量，通常是衡量一个网络新闻频道或网站甚至一条网络新闻的主要指标。具体地说，PV值就是所有访问者在24小时（0~24点）内看了某个网站多少个页面或某个网页的次数，每一次页面刷新，就算一次PV流量。

UV：Unique Visitor，即独立访客数，指访问某个站点或点击某个网页不同IP地址的

人数。同一天内，UV只记录第一次进入网站的具有独立IP的访问者，在同一天内再次访问该网站则不再计数。UV提供了一定时间内不同观众数量的统计指标，但不能反映网站的全面活动。

CPC：Cost Per Click，即每点击成本，是网络中最常见的广告计费形式，意思就是每次点击付费广告。这样的方法加上点击率限制可加强作弊的难度，被认为是宣传网站站点的最优方式。

CPM：Cost Per Mille，即每千人成本，指的是广告投放过程中，听到或看到某个广告的每一千人平均分担到的广告成本。传统媒体多采用这种计价方式。而网络广告的CPM取决于"印象"尺度，通常理解为一个人的眼睛在一段固定时间内注视一个广告的次数。

CPA：Cost Per Action，即每行动成本。CPA的计价方式是指按广告投放实际效果，即按回应的有效问卷或订单来计费，而不限广告投放量。采用CPA计价方式对网站有一定风险，但若广告投放成功，其收益会比CPM计价大得多。

KPI：Key Performance Indicator，即关键绩效指标，是通过对组织内部流程的输入端、输出端的关键参数进行设置、取样、计算、分析，衡量流程绩效的一种目标式量化管理指标，即把企业的战略目标分解为可操作的工作目标的工具。这是一种更为宏观的衡量指标。

11.2.5.2 网络广告评估可能存在的问题

当数字时代终于到来时，营销人员忍不住欢呼雀跃，因为广告主认为有多少曝光、有多少受众，用于消费的时间和金钱是多少，在数字媒体上似乎都变得透明起来，但在欢呼声中，有些问题又开始浮出水面，因为当复杂的信息技术正在重组社会结构并改变世界秩序时，这种技术化的精准也会带来新的不确定性。在此，我们以最受拥护的大数据精准投放为例，看看它们是不是真的如此完美。

大数据带来了前所未有的能量释放，但不可忽视的是，和其他广告一样，网络广告依然是被消费者视为噪音的东西，所以，它的有效点击率平均只占2%左右，与此同时，技术的高度发达，广告运作链条的自动化机制，也为大量的僵尸网站和机器人程序提供了滋生壮大的温床。此外，所谓的关键字投放也可能存在"场景打脸"的缺陷。例如：当箱包品牌新秀丽（Samsonite）选择"行李箱"作为关键字进行精准投放后，却发现自己的广告正被精准地投放在一条关于"行李箱里发现尸体"的新闻的一侧，这说明，依赖关键词技术投放数字广告可能存在"不能识别内容文意"的智能短板。

另外，还有更多人的问题。很多营销人员都不清楚他们在网上投放的广告内容最终会出现在哪里，因为其中有不少人还不能完全掌握监控广告投放的复杂方法。另一个不得不提的桌面下的理由是，几乎广告生态系统中的每个环节都可能从虚假流量中获益，所以，从广告主的营销人员到媒体的执行人员无不对上述问题"睁一只眼，闭一只眼"。当然，更出格的是，这种舞弊与欺诈有时竟会成为一种行业行为。

技术从来都是双刃剑，因为掌握技术的始终是人，虽然对传统媒体的投放信心下降，直接导致了以互联网为代表的新媒体投放量的加速上涨，但随着新问题的出现，人们也将继续新的反思和探索。

11.3　广告公司的评估

大部分广告公司已放弃了全方位的评估业务，转而委托第三方进行相关的调查与研究，而相对销售效果而言，作为广告实际策划者和执行者的广告公司往往更注重对传播效果、心理效果和社会效果的衡量。

11.3.1　广告的销售效果

广告公司一般是不愿意将广告效果与销售效果直接挂钩的，因为影响销售的因素很多，广告只是其中之一。如果广告主一定要衡量广告的销售效果，那方法之一就是将过去的广告费用和同期的销售额，以及现在的广告费用和同期的销售额进行比对。而另一种方法则是通过实验来完成，例如，快餐店为测试不同广告支出的销售效果，会通过在不同市场区域进行实验来完成，如在某一市场区域内花费了一定数额的广告费，而在另一区域内，只花费这个数额的一半，在第三个区域内，则花这个数额的两倍。如果三个区域的市场背景相似，其他营销努力也相同，那么，可以通过三个区域的销售情况的不同，来研究相关的广告投放问题。当然，广告主也可以设计更为复杂的实验，可以包括更多变数，如采用不同的广告内容或广告媒体等。

11.3.2　广告的传播效果

广告的传播效果是指广告信息是否得到关注，是否产生良好的互动等，传播效果可以通过数据表现出来。如最新投放的广告使品牌知名度上升了20%，品牌偏好度提高了10%。其中还会用到一些测试方法，如认知列表、态度变化以及生理测量。

认知列表：人们普遍认为，广告会在受众接触广告期间或之后引起某些思维或认知活动。认知列表试图探明广告所引起的具体认知。在这种调查中，调查人员关心的是已经完成或快要完成的广告在消费者心里引起的认知活动。一般的做法是，调查人员将受试者分成几个小组，让他们观看广告，一旦广告结束，调查人员便要求受试者写下他们观看广告时产生的所有想法，从中了解潜在受众如何理解这些广告以及会做出怎样的反应。

态度变化：典型的态度变化调查是通过广告暴露前和暴露后对消费者态度进行测试

来完成的。调查人员从目标市场请来一些受试者，记录下他们接触广告前对自身品牌和竞争品牌的态度，然后，让他们接触实验广告或广告样本，在接触后再一次测量他们的态度，这么做的目的当然是为了推测特定广告版本在改变品牌态度方面有多大潜力。

生理测量：广告公司或调查公司也会针对广告信息采用生理测量的手段。生理测量可以根据消费者的身体反应来探明他们对讯息的反应方式，其中一种是眼球运动跟踪法（Eye-Tracking），用它可以检测眼睛掠过印刷广告时的动向。运用这种方法时，受试者会戴上一副像护目镜似的仪器，这种仪器可以通过计算机系统记录瞳孔的缩放状态、眼球的运动方向以及目光在广告各部分停留的时间，另一种生理测量工具是心理电流测量仪，这种仪器可以测量人体的皮肤电流反应，用以表明某种刺激引起的兴奋。

自广告产生以来，就一直有人热衷于生理测量法，但所有的生理测量手段都有共同的缺陷，那就是测试虽然可以探明受试者对广告的生理反应，却无法判断这种反应是针对广告，还是针对产品，也无法判断它是由广告的哪一部分引起的。

11.3.3 广告的心理效果和社会效果

广告业是庞大的商业机器的一部分，它所贩卖的是消费信息。广告公司将按照广告主的要求向消费者提供他们正在寻找或乐于接受的信息，而他们希望得到的回馈则是消费者给予生产者的时间、金钱以及态度上的变化。

科特勒将消费者的内心比喻成一个复杂的黑匣子，他认为营销或广告将对这个神秘体源源不断地发出刺激和影响，但这个神秘体的接收和反应方式却非简单的一一对应，而在另一本营销书《品牌如何成长：营销人员不知道》（How Brands Grow: What Marketers Don't Know）中，拜伦·夏普

（Byron Sharp）教授也提出了类似的结论，他说，任何消费品牌的增长，都可归结于两点：心智的显著性和购买的便利性。其中，心智的显著性（Physical Availability）就是指一个品牌在人们心中被主动回想起的能力，它在很大程度上依赖于包括广告在内的大量而长期的信息输送。

此外，一个真正优秀的广告不仅需要精确的数字来证明它的传播力，还需要漫长的时间来证明它的持久性。有人将广告比作沙漠里的风，可能是剧烈呼啸的狂风，也可能是细小无声的微风，在某个时间点上，它对沙丘的改变也许并不大，但在经年累月的作用下，却终将改变整个地形地貌。

小结：

广告评估可被划分为不同的层次，也有不同的方式，面对不断变化的新技术，人类社会却有一些东西从未改变，因为对任何一个消费者来说，广告讯息都是社会生活的反映，对它的接受和理解，都将参照社会关系所制定的一系列因素，以及自己的经验及动机来完成。

课堂作业：

1. 英国媒介社会学家戴维·巴勒特（David Barrat）认为：大众传播制作的信息产品就"像其他的产品一样，是工业加工过程的产物"，需要劳动分工、复杂的社会化组织和大量的高级技术资本投资。所以，衡量投资回报率是理所当然的事情。你同意这句话吗？谈谈你对广告评估的理解。

2. 在新媒体广告中，"流量"是一个很重要的词汇，但也有人认为，流量并不是网络广告的唯一价值。那么，作为数字一代，你对网络广告的认知是什么？你认为其中最重要的衡量标准应该是什么？

思考题：标王

2015年11月，P2P平台翼龙贷以3.7亿拿下央视标王，这是翼龙贷在央视"2016年黄金资源广告招标大会"上历经7轮激烈竞争后夺得的。然而，随着有关部门对互联网金融公司监管的全线收紧，它们的广告宣传也受到了冲击。后据媒体报道，翼龙贷与央视广告合作已于2016年1月被迫中止，广告费其实只交了一个月。

历史总是一再重演。上述情景使我们不得不回忆起20世纪90年代不断涌现的那些标王们。1994年，孔府宴酒击败孔府家酒，以3079万元的高价成为1995年标王，在此之前，孔府宴酒只是山东鱼台一个小型国有企业，而在随后的日子里，"喝孔府宴酒，做天下文章"的豪情广告在央视数以千次地轰炸，使孔府宴酒在1995年史无前例地完成了10亿元的惊人销售额，而当孔府宴酒喜不自胜，开始盲目扩张时，国内的白酒市场却在急速萎缩。2002年6月，"孔府宴"品牌最终以零价格转让给了山东联大集团。

紧接着，在1995年第二届标王竞标会上，临驹秦池横空出世。秦池也在接下来的1996年拿出了销售额9.5亿元、利税2.2亿元的辉煌成绩，对此，老板姬长孔豪情万丈地说：我们是"每天送进去一辆桑塔纳，赚回来一辆奥迪"。1996年底，秦池卫冕"标王"成功，姬长孔给出的准确价码是3.212118亿元。当记者问他这个数字如何得来时，他淡然地回答"这是我的手机号码。"1997年初，秦池的各项指标开始大幅下滑，再后来，秦池终于不堪3.2亿元的巨额广告费，不得不中途转卖广告时段，而压垮骆驼的最后一根稻草则是媒体披露的有关"秦池大量出售勾兑白酒"的新闻，2005年，这个昔日标王已落魄到每瓶9毛的境地。

1997年登场的是VCD盟主爱多集团，当它以2.1亿元戴上"标王"桂冠后，立即请来了著名演员成龙和著名导演张艺谋，花费上千万元拍摄了广告片《真心英雄》，广告很是成功，但VCD市场却在缩小，掌门人胡志标在盲目实施多元化战略后，终因不堪重负，走上了造假诈骗的道路。2000年12月，"爱多"中英文商标被汕头南安以3000万元从法院拍得，2004年2月，胡志标被法院终审以挪用资金罪、虚报注册资本罪等数罪并罚，判处有期徒刑8年，并处罚金25万元。

另一个锒铛入狱的是"熊猫"品牌掌门人马志平。2002年底，马志平以比竞争对手整整高出4000万元的1.0889亿元的天价让市场表现平平的熊猫手机成为2003年的年度标王。熊猫电子早在1990年就已进入手机领域，但直到1998年才与爱立信进行技术合作，当时它几乎完全抄袭爱立信，后来爱立信退出，芬兰的微蜂窝（Microcell）接手，熊猫才开始自我研发，只是研发能力依然薄弱。马志平希望通过广告冲破坚冰，而他对广告的期望是"一提到手机，就想起熊猫；一提到熊猫，就想到精品和时尚。"然而，熊猫手机最终在巨额广告费与薄利销售的矛盾中掉进了债务的深渊。2005年，马志平因涉嫌虚报注册资本罪被批捕。

这些来去匆匆的过客一次次证明，广告投放的多少并不能决定品牌的兴衰，广告只是一个信息的传播工具，只有在营销策略的大背景下才有现实意义，那么，请你简单描述对广告评估的理解，并就你个人的媒体使用习惯做出总结。

第12章

文案与美术

■ 案例：意识形态与中兴百货

能够用哲学来销售一家百货商店，用社会学来呼唤季末促销，用政治学来解释新装上市吗？事实上，有一家名叫"意识形态"的广告公司就是这么做的，而在华语世界，如果说有哪家公司能用自己的风格感染客户，用自己的格调影响大众话语，用自己的作品改变业界对广告理解的话，还真非意识形态莫属。

1987年，郑松茂和许舜英离开华商广告，共同创立了意识形态广告公司，他们很快通过独出心裁、颠覆传统的广告形式获得了业内的赞叹，客户也接踵而至，如司迪麦口香糖、中兴百货、中国时报……而其中，中兴百货是最早与他们合作，也是令他们声名鹊起的最为重要的广告主。

中兴百货成立于1985年，母公司为中国台湾中兴纺织公司，但在它成立2年后，中日合资的"太平洋崇光百货"便进入中国台湾市场，外资百货的精致华丽令业界震撼，同时也促进了本土公司的觉醒，后者开始深入研究百货业的经营理念和方法，寻求差异性和个性化。于是，中兴百货从1988年开始进行了包括CIS、商品结构、营销定位在内的全面改装升级。他们将自身定位为"中国创意文化"，以便与日系百货形成区分，目标受众则锁定为25~40岁的中高端人群，并以受教育程度较高的女性为主。

听起来，这样的定位也算不上十分特别，但事实上，广告教母许舜英利用独创性的文字和风格化的画面将这个定位进行了演绎，使其成为具有后现代精神的商品文化读本。在意识形态的操作下，这些唯美而古怪的广告并未致力于完整的商品信息的传递，却通过文学和哲学的语言，在谜一般的意境中，激发了都市人群的消费欲望。

首先，这些广告重新诠释了传统概念。例如，在一篇春季折扣广告中，他们用决绝的方式为道德制定了如下定义，"把衣柜当

魔术箱是道德的，把衣柜当仓库是不道德的；戴一枚人工合成的钻戒是道德的，穿戴一身象牙又高谈环保是不道德的；与男友分手时说谢谢是道德的，各奔前程后还到处宣扬是不道德的。自恋而自怜是不道德的，一年买两件好衣服是道德的；光买衣服而没有衣尽其用是不道德的，中兴百货春季折扣正在进行。"

而在另一则《美男篇》中，他们又写道，"当ARMANI套装最后一颗扣子扣上时，最专业而令人敬畏的强势形象于是完成。白衬衫、灰色百褶裙、及膝长袜、豆沙色娃娃鞋，今天想变身为女孩。看见镜子里身上的华丽刺绣晚妆，于是对晚宴要掠夺男人目光并令其他女子产生妒意的游戏胸有成竹。仅一件最弱不禁风的丝质细肩带衬衣，就会是他怀里最具攻击力的绵羊。衣服是性别。衣服是空间。衣服是阶层。衣服是权力。衣服是表演。衣服是手段。衣服是展现。衣服是揭露。衣服是阅读与被阅读。衣服是说服。衣服是要脱掉。"并得出结论"衣服就是一种高明的政治，政治就是一种高明的服装。"（图12-1）

其次，他们在文字撰写上具有强烈的先锋性和实验性。中兴百货的广告语言大都风格清奇，往往会抛弃逻辑叙事而展现出眼花缭乱的形式美感。这本是理性广告竭力避免的，但在有着广泛阅读背景和迷茫现实的都市女性看来，这些华美的语言符号，反倒成了她们逃避现实、寄托理想的地方，于是，逻辑性固然重要，美感才更让她们心安理得。

中兴百货的广告文字有的很毒辣，比如"我爱流行，所以我存在""衣服是这个时代最后的美好环境"，比如"衣服因犹豫而稍纵即逝。你再优柔寡断，乳牛纹皮草就会变成别人的；你再三心二意，只能面对空衣橱忏悔；你再晚来一步，印尼风的刺绣包便不翼

而飞；你再心猿意马，连最简单的羊毛背心都会不见。中心百货改装拍卖，有勇气你就优雅慢慢来。全城的女人保证掏空美丽的衣服，留你一人独自伤悲。"

有的很迷茫。比如在1999年，中兴百货在春装上市时大声呼喊，"不景气不会令我不安，缺乏购物欲才会令我不安。"而内文中所呈现的模糊、散漫等不确定性因素更宛如一段午夜时分的梦呓，"国民生产毛额无法累积出幸福。泡沫经济无法幻灭品位。节制消费无法弥补南极的臭氧层。信用卡数字无法伪装美学天赋，惩罚唯物论者无法降低失业率。关系无法建立在唯心基础上。人造皮草无法取代Armani的羊驼呢。时尚精神病比世界上大部分的人健康，她们从不和哲学辩论，而是持续在服装店无怨无悔。克制购物欲，是专断的道德主义，因为，欲望从来没有不景气的时候……"

也有的很温暖。比如，父亲节的"习惯在睡前阅读的父亲，酷爱手工甜点的老爸，坚持全家每年都要出国的爹地，开始戒烟的老豆，喜欢在星期天逛中兴百货的爸爸，不一样的父亲，同样快乐的父亲节。"比如羊年春节的"一只羊，二只羊，三只羊，四只羊，五只羊，六只羊，七只羊，八只羊，九只羊……羊来了！"和"肥羊，黑羊，羊跪乳，高雄羊肉炉，披着羊皮的狼，顺手牵吉羊，数羊睡觉，吉羊如意。"比如，情人节的"罗马假期、广岛之恋、布拉格的春天、巴黎绿光、东京爱的物语、上海之夜、魂断蓝桥、俄罗斯大厦、哈佛大学LOVE STORY、日内瓦之恋、情定威尼斯……2月14日，不分国界的爱的故事，中兴百货，与所有情人共度。"

而与文字相呼应的是广告中频频呈现的装饰美感。有人称之为"具有罗可可式的华丽和日本浮世绘的优雅"的表现风格。这种风格的主要特征是人物、构图、符号的场景化和仪式感，例如，精致的服饰、冷漠的表情、僵硬的肢体语言等。广告经常被设置在一个特殊环境中，呈现出某种超现实的迷离幻觉，广告中的人物行为也不是日常生活的真实写照，而是一种类似于行为艺术的意向表达（图12-2）。

然而，经营了23年的中兴百货终于在2008年完成了它的最后一天营业后走入历史，而把繁华落尽的惆怅，一次次再现于教科

图12-1 中兴百货平面广告1

图12-2 中兴百货平面广告2

书中。

通过本章的学习，我们将掌握以下内容：

（1）创意概念及创意小组

（2）文案的内涵、写作过程及任务

（3）美术的内涵及要求

在影视剧中，创意部常被简化为嬉笑玩闹的形象，他们要么在酒吧畅饮，要么在台球桌上挥杆，要么端着咖啡拈花惹草……虽然表面看来，一切还真是这样，但只是表面，事实上，文案和设计是专门的技术人员，他们不仅需要策略化的思考方式，更需要专业化的工作技能以及大量的经验积累，而本章将就文案和美术在实际工作中的内容和方式进行梳理和介绍。

12.1 创意概念及创意小组

广告的成败取决于信息的拟定和媒体的投放，广告公司要做的最重要的事情之一就是根据既有的广告策略，把广告主的愿望转化为有效的创意概念，进而分工协作，制作出精巧的讯息内容。在广告公司内部，这些专业工作是由创意小组来完成的。

12.1.1 创意概念

85%的广告是没有人看的，说到底，这就是广告为什么要有创意的原因。但是，无论是广告文案，还是美术制作，都是商业艺术的一部分，不能脱离商业目的而单独存在，所以，在既定的广告策略中，最重要的部分就是广告目标的确定和创意概念的形成。所谓"创意概念"（Creative Concept）是指在广告策略框架下发展出来的清晰、独特的核心信息，它可能是一个形象，如绝对伏特加的瓶子，也可以是一个词组，如"不同凡想"，或者是两者的结合，可以说，创意概念是将广告目标具体化的过程。

在文案写作和初步设计的过程中，创意概念起着重要的指导作用，它规定了文案和美术必须包含的讯息，而创意概念本身也是从诸多元素中提炼而出的，其中包括：产品的主要主张、创意的主要手段、将要使用的媒体，以及产品或服务所需的特殊创意要求等。事实上，创意面临的最为重大的挑战就是如何在一大堆信息中找到最有效的切入点，因为这个切入点不仅能使原本枯燥的产品变得扣人心弦，还可能调动各式各样的创意工具。此外，一个真正优秀的创意概念是具有启发性的，它可演化出千变万化的表现来。

12.1.2 创意小组

在人们眼中，文案应该负责广告的文字部分，美术应该负责广告的图像部分，因为他们的工作性质是如此不同，所以他们之间的职责也应截然分明。但是，在广告公司内部，文案和美术这两类专业人员往往会被结合为一个协作小组，也就是创意小组（Creative Team），而创意部则将由若干个这样的创意小组构成。

20世纪40年代，伯恩巴克加入老威廉·温特劳布（Bill Weintraud）广告公司，正式成为一名文案撰稿人，与他一起工作的是设计指导保罗·兰德（Paul Rand）。在彼此配合的过程中，两人都发现：协同运作远比传统的单独作业效果要好，因为这样可以实现文字和画面的优势互补，也可以让创意从两个方向进行深化和完善，从而更具说服力。于是，当伯恩巴克创立了自己的公司后，便将创意小组的形式固定下来。

作为小组成员的文案和美术，从接到客户简报的那一刻起，就将开始不分彼此的并肩作战。一般情况下，文案和美术都会投入到广告创作中去，虽然他们的工作性质和工作量可能不完全相同，虽然有些广告根本没有标题，也有些广告根本没有画面，但这并不意味着他们中的一方不必参与，也许没有标题或没有画面正是他们深思熟虑的结果。此外，好的文案会在图像方面提出重大建议，好的美术也可能想出一些极具杀伤力的标题，只是到实施阶段，他们才会分头工作，各司其职。

与此同时，创意小组的设置也有助于"团队精神"的培养。有很多伟大的作品都是集体智慧的凝结，广告公司拒绝夸大个人的作用，如果某个人说"那个标题是我写的""这个画面是我做的"将会受到嘲笑，因为作为团队成员，工作是由大家一起完成的，赢是一起赢，输也是一起输。

12.2　广告文案

奥尔德斯·赫胥黎（Aldous Huxley）曾在《广告》一文中写到，"现在，我发现了一种最刺激，最艰巨的文学形式，它是最难掌握的，最具各种离奇古怪的可能的形式……我指的是广告。"

12.2.1　广告文案的含义

作为概念，"广告文案"既可指代出现在各类广告中的文字，也可作为广告撰稿人的简称，前者包括平面作品中的语言文字部分及电视广播等作品中的字幕和听觉部分，后者则是专业广告公司的一种职业认定。

其实，广告自诞生之日起就伴随着语言和文字的生产，但直到现代广告学形成之后，学者们才开始对广告中的语言文字进行定性与定义。迟至1880年，美国就有人开始使用"广告文案"（Advertising Copy）一词，也出现了专门的文案撰稿人，例如，当时就有一个叫"阿特姆斯·瓦尔德"的广告作家为"萨波利奥"肥皂撰写过广为流传的广告诗："两个女仆住邻居，每天工作没法比；一个出汗又出力，疲于奔命忙不停；另一个日子却好过，每天晚上会情哥，要问这是为什么，洗涤请用'萨波利奥'"。

此外，我们所熟知的20世纪中期那些广告大师们很多都是文案出身，因为在那个时代，电视刚刚起步，报纸、杂志才是广告商的宠儿，所以，那是一个以文案为中心的时代。

12.2.2　文案的写作过程

文案写作是指在确定的创意概念的指导下，对广告材料进行选择，对文字结构进行安排，以及运用语言文字进行最终表达的过程。其间，不仅要经过策略性思考，还需寻找激发点和支持点，在与美术的磨合中完成作品，并通过层层审批以获得最终确认。

12.2.2.1　策略性思考

有时候，由小组讨论而获得的创意概念只是一个阶段性成果，作为文案人员，常常需要在接下来的工作中继续保持策略性思考。作为广告创作中的重要一环，广告文案的写作必须和其他环节紧密结合，才能共同服务于营销传播。

广告文案首先需要参考创意策略中对目标市场的描述，即：目标市场是什么，他们有怎样的文化和亚文化，他们对品牌的感受，他们的性格特征、好恶，以及表达情感的方式等，最终广告的每个字都将具有针对性，它们是将广告创意中所包含的主题因素、形象因素、创新因素进行对象化的结果，例如，创意主题将转化为文案中的实际诉求，形象因素将转化为文案中的表现形式，而创新因素则将转化成文案的审美风格。

此外，和一般人的想法相反，精密的策略反而有利于创意，正如诺曼·贝瑞（Norman Berry）所言："模糊的策略阻碍表现，精确的策略空间无限。"这里指的就是那些能帮助创意人更准确找到激发点的策略。

当然，所谓的精密并不等于僵化禁锢，一个巨细靡遗的策略不但会使表现空间变得狭隘，甚至会带来负面作用。

另外，策略性思考还需预先结合媒体的特征，例如，在一般情况下，广告受众只有两秒钟时间去看一个六封的灯箱广告，而在这段时间内，一般人只能记住五到七个字。所以，内衣品牌媚登峰（Maidenform）的灯箱广告就是一张只穿胸罩的靓妞的半身照，标题则是"内在美仅此而已"。

12.2.2.2 激发点和支持点

激发点，在英文里被称为The Button，是某种反应、某种承诺，或某种好处的对应物，也是消费者在看过广告后，因受其影响，而最有可能改变观点、感受，或直接激发他们行动的那个点。

激发点应该定得高一些，这样才有助于品牌占据更为有利的位置。通常情况下，每个品类中都会有一个任何公司都希望拥有的有力的利益点，它可以用某个形容词来表述，例如，对面包来说，可能是"新鲜"，对卫生纸来说，可能是"柔软"，对电视机来说，可能是"清晰"等，如果文案人员能在广告中最早把它说出来，就会有效地触动人心。

此外，给力的激发点也需要支持点加以支持。支持点（Support）是指为满足诉求而提供的理由，具体内容将视广告的类别、产品的种类和市场的竞争状况而定，也就是说，当品牌表达某种承诺时，必须告诉消费者承诺的可实现性。如，红星二锅头将产品与兄弟情连接起来，用充满阳刚色彩、硬汉风格的词语，如"灌进喉咙""放倒兄弟"等来表达这种连接，因为红星二锅头是一款受众偏70后、80后的烈酒产品，广告调性也完全符合受众的文化背景，故文字不但支持这种定位，还能让情感表现得更加充分。

12.2.2.3 文案创作的过程和技巧

在动笔前，文案人员需要仔细考虑很多事情，比如，检查定位，首先需要检查自己的商品定位，再检查对手的定位，然后考虑是否还有没人想到的利益定位，或者换个角度，是全心全意确保客户现有的定位，还是对其进行颠覆等。

在思路清晰、资料充分的条件下，文案人员就要开始写作啦，事实上，文案的开头会比较困难，寻找开宗明义的第一句话则最为困难。有人将人的大脑比喻为一部机器，温度高时，工作效率才能高，而"为一个广告拟一个开头，就如同没打开发动机，就要驾驶汽车翻山越岭一样。"这种一开始大脑不知如何开动的现象被称为"冷脑现象"，不仅普通人常常遇到，大师们也会遇到。而大师们克服"冷脑"的方法并不奇特，其中一种不太激进的方法就是，假想消费者就在面前，把希望向他们传达的信息用口语表达出来，这当然是因为说人话会比正经八百的书面写作更易捕捉思路的缘故。在思路明确的情况下，文案人员可以进行反复的修正和改进。

至于正式开始后还需哪些技巧，我们先引用乔治·葛里宾（George Cribbin）的话来做一个概述，他说"虽然我不能告诉你怎样写广告的典范，但当你完成一个广告后，我绝对可以告诉你怎样做一个典范，那就是，这个广告的标题是否使你想读文案的第一句话，文案的第一句话是否使你想读第二句，以此类推，直至看完整篇文案，而且，最好做到使读者看完广告的最后一个字后才想去睡觉。"

赫胥黎说，"广告并不抒情，也不晦涩，它们一点也不深奥。它们一定是人人都能读懂的。"正因如此，在为平凡而又独特的大众们写作的这件事上，基本没有一种长盛不衰的技巧，同样，也没有什么方法不能被用来尝试。

12.2.2.4 审批流程

作为创意运作的关键环节，文案写作还需与美术设计进行磨合，并经过反复的提报和修改及层层的审核，才能最终出街。

文案的批准过程一般是从创意部开始的，文案人员会将文案初稿提交高级文案或创意总监，由他们提出意见和建议，创意指导与文案人员的想法也许会有冲突，一般情况下，广告公司倡导在互相尊重的前提下不断磨合和改善。接下来，调整后的文案将与设计人员所制作的图像进行结合，再次通过提报和修改，之后，将初稿提交至广告公司内部的客户部。

在客户部提出修改意见后，广告公司多半会召开演示会，将结合了文案和设计的初稿一同提报给客户的产品经理、品牌经理和营销人员。客户代表往往会提出他们的修改意见，有时，他们只是对一些字句提出看法，有时则会要求大幅度的修改。虽然在某些情况下，他们的建议有点外行，但作为广告公司的职业人员，必须冷静客观地加以面对。无论如何，在经历几个来回后，结合了文案和设计的初稿应提交至甲方的高级主管，等待获得他们的批准。

在这个流程中，无论是广告主，还是广告公司，都应对那些必备内容（Musts）有所了解。有些必备内容是行业的约定俗成，例如，传统4A公司一般都有自己的时间表，以便对创作时间加以控制。如，接到一个创意任务后，第一次提案（文案/草图）需要7个工作日，完稿需要3个工作日等，所以，文案写作的时间表也将依据这个框架制定。而有些必备内容是客户方的专属要求，那些受欢迎的广告主往往从一开始就会不遗余力地为文案提供与某次广告活动相关的信息，使文案尽可能地了解那些"Musts"，而那些不受欢迎的广告主则会掉以轻心，有时只能挤牙膏般地回复一些必要的问题。

12.2.2.5　广告文案的职业要求

人们总是认为文案需要天赋，但真正优秀的文案都不是自然的恩赐，而是通过学习甚至态度获得的。

文案写作需要建立在策略思考的基础上，作为专业的文案人员，需要具有与广告决策相关的营销学方面的知识，这些知识包括对营销战略、消费行为，甚至社会动态的综合把控等，而对客户资料的理解，对目标受众的分析，对创意概念的掌握，都将决定文案的质量。大卫·奥格威认为：在广告公司，通常是写作能力越强的人，提升得越快，他的理由是，写作能力更强的人，思路也会更敏捷，而思路混乱的人，无论是撰写文章，还是发表言论，都会缺乏逻辑。

此外，文案人员还应具备将这些认识转化为有利于传播的文字的能力，这一部分内容属于文案人员的职业技巧，它是建立在渊博的知识、丰富的创意才能，以及对这一职业的热爱的基础上的。好的文案应该阅历丰富，技艺娴熟，而后，才能做到一砖一瓦，皆有旨趣。

■ 案例：北京天一（Interone）广告公司征集资深文案一枚

喜欢写字吗？钢笔写，铅笔写，唇线笔写，鼠标写都可以，公交车上灵感来了，可以找个名片空白写，半夜梦觉，爬起来可准确找到纸笔不折不扣地写，或开设博客没日没夜地写，发帖子歇斯底里或悄悄密密地写。

对创意过敏吗？有Good Idea就想高呼，把自己想象成恶魔或天使，铁皮玩具或钢铁侠，或愤青、诗人、家庭主妇，或终极飞行器的操纵者……总是按捺不住要炫耀，滴酒不沾也能妙笔生花，半夜不睡也能精神抖擞，面对千万人亦能巧舌如簧？

还有：在4A混过215顿以上加班饭吗？是家用电器的重度使用者吗？对诸如冰箱洗衣机消毒碗柜电吹风等寻常物件了如指掌吗，喜欢玩车吗？事必躬亲吗？好奇吗？上瘾吗？当然，除了感觉，我们更需要的是——经验，操笔解构过以上物件吗？

访谈结束，言归正传。天一公司现正征集文案和资深文案各一枚，男女不限，身高不限，近远视不限，宗教信仰不限，要求是：

- 文笔好（需要和BMW，MINI，Bosch等

顶级品牌相契合）

- 有思想（拒绝随波逐流）

- 有创意（不要人云亦云）

- 有4A工作经验（具备家电和汽车品类经验者优先）

- 此外，还有一个重要前提：Can you speak English? yes? Good! 请把你的英文准备得更好一些，因为德国总监的中文水平尚待提高。

情况大致如此，有兴趣的业界同仁请将作品和简历发至以下邮箱：……

12.2.3 文案的任务

文案人员会接到不同的任务，而文案的结构和内容，各部分出现的顺序、位置，都会随着广告信息、传播媒体以及广告编排要求的不同而不同。此外，除掌握不同媒体的文字技巧外，文案人员还会接到其他有关文字的任务，比如，为品牌命名或撰写品牌口号等。

12.2.3.1 不同媒体的广告文案

文案人员的常规工作就是为各类广告撰写文案，例如：

1. 平面广告文案

平面广告主要指使用印刷媒体，如报纸、杂志等进行传播的广告。平面广告的文案结构往往比较清晰完整，通常具备广告语、标题、正文、随文四个部分，其中，广告语也被称为广告口号，用来表明一个企业或品牌在某一时期的基本主张；标题包括主标题和副标题，是用来表现广告主题，展示产品或服务的利益与承诺，引发人们对正文关注的；正文是广告文案中体量最大的部分，其主要功能是展开解释或说明广告主题，并将广告标题中引出的信息进行详细介绍；广告随文又称附文，是一些辅助性文字，如：企业地址、联系人、联系方法、购买商品或获取服务的方式、抽奖说明，特殊标志，法律声明以及需要特殊说明和附加的表格等，因具体内容不同而有很大差别。

2. 电波广告文案

电波广告主要指发布在广播和电视上的广告。虽然广播和电视因声音与声像元素的不同而为文案提供了不同的创作条件，但由电波传播又为它们带来了共同点。

与印刷媒体相比，广播电视媒体在文案创作上存在着一些先天缺陷，例如印刷媒体常常可以使用较长、较复杂的文案，用以表现复杂的品牌特征，而广播电视媒体的暴露时间非常短暂，而且，音响效果和图像刺激还可能分散视听众对广告文案的注意力。其中，由于瞬时传播的特性，导致广播文案的结构一般都比较模糊、松散，甚至没有结构。相对而言，电视文案的结构要清晰一些，因为电视广告既借助听觉，又借助视觉，其文案可使用语言与文字两种载体，广告语还可以和品牌名称一起作为字幕出现在广告结尾。

当然，广播电视对音响效果和声音的运用，电视对文案、色彩和动作的结合，也将为文案人员创造富于刺激性的内容提供优势条件。

3. 新媒体文案

我们将新型媒体分为两个类别，一类是传统辅助性媒体的延伸，另一类是全新的数字化媒体。前者由于形式的多样性而在文案上呈现出不拘一格的特色，后者则作为一种全新的事物在近年来获得了不断的探索和提升。

在网络媒体发展的早期，其结构和主动性都表明了它的写作形式与印刷媒体更为接近，而印刷广告的基本原则往往也适用于网络。但是，与传统的单向传播相比，网络广告更具互动性，与受众的关系更加直接和紧密，所以，在结构上也更注重寻求变化。一个明显的特征就是，为了抓住网民最深刻的洞察，网络媒体常常使用一些社会化热词，以表明自己很有网感。但由于网络和自媒体的发达，新媒体范围的剧增，也使这些网络热词的生命周期越来越短，呈现出速生速朽的状态，文案人员则不得不随时处于追逐和抛弃的工作状态中。

12.2.3.2 品牌命名和品牌口号

品牌命名或品牌口号的撰写也常常是文案人员的重要工作。

有个说法是，选择一个好名称，品牌就算成功了一半。名称既然如此重要，命名当然也会是个大任务，而这个工作往往会下发到广告公司，文案人员也往往会是最终的执行者。

执行这项工作，文案人员需要进行综合考虑，其中不仅需要包括技术元素，还要考虑社会、文化、法律等综合因素。例如，在技术上，命名要易于发音、辨认和记忆，通常短的名称比较好，但有时长名字也别具效果，如悦诗风吟（Innisfree）听起来就很飘逸，曼秀雷敦（Mentholatum）听起来也很俏皮。名字要有利于翻译，如中国的"白象"电池一开始被直译成英文"white elephant"，结果因有昂贵无用的含义，而在英文地区销售欠佳。品牌名称还要符合注册要求，以便受到法律保护。例如，米勒啤酒公司（Miller）曾为它低卡路里的淡啤酒注册了"Lite"品牌，并花费几百万美元在消费者中建立形象，但法院说"Lite"和"Light"用在啤酒上没什么区别，因此勒令米勒公司不能独家使用"Lite"这一名称。

品牌口号（Slogan）是指在某一阶段内长期使用，用来为某一品牌树立形象、创造识别或明确定位的一句话或几个词组。大多数情况下，口号被用来提高受众的记忆度，而优秀的广告口号则可能成为品牌持久而重要的资产。品牌口号可能是对产品的总结，例如，奥林巴斯（Olympus）一语双关的"聚焦生活"（Focus on life），麦氏咖啡的"滴滴香浓，意犹未尽"（Good to the last drop），英特尔公司奔腾系列芯片（Intel Pentium）的"给电脑一颗奔腾的'芯'"。也可能是针对消费者的利益诉求，例如，摩托罗拉（Motorola）的"沟通无极限"（Communication unlimited），雀巢咖啡的"味道好极了"（The taste is great），其中

百事可乐"新一代的选择"（Choice of a New Generation）因其定位准确而使用超过25年。同样，品牌口号也可能是品牌倡导的某种理念。例如，义务献血的广告语"我不认识你，但我谢谢你!"虽然朴素无华，却感人至深，而耐克公司的经典广告语"Just do it"诞生于1988年，从字面上可以翻成"只管去做"，但在日常生活中，却会因不同人、不同语境而产生极为丰富的精神含义。广告主常常要求文案拿出令他们满意的品牌口号，不过，想写出那些名垂青史的广告语绝非易事，有时，甚至是可遇而不可得。

12.3 广告美术

许舜英曾说"地球上的国度再也不是以地理疆界划分的国度，而是以影像语言文字符号系统划分的国度。"这句话的背景是视觉艺术的无比繁荣和影像世界的无限扩张。

12.3.1 广告美术的内涵及职业要求

文字在传统广告中发挥着重要的叙事功能，但在进入当代社会后，一切都开始服从于时尚和传媒形象的不断变化，美术的重要性也日益突出。

12.3.1.1 广告美术的内涵

100年前，广告主主要依靠文字来劝服消费者，他们与消费者争论和推理，用甜言蜜语劝诱他们，偶尔还向他们说谎。但到了20世纪初，尤其是大约1910年以后，广告主纷纷抛弃文字，转而使用绘画，广告变得越来越直观而绚丽。之后，人们进入了以视觉形象为中心的"读图时代"，并迎来了更为迅捷和丰富的新媒体的崛起，从而不可逆转地颠覆了沿袭千年的阅读习惯，使图像以及处理图像的美术发挥出有史以来最为强劲的力量。

作为职业，广告行业的美术有广义和狭义

之分。广义的广告美术涵盖了所有与视觉艺术相关的门类。所谓视觉艺术是指用一定的物质材料，塑造可为人观看的直观的造型艺术，而无论是路牌装置、展架，还是店面、橱窗、堆头都属于广告物料的延伸，都需要拥有特殊才能的人来设计、加工和制作，所以，它们都属于广义的广告美术的范畴；而狭义的广告美术则被设定在广告公司主要承担的工作范畴内，包括平面广告、影视广告、户外广告以及一些新媒体广告的设计和制作等。

12.3.1.2 职业要求

广告行业的美术人员首先要有可靠的职业技能，由于广告的制作活动与计算机以及网络运作日渐紧密的结合，极大地改变了行业的制作流程，所以，美术的大部分工作都需借助电脑技术加以完成，这些设计和加工流程作为若干细节的综合体，也要求美术人员具备各种专业知识，此外，电脑技术的日新月异更要求他们不断地更新和提升自己的职业技能以及知识储备。

除职业技能之外，丰富的想象力和独特的设计理念，也是对美术人员的职业要求。在为客户的产品/服务进行宣传时，一些突破传统的设计总能带来令人信服的传播效果，例如，电通（Dentsu）公司就为KISHOKAI医疗公司制作了一本别具一格的妈妈书（Mother book），这是一本经过精心设计的宣传手册，当准妈妈们在进行阅读时，每翻过一页，书的凸起程度就会发生改变，预示着准妈妈的体型变化，从而帮助她们更直观和简单地了解自己。

12.3.2 不同媒体的美术

美术是一个术业有专攻的行当，在此，我们将按照大的媒体类型，如印刷媒体、电波媒体，传统主流媒体的延伸以及新媒体几部分，来谈一下对美术的不同要求。

12.3.2.1 印刷广告的美术工作

创造印刷广告将包括设计和制作等一系列连续的专业化过程。其中，设计部分，我们将在后面的章节中加以介绍，制作过程则意味着通过机械和技术活动，将创意概念转化为印刷作品的过程。例如，在考虑印刷广告的制作时，美术人员首先需要考虑印刷广告的制作排期，其中，媒体接收广告的最后日期被称为截稿期（Closing Date），传统报纸的截稿期一般为广告发布前的1~2天，杂志的截稿期可能为广告发布前的一个月。此外，根据不同媒体（报纸、杂志、直邮或特制品）、不同印刷量，不同纸型以及不同预期质量，印刷广告的制作活动也可选择不同的方式。

虽然广告主可以制定计划，但他们只能部分控制关于印刷广告的时间安排和印刷形式等具体环节，广告公司的专业人员必须使他们明白，在发布提前量和广告形式等方面，各个印刷媒体都有自己的具体规定。例如，如果广告主决定购买跨页杂志广告，就绝不能在钉扣处安排标题和正文，因为这是杂志折缝的地方。

12.3.2.2 电视广告的艺术指导与制作

20世纪50年代末，电视已开始占据媒体的中心舞台，比如在1952年德怀特·戴维·艾森豪威尔（Dwight David Eisenhower）和艾德莱·史蒂文森（Adlai Ewing Stevenson Ⅱ）的那场总统竞选中，电视甚至开始成为左右政治进程的重要力量，而随着电视媒体的发展壮大，电视广告也逐渐增多，并在不长的日子里，成为最重要的广告形式，同样，也是从那时开始，图像广告的感染力逐渐代替语言，成为消费者选择商品时最重要的依据。

电视广告的基本要求和其他媒体相同，即进行有效的传播，但由于电视的复杂性，电视广告的制作需要更多人的参与，这些人中不仅包括广告公司的内部人员，还包括外请或合作的伙伴，因此，除创意总监、文案人员和艺术指导外，电视广告的制作活动中还有一批新的、不可替代的创意人员和技术人员加入进来。这些人的专长各不相同，目标或任务却又有重合之处，所以，一支电视广告片最终能否行之有效，既取决于能否拥有一些才华出众的团队成员，也取决于他们的合作是否成功。

12.3.2.3　传统媒体的延伸

传统媒体上延伸出了形式各异的广告载体，而对它们的运用无不需要强大的美术功底。今天的海报、户外、DM不仅需要版面构成在第一时间抓人眼球，还要求创作者将图片、文字、色彩、空间等要素进行完美结合，以向人们巧妙地展示广告信息。

海报设计是基于平面设计的技术基础，结合广告媒体的使用特征，以实现广告目的和意图的一种设计活动，与报纸和杂志广告相比，海报设计通常含有通知性，如举办大赛或打折促销等，所以主题应该更明确、更简洁，布局也应更美观，更醒目。而户外行业的发展与丰富的媒体形式、灵活的销售方式以及新技术新工艺的应用密不可分。美术人员应该把握相应特点，并拥有将其精准匹配商业化路线的能力。

此外，某些直接投递广告的表现形式为单页、册页或干脆是一本书或一本杂志。虽然它具有完全的商业本质，但如果能使这些宣传物值得阅读，甚至值得收藏，将是对品牌最大的褒奖，而美术在其中将起到至关重要的作用，例如，世界著名家居品牌宜家家居（IKEA）虽没有完全放弃报纸和电视等主流媒体阵地，但它那些清晰明确且富于创意的产品目录，则是更多人与之产生交集的渠道。

12.3.2.4　新型电子媒体

新媒体技术出现于20世纪中后期，以计算机的发明和网络技术的应用为基础和标志，新媒体广告则是伴随新媒体发展而不断发展传播的。新媒体广告往往通过多方面的视觉、听觉与文字的结合，来完成对读者的信息传达，受众也可通过点击、翻阅、下载、保存等多项互动来进行信息内容的阅读和回馈，所以，对新媒体美术人员来说，掌握技术是职业发展的利器。下面我们介绍一些与新媒体广告效果相关的新门类，例如：VR、AR、MR和Emoji表情等。

链接：VR、AR、MR和Emoji表情

VR（Virtual Reality），即虚拟现实，作为一种新型技术，它可以构建出真切的场景，给消费者带来身临其境的感受。在介入感及交互体验高度发达的今天，VR技术正在引领某些营销方式，微软、脸书、腾讯等不断推出相关的产品和利用，而包括餐饮界在内的不同行业也在尝试使用这类新科技开展与消费者的互动。

AR（Augmented Reality），即增强现实技术。通俗地讲，就是将虚拟动画带入真实世界中的手段，它需要借助一定的屏幕来实现。例如，迪士尼在其推广的一款名叫《迪士尼无限》（Disney Infinity）的游戏中就使用了AR技术，它让游戏主角无敌破坏王、大脸毛怪、杰克船长等纷纷空降到现实与真人对战，同时，这些场景还可被手机拍到，并在脸书和推特上进行分享和传播。

MR（Mixed Reality），是混合现实的英文缩写。混合现实技术是虚拟现实技术的进一步发展，该技术通过在虚拟环境中引入现实场景信息，从而在虚拟世界、现实世界和用户之间搭起一个交互反馈的信息回路，以增强用户体验的真实感。所以，有人说，VR是指你看到的一切都是假象，AR是指你能分清哪个是真，哪个是假，而MR则是指你已经到了分不清哪个是真，哪个是假的境界。

Emoji表情由最早的文字沟通，到开始使用一些简单的符号、文字表情、表情包，逐步演变为日益多元的表情文化，例如，现在人们可以使用一些自制的、流行元素图片来进行表情沟通。这类图片以搞笑居多，构图夸张，可收藏和分享。Emoji富含多种含义，并可不断衍生，所以在年轻人中非常流行，而商家也会以此为工具，向年轻人输送商业文化，如士力架就曾推出多款饿货表情，还将饿货表情印在包装背面，从而实现线上线下的紧密连接。

小结：

通过本章的学习，同学们将掌握广告文案和广告美术的基本内涵和运作方式。由于广告使用的是大众传播渠道，所以，广告必然会传到那些对广告中产品或服务没有兴趣的人的眼中，而专业文案和美术人员的任务则不仅是传递商业信息，还将包括运用技巧使人们爱上广告。

课堂练习：

1. 诺基亚（Nokia）的广告语是"Connecting People."在台湾，它被直译为"NOKIA相信科技始终来自于人性"，而在大陆则被翻译为"科技，以人为本。"你认为哪种方式更好？为什么？

2. 户外广告面临的挑战之一就是如何用最少的言辞和生动的形象，尽快抓住受众的注意力，并传递核心讯息。请举出给你留下深刻印象的户外广告。

3. 某个珠宝品牌要求推出情侣款首饰。请你以男主或女主的口吻，写一段爱的表白作为广告的点睛之笔。（50字以内）

思考题：绝对故事

20世纪70年代，拉尔斯·林德马克（Lars Lindmark）成为瑞典酒业公司的总裁，这是一个开拓型的管理者，他想使品牌实现价值最大化，所以，决定突破欧洲，推向更广阔的美国市场。1979年，也就是"Absolut Rent Branvin"（绝对纯净的伏特加酒）诞生100周年之际，林德马克决定出口一种后来被称为"绝对伏特加"（Absolut Vodka）的新型伏特加酒。

然而，当这种新型酒信心满满地进入美国市场时，面临的却是"灭顶之灾"。首先，人们认为"绝对伏特加"这个名称哗众取宠，完全是骗人的把戏，其次，酒吧的伙计认为

它的瓶子很难看，像个药罐，瓶帖单一，而且整个瓶子过于透明——不仅是透明，它看起来简直就像一个隐形的瓶子，摆在酒柜上一眼就被看穿了，其他缺点还包括瓶颈太短、不好倒酒等，而最糟糕的是，消费者根本不相信什么瑞士产的伏特加，认为那里只该出产方方正正的洗澡桶。

可是，进口代理商卡罗莱公司的总裁米歇尔·鲁斯（Michel Roux）却无法拒绝自己的直觉，他认为这种产品如此不同，这种独特之处真的无法打动人心吗？后来，他把宣传绝对伏特加的任务委托给了纽约的TBWA公司，而接受任务的核心团队是一对搭档：创意总监杰夫·海因斯（Geoff Hayes）与文案格莱汉姆·特纳（Graham Turner）。

这一时期，美国禁止烈性酒在广播电视上做广告，这就意味着他们只能从单纯的印刷广告入手了。有一天，海因斯坐在沙发上一边看电视，一边不停地画着绝对伏特加的瓶子，似乎在不经意间，他将一个光环置于瓶顶，并添加了一行文字"这是绝对的完美"，第二天早晨，他将这个草稿拿给汉姆，当海因斯正要开口时，汉姆阻止了他，"什么都不用说，只需'绝对完美'就够了"。突然间，两人都意识到了某个"大创意"的诞生。

平面广告"绝对完美"成为该品牌在美国市场获得成功的起点。从此，绝对伏特加形成自己绝对奇特的标准风格，这些广告的画面主角都是那只形状怪异的透明瓶子，它们通过创意被赋予奇幻的感觉，而文案总是异常简单，不过是在画面下方加一行两个词的英文，并始终以"绝对"（ABSOLUT）开头，以某个高品质或有趣的词结尾，在此后的几十年里，卡罗莱公司和TBWA公司坚持在平面广告中采用这种"标准格式"。而在他们制作的上百张广告里，虽然"格式"不变，表现却千变万化，"总是相同，又总是不同"成为绝对伏特加平面创意的永恒宗旨，其主题也涵盖了世界城

市、影视与文学、时事新闻等丰富的门类。 "ABSOLUT LOUISVILLE"（绝对路易斯维
例如，"ABSOLUT FREESTYLE."（绝对随 尔），"ABSOLUT MIAMI"（绝对迈阿密）等。
意），"ABSOLUT FASHION"（绝对时尚）， （图12-3）

图12-3　绝对伏特加平面广告

TBWA公司在一个电脑修图尚未完善、创意内容必须与高超手工技术相结合的年代，动用了出色的表现执行力，令杰出的广告概念获得了最完美的表达。事实上，为了获得震慑人心的效果，TBWA聘请了高水平的摄影师来对酒瓶做完美的摄影，并利用当时条件下非常繁复的技术来制作每一幅画面，这些精工细作的平面作品仿佛并非为了宣传一个毫无希望的产品，而是在对待一件易碎的艺术品。

通过以上案例我们可以看到，拜广告之赐，一个原本无色、无味、无格调、曾被视为丑陋，备受嘲笑的装在药瓶里的商品，神话般地达到了商业的顶峰，并成为半个世纪以来优雅、独特、简单且富有瑞典风味的文化典范。你喜欢这些画面吗？请延续绝对伏特加既有的广告风格，创造一个属于你的绝对故事。

第13章

各类媒体的广告表现

■ 案例：左岸咖啡

20世纪90年代，中国台湾饮料市场的竞争非常激烈，其中，利乐包装的饮料，不论是价值较高的咖啡，还是价值较低的豆奶，都差不多在新台币10～15元左右，而罐装饮料一般卖20元。就在此时，统一集团旗下的饮料事业部开发了一种白色塑料杯，这种没有真空密闭功能的杯子能够在5℃的冷藏柜内让内容物保存一段时间，而统一集团希望利用其在中国台湾颇具竞争力的冷冻设施及分配系统，为这款新产品建立一个专业形象。

内容物在杯中只能保存较短时间，这本该是一个缺点，但反过来看，保存期短可能使消费者相信物料的新鲜度，所以，一杯新鲜的饮品自然要卖得贵一些才对。那么，在这个杯子里装什么商品才能卖出高价，并能创造出一个高级品牌呢？为此，统一公司和代理商研究了很多商品：葡萄汁、果汁、牛奶等，最后，他们决定选取咖啡。因为咖啡不仅被认为是高级饮品，还会因牛奶成分而得到优惠税率，此外，它不易变质的特性，更符合高贵且新鲜的定位要求。

只是，风险仍然存在，因为相同类别、相同容量的利乐包装的咖啡只卖到15元，而统一公司新品定价则是25元，谁会愿意多出这10元钱呢？虽然一开始总会有品牌尝鲜者，可仅靠好奇心是不够的。为此，广告主和广告公司只得再次开动脑筋，将所有的策略思考都集中在一个关键点上，即，如何让消费者接受25元一杯的高价咖啡。

大家想到：除品质外，咖啡的高级感还来自提供它的氛围，而这种氛围将来自哪里呢？在接下来的工作中，广告公司组织了8场焦点小组讨论，提出了4个最有可能的备选答案，它们分别是：专为头等舱准备的空中咖啡；来自温暖木质咖啡馆的日式咖啡；来自唐宁街10号的英式咖啡以及来自塞纳河左岸、充满哲学气质的人文咖啡。结果显示，来自巴黎左岸的咖啡价值感最高，人们愿意为之付出最多的金钱。

产品最终被命名为"左岸咖啡馆"。在巴黎塞纳河左岸，有一些著名的咖啡馆，其中很多已有上百年历史，并传承数代，更让人心动的是，这些咖啡馆是诗人、哲学家聚集的地方，不仅流传着振聋发聩的名字，更诞生了数不尽的浪漫传奇。所以，它们被认为是比埃菲尔铁塔、巴黎圣母院和凯旋门更迷人的精神符号，品尝那里的咖啡也并不只是解渴，而是一种情绪，一种感觉，体现了一种将艺术和文化相融合的风情，所以，将这款成本较高，售价较贵的咖啡定位为"左岸咖啡馆"无疑是一个最佳选择。

定位初期，统一公司就选择了具有小资气质的文艺青年作为目标对象，最终则锁定为17～22岁的年轻女士。这个群体的基本特征是多愁善感、热爱文艺，充满梦想。她们喜欢阅读村上春树、萨冈和格里耶的小说，喜欢在一种忧郁、超现实、冷峻的情境中寻找存在感，所以，相对产品质量而言，她们更乐于寻求产品以外的情感回报。

针对目标客群，代理商提出了"追求一种宁静，追求一种心灵"的价值主张，而其情境也用以追慕法国左岸的氛围。在它1996年的第一支电视广告中，就以一个漫步塞纳河畔、独自享受咖啡的女孩为主题，制造了一种扑朔迷离的情绪。同期的平面广告，则描述了一个个发生在"左岸咖啡馆"的唯美片段，其中的文案风格，正是村上春树式的空灵和冷静。

"桥上恋人站着，桥下恋情流着，我呢，只是等着，你呢！好久不见你，我在左岸咖啡馆。"

"靠角落近一点，离热闹远一点，想你，比较容易，想我！好久不见你，我在左岸咖啡馆。"

图13-1 左岸咖啡馆平面广告

"左岸咖啡馆"的广告表现往往是黑白的,宁静的,浪漫而略带忧伤的,却并不提及商品本身,只是在如梦如幻的气氛中,摆放一杯咖啡。人们似乎可以在它营造的氛围中安静下来,背靠座椅,手持咖啡,慢慢地消磨时光。而在接下来的公关活动中,代理商则邀请目标受众讲述她们与左岸咖啡馆之间的故事,之后,这些故事会被精选出来制作成平面广告,或在深夜的电台里被温柔地朗读。(图13-1)

其实,在塞纳河左岸,并没有一个叫"左岸"的咖啡馆,这个品牌也和法国没有任何关系,但在事后的市场调查中,有八成被访者竟然相信法国真有一个名叫"左岸咖啡馆"的地方,其中,也有人诚实地表示,即便知道真相后也"宁愿信其有"。那么,既然人们认可了它的存在,它就应该继续存在下去,于是,在便利店的冷藏柜里,通过"左岸咖啡馆"的咖啡,统一公司又延伸出了咖啡馆餐单上的其他东西,例如,"左岸咖啡馆"的奶茶、牛奶冻,以及其他法式甜品。为了让消费者维持这个半真半假的梦,广告主和广告公司特意制作了一个15分钟题为《左岸咖啡馆之旅》的专题节目,专门介绍塞纳河左岸20家声名显赫的咖啡馆,统一公司还因此加入了"法国电影节"赞助商的行列。

统一集团是中国台湾本土的著名品牌,旗下产品线众多,不仅包括饮食业,还包括娱乐业以及金融保险业,因为产品线过长而产生的稀释作用,使它长期以来始终无法突破二、三线品牌的低端形象。但是,"左岸咖啡馆"由于定位的精准,策划的精良,尤其是其平面、影视广告的完美执行,成功地避免了统一集团的品牌影响,在上市初年就产生了400万美元的销售额,并成为人们心目中名副其实的高级品牌。

通过本章的学习,我们将掌握以下内容:

(1)平面广告的文案写作及美术表现

(2)电波广告的构成要素和制作流程

(3)传统辅助媒体广告的创新型应用

(4)数字媒体广告的内容及表现方式

本章所论述的平面广告借用了美术构图中的"平面"概念，指用比较直观的二维视觉手段所表现出来的广告作品，而电波广告主要是指广播广告和电视广告，此外，无论是全新媒体，还是"旧"媒体的延伸，各类可承载鲜艳画面，悦耳声音，和动人文字的媒体都可视为广告的信息载体，都将促使广告主们加入观望的队伍，一旦产生效益，也都会令他们兴高采烈地将其纳入使用之中。

13.1 平面媒体及其广告形态

传统的平面媒体是指报纸、杂志等通过单一视觉、单一维度传递信息的媒体，而在互联网媒体诞生后，平面媒体的定义和范围则出现一些新的变化。

13.1.1 平面媒体的类别

除报纸和杂志外，还有一些平面或类平面也可作为广告的载体，例如，海报、路牌、灯箱以及直投广告中的信函折页等，另外，新兴的网络媒体虽不具备印刷属性，但其中的一些部分，如公司主页或附在网页上的广告，其创作形式和表现方式也与传统印刷媒体无异，所以，也可归入讨论的范畴。

13.1.1.1 报纸和杂志

1450年，德国人约翰·谷登堡（Johannes Gutenberg）发明了金属活字印刷技术，通过印刷方式呈现的报纸自此有了技术可能。1609年，德国率先发行定期报纸，这是一张周报；世界上第一张日报也诞生于德国，时间是1650年。19世纪末到20世纪初，报纸实现了从"小众"向"大众"的飞跃。而早在19世纪，报纸的主要收入就来自广告，以《纽约时报》为例，广告篇幅占到了整个篇幅的62%左右。

杂志来源于罢工或战争期间的宣传册，

最早的杂志是1665年1月在阿姆斯特丹由法国人萨罗出版的《学者杂志》。最初，杂志和报纸在形式上相差无几，极易混淆。后来，报纸逐渐趋向刊载有时间性的新闻，杂志则专刊小说、游记和娱乐性文章，内容区别逐渐明显，而在形式上，报纸的版面越来越大，为三到五英尺、对折，杂志则经装订，加封面，成了书的形式。此后，杂志和报纸在人们的观念中才被具体地区分开来。

13.1.1.2 其他平面媒体

海报、DM或路牌都是从古代继承下来的广告形式，而在近代，它们又获得了新的发展。海报（Post）又称招贴，可贴在街头墙上，也可挂在商店橱窗里。海报以醒目的画面和精简的文字吸引路人，早在19世纪，就已被马戏团和政治家用作宣传工具，至20世纪20年代时，更获得了广泛应用。DM是直接投递广告的简称，欧美在18世纪就开始建立的全国性邮政系统为DM的繁荣创造了条件，美国则是DM发展最为繁荣的国家，时至今日，他们的很多做法仍为业界所沿用。此外，在电视出现前，如果广告主希望用更直观的形象传达自己的信息，首选的媒体就是户外路牌，而20世纪70~80年代，路牌再度成为表现创意的重要舞台。

与上述媒体相比，网络媒体是一种性质完全不同的媒体形式，但它们的运作原理和创意过程却有类似之处。例如，网络媒体的内容包括静态的文本和图片，以及动态的声音和视频，而其中，每幅静态网页都可视为一个完整的平面作品（图13-2），即便是动态网页，也是由静态的网页内容组成的，它们同样需要富于吸引力的主画面，清晰醒目的背景结构以及适合阅读的布局和设计。

13.1.2 平面广告的文案写作

平面广告的文案类型非常广泛，文字的组织和撰写也灵活多变，不拘一格。在这里，我们讨论的是报纸、杂志等主流平面广告的

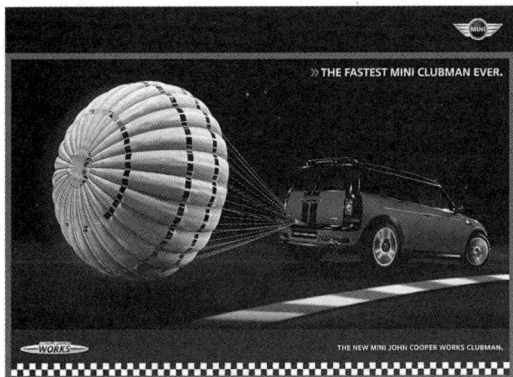

图13-2　MINI网络页面

文案写作。报纸和杂志广告的文案一般包括标题、副标题、正文和随文几部分，这里主要介绍广告标题和正文的作用，以及撰写它们的核心技巧。

13.1.2.1　标题

平面广告的标题包括主标题和副标题。不是每个广告都有副标题，有些广告甚至连主标题也没有，只有广告语，例如苹果电脑的"不同凡想"，有的连广告语也没有，只有品牌名称，例如无印良品的"地平线"。

广告主标题，英文称为Headline，是整个广告文案或整篇广告的总题目。广告标题是平面广告的灵魂，它可以说明产品或服务的核心信息，可以表明某个与品牌相关的新闻性事件，可以突出品牌主张，提高品牌的识别率，也可以选择信息传递对象。

副标题，英文称为Subhead或Sub-headline，由一些词组或句子组成，通常位于标题的上方或下方，它将描述标题没有包含但比较重要的品牌信息。副标题与主标题的作用大致相同，也是为了迅速向读者传达重要的卖点或品牌信息的。

13.1.2.2　正文

正文是广告的主体文本，也称内文，英文的表述是Body Copy。有效的正文会结合标题和副标题，并在与视觉元素的巧妙配合下，更详细地讲述品牌故事，塑造品牌形象。

在广告的古典时期，会写一手漂亮的长文案，将意味着前途无限，例如那些广告大师的传世之作很多都在百字之上。但是如今，人们的时间和注意力变得越来越宝贵，人们购买报纸或杂志也是为了尽快阅读文章，而不是广告，更年青一代则干脆进入读图时代，连作为内容的文字都懒得阅读，更不要说广告文案了。

然而，这并不是说正文的撰写不再重要，反而意味着思考的重要程度正在增加。在动笔撰写前，文案人员必须更全面地搭建基本架构，首先当然是标题和副标题，然后，可利用小标题设置更为详细的正文。作为一个诱敌深入的全盘计划，正文的每一步都必须精心设计，它们需要以尽可能简短和精炼的方式，让读者尽快参与其中。

此外，在撰写正文时，不要因贪图获奖而使用过于高雅的文字和精雕细刻的笔法，这样反而不利于对广告的传达，也不要使用一般化的字眼以及那些陈词滥调，这样可避免广告成为消费者生活中的噪音。

■ 案例：酒后吐真言

不论多么惊世骇俗的文案都不是单枪匹马创造出来，而是建立在品牌的基本调性和事前的广告策略基础上的。例如，对伏特加这种无色无味、性质单纯的产品来说，必须赋予某种象征意义才能打动人心，于是，绝对伏特加强调其万年不变的古怪酒瓶，斯米诺夫伏特加（Smirnoff）强调其"杯酒人生"，而皇太子伏特加（Eristoff）显然提炼出了伏特加酒的又一个特征——"真实"，并以它为激发点，通过文案淋漓尽致地展示出来。

大部分品牌都在传递正能量：家庭美满，父慈子孝，夫唱妇随，事业发达，所以，当皇太子伏特加的一套系列平面广告出现在人们面前时，其荒诞不经的文字和用拼贴完成的新

图13-3　皇太子伏特加平面广告

鲜画面让读者既吃惊，又好笑。其中的文案都是醉鬼的酒后真言，相映成趣的则是它的品牌口号："说得跟真的似的。"（tells it like it is.）一针见血地揭穿了酒鬼们一本正经、狂妄自大的好笑面目。（图13-4～图13-7）

13.1.3　平面广告的美术表现

随着消费文化的兴起，美术表现已越来越成为吸引眼球的主要力量，但正如李奥·贝纳所言：伟大的创意总是出其不意地单纯、触动人心而又不凿斧痕。

此外，对平面广告而言，无论其表现力达到了多么惊人的程度，它依然应该是建立在一些基本元素，如主画面、设计和布局图之上的。

13.1.3.1　主画面

主画面是指构成广告主要图像的绘画、图片或由电脑生成的艺术作品。主画面的根本任务是吸引并保持读者的兴趣，当然，在大多数情况下，仅仅引起注意还不够，它的

目的是与特定的目标受众进行沟通，所以，它还必须辅助广告的其他元素，以期获得预定的传播效果。

主画面可以表现产品的特点或利益点，大卫·奥格威认为，如果广告没有特别的东西可讲，那就让产品充当画面主角，画面也可通过产品使用前和使用后的不同，或通过表现使用产品后的结果来展示这种产品的好处。

主画面可以引发读者的好奇，激起他们的兴趣。有特点的画面可以启发读者阅读正文。例如，Fraich薯条有一系列平面广告，画面是老奶奶捏着孙子或孙女的小脸，小孩们露出了极不情愿的尴尬表情，广告要说的是：我们怀念奶奶做的饭菜，但不愿重温她们亲昵的"折磨"。Fraich薯条的广告语是"有奶奶的味道，没有奶奶。"

主画面也可以和产品的直接特点无关，只用于营造某种戏剧气氛，或为品牌营造特定的社会背景。在"不同凡想"系列中，甘地在纺车边纺织土布，小野洋子和约翰·列

图13-4　麦当劳Milkshake广告

依拿着花束，毕加索用寥寥几笔画出奔牛的图片都与电脑无关，但苹果公司将这些影响了世界的伟大人物与自己的品牌联系在一起，为的是让人们感受到蕴含其中的创造的力量。

通常情况下，主画面应与标题完全吻合，共同诱发读者的兴趣，例如，麦当劳有一系列平面广告，主画面是奶牛在做各种运动，例如跳绳和蹦床，其广告语是：真正的奶昔。奶昔的英文是Milkshake，就是牛奶（Milk）+摇晃（Shake），而画面岂不就是奶牛在做各种摇晃吗？它还婉转地证明了奶牛的健康活力，从而令画面和文字相映成趣（图13-4）。

■ 案例：经典画面

李维斯帆布裤于1873年获得专利，最初的卖点是坚固耐穿，后因牛仔喜爱而被称为牛仔裤，再后来，成为时尚新潮的象征。李维斯在20世纪80年代曾有一张经典广告，是一个背对观众、穿着小内裤的性感模特，其臀部装饰了一个手绘的李维斯牛仔裤"口袋"，之后，李维斯不断将其翻版，只是衣服越穿越少，最后，除了手绘"口袋"外空无一物，牛仔裤与身体彻底合一，可见贴体至极。

沃尔沃汽车曾获得1996年戛纳广告节平面类金狮大奖，其画面是在大片空白中，将一枚安全别针折成汽车的轮廓：上面弯曲成汽车顶盖形、下面弯曲成汽车底板和车轮，针环为车尾，针扣为车头，而且针尖并未扣入扣槽，给人留有一丝悬念，右下角则是沃尔沃的标志以及极小的文案：一辆你可以信赖的车（A car you can believe in.）（图13-5）。

吉普汽车的广告画面是一把汽车钥匙，只是匙牙的部分用高低起伏的山峰来表现，而它的标题则是"开始爬山吧！"（Start up a mountain.），意思是发动引擎，你就可以尽情地行驶于崎岖的山脉之中，这是一个言简意赅的经典画面，以至于后来不断有品牌向其致敬！（图13-6）

同样，路虎2006年在网上推出了"超越（Go Beyond）"系列，"我们都能到达那个叫作'超越'的地方，只要带上勇气、精神，还有胆量。然后，起身，去犯错，忘记今天。超越！"（图13-7）

英国清洁品牌Surf能够令被洗衣物柔软如沙，如何呈现衣物最柔软的部分呢？广告人请来了小昆虫，它们互帮互助，扶老携幼地穿越柔软的"沙"坑，或干脆停下来，惬意享受（图13-8）。

德国施德楼（Staedtler）公司是国际著

图13-5　沃尔沃平面广告

图13-6　Jeep平面广告

图13-7　路虎"超越"系列平面广告

名的文化办公用品生产商，它的产品线包括文具、绘图仪器、美术设计用品、电脑办公耗材等近4000种类型，且每一类都独具设计风范，在一张宣传绘图铅笔的广告中，那些举世闻名的建筑物都被精细地雕刻在铅笔芯上，它的标题是"它们是从这里开始的。"（Where it all begins.），表达出施德楼文具是世界顶尖设计师选择的傲娇和自信。（图13-9）

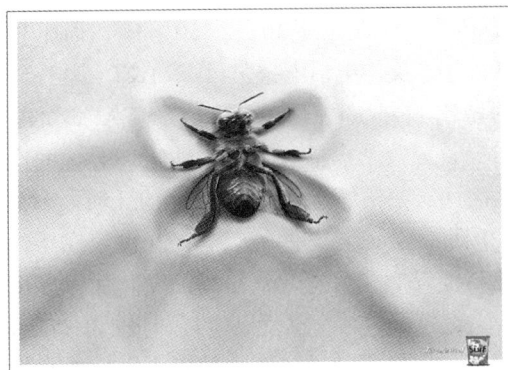

图13-8　英国清洁品牌Surf平面广告

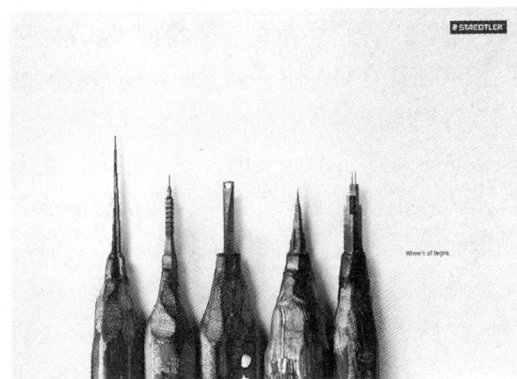

图13-9　施德楼文具平面广告

这些广告让人过目难忘，正是因为它们都拥有一个精彩、单纯，而又表达准确的主画面。

13.1.3.2　设计

除主画面外，设计（Design）也是平面广告的重要构成因素。在广告公司，这项工作如此重要，以至于从事广告美术工作的基础职位就被叫作设计（Designer）。

设计将体现出创意人员为具体安排平面广告的所有元素而付出的努力。其中，设计规则并不是具体的规定，却将涉及广告中的每个成分以及各成分的排列及它们之间的关系。设计规则有一些经验之谈，例如：构图应平衡；比例应赏心悦目；各组成部分应有条不紊、指向应明确，并在突出某个元素的同时形成整体性。

构图是一个造型艺术术语，即根据题材和主题的要求，把要表现的形象适当地组织起来，构成一个协调完整画面的过程。广告构图又叫排列，也可叫作"视线运动方向"，它将引导读者按照某种方式完成广告的阅读或观看。设计师可以创造出视觉元素的逻辑走向，以此控制读者的视觉走向。在结构设置上，既可以是对称式构图，也可以是不对称式构图，其中，对称式构图会给人以严谨直接的感觉，不对称构图则将通过不同形状和大小的精确调配，以达到动感的和谐效果。比例涉及不同成分的大小及它们之间的色调关系。在印刷广告中，比例因素将包括：广告的宽与高之间的关系；每个元素的宽与高之间的关系；黑暗区域与明亮区域之间的关系等。所谓整体性，其目的是确保广告各元素间的和谐，具体是指平面广告的不同成分——标题、副标题、正文和画面间的和睦相处。整体性良好的广告，其画面、标题、正文和特殊元素的组合具有条理，并和谐统一，有利于读者阅读。

13.1.3.3　布局

设计侧重于广告的结构，而布局

（Layout）则侧重于设计的细节，它是设计概念的有形表达。布局图将表明广告中所有成分的位置。艺术指导将利用布局图指导各种视觉方案，直到广告制作完毕。因此，布局图是指设计过程中具体的组成部分，与设计效果有着不可分割的关系。

此外，平面制作的版式问题与设计师为标题、副标题、正文选择的字体以及字体的大小、高度、宽度和连续长度等有密切关系。广告文案结构中的四个部分可能会用到不同字体，也将占有版面的不同位置。设计师有时会为用于印刷广告的字体绞尽脑汁，因为涉及字体的决策不仅会影响整个视觉图像的易读性，还会影响整个广告的气氛。如，标题往往会置于广告版面最醒目的位置，以引起受众的注意；副标题的字体一般比正文大，但比主标题小等。

■ 案例：法国航空

20世纪70年代以前，世界各国的航空公司几乎都不进行什么营销宣传，公司形象也就是国家特色：如瑞士航空的准时、德国汉莎航空的技术、法国航空的美食和漂亮空姐。从20世纪80年代开始，由于竞争激烈，航空公司才开始注重品牌问题。1999年，法国航空（Air France）推出了一个预算高达9000万法郎的全球性广告战役，开启了航空品牌宣传的新境界。

这次战役由灵智大洋（Eugo Rscg）广告公司负责，而广告的最大特点就是画面的清爽干净和文字的简洁优美。这些广告总是以清丽的蓝色天空为背景，在突出某个唯美场景的同时，点上一架小小的飞机，而他们为法航推出的广告主题则是"让天空成为地球上最好的地方"（Making the sky the best place on earth）（图13-10）。

13.2 电波媒体的广告表现

通常情况下，电波媒体可以理解成电视媒体和广播媒体的总称，它们不仅是受众日常生活的参照，还将承载重大事件，体现时代变迁，并且是一系列价值观、仪式感和社会行为的综合体现。

13.2.1 电波广告的分类

电波广告除主流的广播和电视广告外，还有一些具有类似性质的广告形式，例如：电视购物广告、电影贴片广告，以及作为广播广告延伸的网络广播广告和作为电视广告延伸的各类视频广告等。

13.2.1.1 广播和电视

作为大众媒体，广播的诞生已有100多年历史，其间，既曾叱咤风云，也曾黯然神伤。真正的广播诞生于20世纪20年代，而早在1922年，美国电话电报公司（AT&T）就在纽约创建了第一家商业广播电台WEAF，并宣布经营"收费广播"业务，即将10分钟的广播时间出售给愿意出价100美元的任何人。在中国，作为广告媒体的广播在20世纪30年代曾高度发达，后随政治格局的变化而一度沉寂，改革开放后，又受到电视和报纸的打压，但是随着新世纪汽车产业的腾飞，广播媒体出现了柳暗花明的转机，在与网络充分结合后，成长为一种细水长流式的补充型媒体。

电视广告是经由电视传播的广告形式，由于电视具有多种感官刺激的功能，故能为广告提供非同寻常的机会，而电视广告也一度被认为是广告最完美的体现，作为商业手段，广告不仅在电视传播中为受众提供了商品或服务信息，还能将人们领入一个空前奇幻的境地，与此同时，电视广告也像一面镜子，反映着社会生活的变迁以及思维方式的差异，通过影像记录社会物质生活的变化和这种变化背后的文化意义。

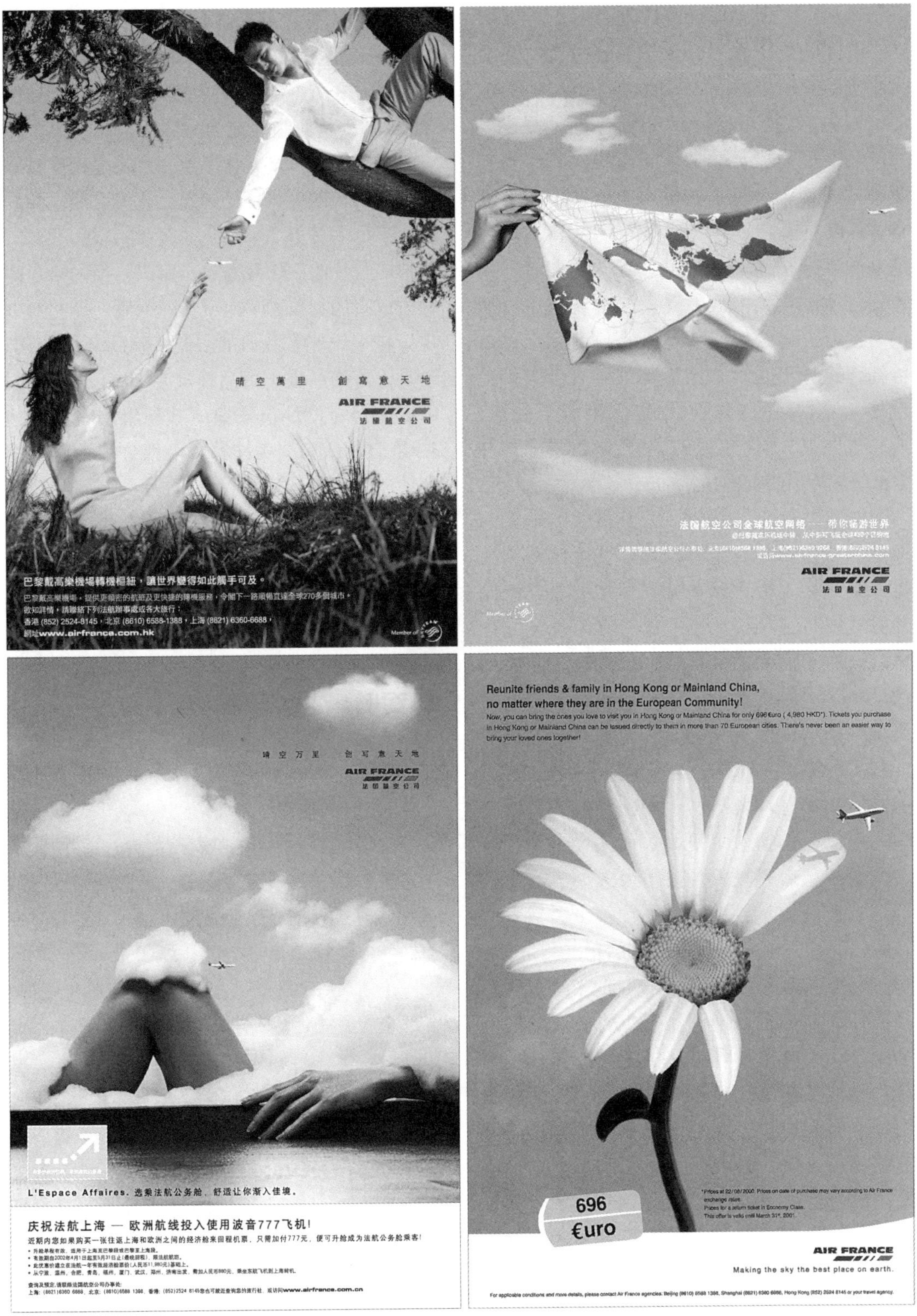

图13-10　法国航空"让天空成为地球上最好的地方"系列平面广告

13.2.1.2 　其他类电波广告

电视购物广告：一种比普通电视广告更为直接的营销传播方式，商家通过这种方式，向电视机前的广大消费者源源不断地提供各种产品及配送服务。一般，电视购物广告有两种方式，第一种是在电视上插播广告，通常长达60秒、120秒，甚至30分钟，广告内容是劝导性地描述一种产品并告知消费者一个免费订购的电话号码；此外，广告主也可通过直接开办电视购物频道来完成商家信息的传播，这种电视购物频道不仅可以全天候地宣传产品，还可开办网站以从事电子商务，或通过电视+电话（短信）+直邮目录等多种方式来满足用户的购买需求。

电影贴片广告：指在公开放映的电影前加贴的广告影片。电影贴片广告大体分为三类：第一类是电影预告片；第二类是电影制片方或发行方招揽的商业广告；第三类是指影院自主招商的贴片广告，人们在影院看到的动辄20分钟的商业广告正属于此，它们是影院除票房外的另一笔收入来源。电影贴片广告的优势是大屏幕的清晰画质和震撼效果，另外，在影院环境下，人们的注意力高度集中，所以，传播效果更好。而如今，采用互联网思维，广告投放还可与投放内容、影片票房、影院质量相结合，可预估出消费者的接触情况，并可实现广告投放的精准测量。

网络广播广告：在互联网+的带动下，广播媒体因拥抱互联网而焕发生机。互联网广播突破了传统电台及终端的限制，弥补了传统广播线性传播、转瞬即逝的缺陷，使听众可以随时收听，中断继续，从而大大扩展了它的使用效果。例如，喜马拉雅FM于2013年3月在手机客户端上线，截至2015年底，其音频总量就已超过1500万条，单日累计播放次数超过5000万次。网络广播广告的变化主要体现在人群的针对性和时间的安排上。作为窄播，它实现了时间上的从容切换，从而有利于内容的充分表达。

视频广告：新千年以来，媒体技术的发展和网速的加快，使人们花在电视上的时间更少，花在网络上的时间更多，而随时随地的"看"则理所应当地成为大势所趋。在半个多世纪的发展中，多元化影像一直是电视广告所追求和渴望的，只是受到媒介载体可能性的局限，有一些表达方式在过去很难实现，例如，超长广告片的制作及播放。所以，当网络媒体的投放费用和技术门槛突然降低后，那些对电视广告来说非常致命的限制一瞬间灰飞烟灭，于是，苏格兰威士忌品牌拉弗格（Laphroaig）可以邀请喜剧演员安迪·戴利出演一支长达3.5小时的广告，美国移动电话公司可以在网上播放一支长达7小时的广告片，而萨默斯比（Somersby）苹果酒广告则更为夸张，它直播了一名男子如同GIF图片一样做着的重复动作，并且一直做了24个小时。

■ 案例：生命苦短，尽情游戏

Xbox是由美国微软公司开发并于2001年发售的家用电视游戏机。2002年，微软公司就曾为其拍摄过一则非常大胆的广告，当年它还因"低品位、暴力、惊吓以及令人不适"而未能通过英国独立电视委员会（ITC）的审查，并在英国境内遭到禁播。

这则广告的开始是一名孕妇在医院里生产，在医生和护士的协助下，婴儿终于降生了，然而，这个娃并没有被抱下产床，而是直接飞出了窗外，飞向了天空，伴随着长长的感叹声，他在空中划出了一条抛物线，而伴随着镜头的快速切换，人们惊讶地看到，在这条象征人生轨迹的抛物线上，婴儿正在迅速长大，他变成了儿童，他变成了少年，他变成了青年，他变成了中年，随后，他开始头发稀疏，牙齿脱落，变成了老年，最后，"哐当"一声，他落入一口早已准备好的棺材之中。随后，字幕出现：生命苦短，尽情游戏（Life is short, play more.）。

13.2.2 广播广告

广播广告是指通过广播媒体承载的广告，由于完全凭借声音创造信息，所以，广播广告被认为是传统四大媒体中最为独特的一个。广播广告的形式灵活、内容丰富，但缺点是稍纵即逝、难以保留。

13.2.2.1 广播广告的构成要素

典型的广播广告由人声、音效和音乐构成，它们具有各自的特点，并将发挥各自的功能。

人声就是广告中的语言，一般表现为播音员的播读，人物的对话以及旁白。作为广告内容的承载者，人声往往是广播广告的核心，因为广告主所要传达的信息往往就在这部分被表现出来。

音效或声效（Sound effects/Audio effects）是指由声音制造的效果，例如，自然音效是指模拟自然界的各种声音：风声、雨声、雷鸣声；而环境音效是指故事发生的背景声：码头的汽笛声、汽车的喇叭声，也可能是人物行走或动物活动的声音，如掌声、笑声、哭声、脚步声、开门声、咳嗽声等。音效可以创造一种情境、一种背景，可以与解说产品的人声同时存在，从而增加单位时间的信息量，并增进某一场面的真实感、气氛或戏剧性。

音乐是情感的触发器，广播广告中的音乐主要是指背景音乐、广告歌，以及品牌标志音乐（jingle）。其中背景音乐既有一般音乐艺术的审美特征，也将包含广告艺术的特有性质，例如它的主要功能是营造一种气氛，从而将听众带入广告主预期的情景中，帮助消费者理解销售讯息。广告歌则是广告主为相关品牌特意创作或购买的歌曲，包括特定的旋律和有趣的歌词，可以引起消费者注意，激发消费者情感，烘托气氛，塑造广告形象，并引发持久记忆。至于品牌标志音乐，我们在前面的章节中已做过详尽介绍，它在广播广告中同样会发挥极其重要的作用。

13.2.2.2 广播广告的文案写作

虽然广播广告对文案人员的依赖比重较高，但与任何商业广告一样，广播广告也将在具体的营销策略和广告策略的规定下完成，这种规定既是对创意的约束，也将包括具体的媒体要求，比如广告的长度、制作的费用等。广播广告的长度通常是30秒和60秒，但也可能是15秒，40秒或别的长度。对长度的确认和文案写作息息相关，因为只有确定长度，文案人员才能决定创意的方式及文字的内容。此外，文案字数也将受到媒体客观条件的限制，按照惯例，广播广告一般每分钟240字，30秒大概120字，15秒大概60字，如果文案中包含音效、特技或一些明确的声音标识，那么，文字容量还会减少。

在确定播出时间，也就是内容容量后，文案人员就要进行脚本策划了。在脚本陈述中，文案人员应为广告中的每一位演员注明角色，还可注明音调，以标明播音员或其他角色是以生气的、滑稽的、讽刺的还是其他方式将内容表现出来。文案人员还应将音效或音乐部分与人声部分分开描述，例如通过另起一行的方式来提醒制作人或客户注意，也可在括号中注明它们在广告中的地位。

13.2.2.3 广播广告的制作流程

因为没有画面，所以，文案撰写是广播广告成功与否的重要前提，但是，一定的流程设置、时间准备及制作精度都将是质量的保证。

一旦脚本和预算获得通过，广播广告的制作就算正式开始了。首先，广告公司需要通过招标来选择制作公司，制作人将对各投标公司进行评判，还会将最后的备选项提交广告主审核并批准，随后，广告公司会将标的预算提交给广告主，标的预算包括制作公司的预算和广告公司自己的制作成本。而在广告公司和广告主对预算达成共识后，制作人便可将制作工作交付给制作公司了。

广播广告需要的专业器材和专业人员相

对简单，至于前期准备和制作流程，可参考下一节介绍的电视广告的制作。制作完成后，同样需要进入后期剪辑阶段，此过程可能会征求广告主的意见，以求得到最好的版本，在获得广告主认可后，制作公司会进行混音合成，合成过程就是使所有的音频元素各就其位，同时确保所有的声音都达到预期水平。合成完毕后的成品会被送至电台准备发布。

■ 案例：福斯润滑油广播广告脚本

1. 男1（自信，专业）：你听一下这个声音。
   音效：发动机启动、踩油门声
   男2（诚实，稳重）：这是F1赛车的专用润滑油。

2. 男1：你再听一下这个声音。
   音效：空白——
   男2：咦！我什么也没听见！

3. 男1：再仔细听听……
   音效：风吹草动
   男2：噢，听出来了，是风的声音。
   男1：对！这就是德国福斯润滑油。

4. 旁白（男1）：真正的好机油，从不声张。德国福斯。

13.2.3 电视广告

当电视这种具有现代性标志的媒体进入普通家庭后，就成为人们获知信息、享受娱乐以及接受教育的主要工具，而电视广告也成为大众文化的重要部分。

13.2.3.1 电视广告的构成要素

电视广告的基本构成要素包含视觉和听觉两个方面，其中视觉要素包括：图像和字幕；听觉要素则包括：广告语、音乐和音效。

视觉要素：图像和字幕

作为一种视觉媒体，图像元素是电视广告的主要因素。电视媒体具有广阔的创意空间，在一个核心概念下，创意人员可以选择极为丰富和绚丽的样式来进行表现，例如，为了让那些喜欢超负荷感官刺激的目标受众获得满足，可口可乐制作了一支瓶盖广告，短短60秒内，就有1600次镜头切换，而广告内容展示的是一个正在匆忙长大的孩子。

电视广告的另一个视觉要素是字幕。字幕是对内容的描述，例如显示对话或介绍背景，也可以是广告歌曲的歌词或非本土语言的翻译。当然，最重要的字幕往往出现在广告片结尾，是广告的核心文案以及公司或品牌的口号。广告字幕必须与图像元素密切配合，从而成为一种必要的补充。

听觉要素：人声、音效和音乐

和广播广告一样，电视广告的听觉要素也包括人声、音效和音乐。

电视广告的人声包括对话、产品描述和广告语等，与广播广告相比，它的优越之处在于它可以出现字幕，所以当出现不能别辨识的人声时，我们可以用字幕进行弥补。

音效是和广告内容相结合的，也许是电闪雷鸣，也许是被放大的蚊子的嗡嗡声，也许是"飞碟"到来的轰鸣声。获得第四届中国台湾广告佳作奖的"麒麟啤酒乎干啦"系列就是利用音效来加强记忆的优秀作品。每当广告结尾处，我们都会看到人们将喝完的麒麟啤酒瓶用绳系起，挂在树干上，任凭酒瓶在海风吹动下互相碰撞，发出风铃般悦耳的声音。

电视广告的音乐同样可以分为品牌标志音乐（Jingle）、背景音乐和广告歌。背景音乐和广播广告一样，并非仅作为陪衬存在，也可作为特殊的品牌语言，并可成为辅助图像表现的创意元素。例如，在百年润发的广告片中，响亮而深情的京剧会让人联想起那些缥缈而永恒的爱情，从而赋予品牌美好的感受。

在电视广告中，广告歌曲将发挥非常重

要的作用，甚至会成为某种特定的类型。广告大师奥格威就曾说过：在电视广告中，声音比视觉更让人记忆深刻。随着商业广告的日益繁荣，用来听的广告更将和流行趋势形成共生关系，不仅广告可以利用流行音乐，甚至流行音乐本身就因广告而诞生，例如，朴树为摩托罗拉创作的《Radio In My Head》，菲丝特（Feist）在iPod nano3广告中演唱的《1234》等。有人说，想做洗脑广告，就要从音乐开始。

13.2.3.2 电视广告的文本制作

对很多人来说，电视就是确定广告性质的那个媒体，可以说，是电视造就了今天的广告，而从创意到执行的周密流程，以及大量的经验积累也是电视广告最值得信赖的地方。

无论多么精彩的电视广告，都将开始于一个或简单或详细的文案脚本。

脚本（Scripe）是广告的文字表述，具体说明了广告的文字部分将如何与画面配合，如何在既定概念和构想下，体现广告主题，塑造广告形象，传播信息内容。广告脚本是广告创意的具体体现，也是摄制电视广告的基础和蓝图。之后的制作可能会改变一些原始设定，但即便是这些改变，也必须建立在最初脚本以及相关策略之上。

在脚本结构较清晰，内容较完整的前提下，美术人员还将为其制作故事版。故事版（Storyboard）是将要使用的画面和文案，按分镜头顺序表示出来的版本。在此，文字与手绘或电脑描述的关键性画面相结合，可以帮助客户和制作人员加深对广告创意的理解。搭配插图的工作有时由外请的插画师完成，在客户要求越来越苛刻的形势下，广告公司有时还不得不提供由静态画面连缀而成的动图，或干脆用影像素材剪出一支示范片来。

13.2.3.3 电视广告制作人员的构成

电视广告的制作团队将分为两个部分：广告公司的成员和制作公司的成员，后者可能包括一些独立工作的第三方。

1. 广告公司的成员

广告公司的团队一般由创意总监、文案人员、艺术指导、客服部人员和制片部人员组成。

创意总监可能会负责管理广告公司内几个不同小组的创意活动，他的作用是对所有小组生产出来的创意产品做流程及品质上的监控和指导。文案人员负责发展脚本，在制作活动中，广告导演、创意总监和艺术指导都将根据脚本开展工作，所以，文案人员需要与他们保持沟通，并和艺术指导一起对导演、演员、剪辑人员的选择提出建议。艺术指导将和文案人员共同构思广告概念，发展广告创意的细节，此外，还将监控或亲自参与故事版的制作。

客户联络人员将负责协调制作期间的排期、预算、审批等各种工作，他们是创意小组与客户之间的桥梁，而广告公司的制片人则将负责监督并协调公司内所有与制作有关的活动，例如，筛选导演，向他们发出竞标通知，参与外景地、布景和演员的挑选等。

2. 制片公司人员

制片公司的团队一般由导演、制片人、制片主任、摄影、美工、剪辑等人员组成。

导演负责电视广告的拍摄或录制，例如，负责管理演员、音乐人或播音员，以确保他们的表演有利于创意战略的体现，也负责管理并协调技术人员的活动，如给摄影师、音响师、灯光技师以及特技专家分配任务，并审核他们的工作结果。制作公司的制片人是指在制片公司内部全权统筹安排各项工作的人，好的制片人不仅是生意人，也应是创意人和技术人，他们应精通电波广告技术及概念的各个领域。另外，制片主任会负责外景地的选择和布置，例如在拍摄现场，制片主任将提供一切必须的后勤服务，落实饮食、提供化妆室，安排网络等。制作团队的另一个组成部分是摄影部，这一组成员包括摄影导演、摄影师和助理摄影师等。制作公司内部还设有美工部，包括美工指导和负责搭建布景的人员，他们是拥有设计布景、搭建背景、提供道具等专长的人才。

此外，剪接师将在后期制作时参与进来，他们的任务是在艺术指导、创意总监、导演的指导下修饰拍摄完成的广告片。剪辑师一般供职于独立的后期制作公司，他们会运用专业设备将原片进行处理，从而创作出广播或电视广告的最后版本。剪辑师还负责使电视广告的声轨与图像同步，并负责广告的转录和复制，以完成将成片送至媒体前的一切准备工作。

13.2.3.4 电视广告的制作流程

电视广告制作就是对电视广告创意进行具体有效的表现与实施，也就是将电视广告创意转化为真切动人的视听作品的过程。电视广告制作的分工很细，流程也比较复杂，在此，我们按实际操作将其分为前期制作、制作过程和后期制作三个阶段加以说明。

1. 前期制作

在电视广告的前期制作（Preproduction）阶段，广告主和广告公司将小心酝酿将创意策划付诸实现的一切手段。其中包括：

脚本和故事版的认可。首先由文案人员创作脚本，之后，为保证图像和信息间的准确配合，由美术人员提供故事板，获得确认的脚本和故事板将成为各方沟通的基础。

预算的通过。广告主一旦同意按故事板及脚本创作的范围和意图来制作广告，就必须批准预算。制片人应该和创意小组及广告主一起对拍摄成本做一个估算，包括拍摄工作台、场租、演员、人工以及其他因素的总计费用。这个预算应尽可能详细、全面，因为制片人要根据这些预算来衡量导演人选，挑选制作公司。

制片公司和其他供应商的挑选。制作公司由制片人、制片主任、声画专家、摄影师以及其他成员共同组成，他们拥有的专业知识涉及广告制作的各个方面。除制作公司外，其他属于第三方的组件供应商也是由一大批专业人才组成的，他们可为广告制作提供所需设备。

导演、后期公司和音乐供应商的挑选。制片人手上往往有几十个或上百个导演、后期制作公司和音乐供应商可供挑选。在前期制作之初，制片人就应选出最适合的导演、制作公司和音乐供应商。和故事片导演一样，广告片导演也是在日积月累的工作中形成自己的专长和名望的。广告导演负责演绎脚本和故事版，同时指导演员把创意概念转化成鲜活的画面，导演要具体说明场景的准确外景、如何布光、如何拍摄等。好的导演都会有自己的想法，所以，如果可能的话，应该早一点把他们拉进来参与讨论。与此相似，后期公司（及其剪辑师）和音乐供应商（及音乐人）也各有专长，并在自己的领域享有声誉。但是，知名度并非选择导演的唯一标准，耐克有很多广告都由名不见经传的导演拍摄，没什么名气的导演价格便宜，更重要的是，他们会有创作优秀作品的强烈愿望。

拍摄时间表的编制。接下来，制片人需要编制一份拍摄时间表（Production timetable），这份时间表要反映所有前期制作、制作和后期制作的实际时间，但注意，时间表上必须留出合理的冗余空间。

外景、布景和演员的挑选。一旦某家制作公司中标，广告主和广告公司与它的合作就算正式开始了。如果广告计划在摄影棚外拍摄，那么，制作小组要开始寻找合适又负担得起的外景地。此外，前期制作中最重要一环就是挑选演员。并非每条广告都会使用演员，可一旦在广告中出现演员，他们就必须实实在在地代表广告主，反映品牌的调性和感觉，这也是广告公司的创意人员需要自始至终参与拍摄的原因。

2. 制作和后期制作

制作阶段（Production）又叫拍摄阶段（Shoot），在这个阶段，制作团队会将脚本和故事版的内容，用胶片或数码技术生动地表现出来。广告的实际拍摄工作还包括开拍前所做的全套检查，例如灯光检查和演员彩排等。拍摄活动将对广告传播产生直接而巨大的影响，无论多么巧妙的创意和文案，都可能因为拙劣的拍摄实施而前功尽弃。

在拍摄完成后、广告播出前，广告公司还要对广告进行后期处理。这个阶段，另一批专业人员开始参与到广告的制作活动中，他们是剪辑师、音频技术师、配音专家或音乐家，广告公司会把一些工作委托给他们，从而在他们的不断加工和调试中，产生令人满意的最终作品。

电视制作成本的高昂为广告主及代理公司制造了紧张空气，一般来说，电视广告的制作预算大概会占到媒体投放费用的一成，而广告公司的创意团队最好一开始就弄清楚预算的范围，以便在卖出好创意前，确定它有执行的可能性。

■ 案例：空军英雄篇

1887年，保罗·狄森（Paul Ditisheim）将他创制的一款腕表命名为Solvil et Titus，铁达时（Solvil et Titus）品牌由此诞生。20世纪70年代，铁达时进入亚洲市场，1988年，铁达时启用演艺红星梅艳芳代言，拍摄了一辑以旧上海为背景的爱情广告，以此推广其怀旧系列。此后的整个90年代，热门港剧的播放间隙，总会出现"铁达时手表"的身影，其中最为著名和感人的要数92年周润发和吴倩莲拍摄的《空军英雄篇》了（图13-11）。

故事发生在抗日战争时代。泛黄的老照片把记忆带到一个并不遥远的过去，在空旷

图13-11 铁达时"空军英雄篇"

的飞机库里，人们正在祝贺一位空军军官（周润发饰）和一位美丽姑娘（吴倩莲饰）的结合，他们在舞池里相拥热吻，相机留下了幸福时刻。

清秋的树林，新郎骑自行车带新娘飞驰，他们躺在草地上享受温暖与喜悦，突然，空中掠过战斗机群，他们相视无言，沉默不语。

姑娘送军官去机场执行任务，分别时，他拿出了一块铁达时手表，表的背面刻着四个字"天长地久"，他们再一次拥抱。行动的时间到了，军官回望目送他的新娘，毅然进入机舱。轰鸣声中，飞机起飞了……

另一张发黄的照片成为全片的结束，那是他们在电影《魂断蓝桥》巨幅海报前的合影。画面切回发哥登机时拿着的那只背后刻字的手表，预示着发哥此行的永不归来，以及这场爱情的最终命运。

这支广告片并不长，人们却仿佛看了一部电影，一段能够感悟生死的人生。该片是广告巨子朱家鼎先生的著名作品。朱家鼎1954年出生于香港，中学毕业后至加州读建筑，1977年返港投身广告业，1983年创办灵智广告公司，当时，TVB正值鼎盛，广告业极其辉煌，所谓狮子山下精神最为雀跃的年代，也允许广告人向自己的价值观致以敬意。

13.3　新型媒体的广告表现

"新"和"旧"本来就是一个相对的概念，每个时代都有所谓的"新"媒体，广播曾是报纸的"新"媒体，电视曾是广播的"新"媒体。历史证明，只要某个能够承载广告信息的媒体展示出传播的可能性，就会被纳入实验、观察、筛选的进程，最终则可能被保留下来，成为业界的通用媒体。

13.3.1　新型媒体的分类

在此，我们将新媒体分为两个大类，一类是传统辅助性媒体的延伸，另一类则是全新崛起的数字媒体，事实上，两者之间并非泾渭分明，反而具有相互渗透的特点。

13.3.1.1　传统辅助性媒体的延伸

我们有时将传统主流媒体延伸出来的媒体定义为辅助性媒体，其中包括户外、交通、售点或礼品等，在实际营销中，它们用来补充主流媒体所欠缺的沟通，有时也会发挥一些关键性作用，此外，一些原本不作为讯息载体的媒体经过创造性使用后也可成为广告媒体，例如：城市街道上不停穿梭的物流运输车，贴在快递员身后的"移动路牌"，投射在办公楼外墙的灯光，悬挂在时尚餐厅的明信片取阅架，申请会员的精美卡片等，这些随处可见的大小标记，正是媒体不断扩充、不断深化的体现，而它们除了具有景观式效果外，还会潜移默化地改变人们的生活和认知，而当这些传统媒体与新兴创意或技术快速结合后，还能创造出更为奇幻丰富的品牌体验。

13.3.1.2　新型网络媒体

相对传统媒体的创新性运用而言，现代社会出现的最不可思议的事物则是网络。网络媒体是以信息科学和数字技术为主导，通过图像、文字、音频、视频等各种形式的结合，以传播形式和内容的数字化为特征的信息采集、存取、加工和分发方式。

在工业媒体时代，人们只能通过报纸、杂志或电视获取信息，伴随互联网技术的革新，以及个人电脑从诞生到普及的过程，人们的媒体习惯也发生了显著变化，当网民从PC终端向手机终端迁移时，受众对互联网的使用再度改变。

网络媒体使针对大众的泛播，转变为针对群体或个人的窄播，从单向传播，转变为互动传播，更为重要的是，人们可以根据自己的喜好，由被动接受转变为主动关注，当然，媒体也在高速发展的同时，从缺乏转变为过剩。此外，由于网络媒体本身正处于不断演进之中，所以，对其广告应用的探索也将随着技术的发展而不断展开。

■ 案例：生存挑战

2016年，"金铅笔ONE SHOW"将平面与户外类金奖颁给了"广告牌生存挑战赛（Survival Billboard）"。这个全新的户外广告是微软为宣传游戏《古墓丽影：崛起》而策划的。微软XBOX通过网络挑选出8名《古墓丽影》的忠实粉丝作为"活体广告样本"，在伦敦市中心的一面巨大的广告牌上，上演了真人版24小时极限生存比赛。这8个自告奋勇的参赛者身着统一的黑色连体衣和头盔被绑在广告牌上，不断承受各种恶劣环境的考验，他们中只有一人将在战胜所有对手后获得胜利，而挑战过程将在Twitter全程直播。这个"残酷"的极限挑战，是户外路牌和网络直播的混合体，它预示着未来传播无所不及的可能性。

13.3.2　传统辅助性媒体的创新性应用

传统辅助性媒体的分布极为广泛，涉及门类也非常丰富，在此，我们将它们分为装置广告、交通广告、礼品广告以及售点广告几个部分加以论述。

13.3.2.1 装置广告

装置广告是指结合传统户外广告，并融合当代装置艺术特征，将信息诉诸受众的视觉、听觉、触觉、味觉，从而获得强大表现力的宣传方式。与传统路牌相比，它更注重受众的体验、环境媒体的植入，声音的融入等一系列装置艺术的独有特性，从而在创意构思和造型上别具一格。其中，我们又可按照物理属性，将它们分为静态装置广告和动态装置广告。

静态装置广告是指采用静态装置表现和传递品牌信息的户外载体。这种装置只是单纯的摆放在某个空间内，既不会自行变化，也不能与受众达成某种互动，可以说，它是传统路牌的延伸，但在形式和外观上又采取了一些艺术手段，比如雕塑艺术的手法，此外，它更注重传播的表现力，以及消费者对广告表现的综合印象和体验。

动态装置广告是指运用科技成果，通过声、光、电、网络所创造的神奇效果以进行广告创意的全新形式，有些动态装置还可通过现代技术实现变换，并邀请公众进行互动。事实上，科学技术的发展，导致消费者的媒体接触行为大大改变，这些具有科技感、美感，并能准确传达品牌体验的动态装置因此获得了前所未有的广阔空间。此外，装置艺术特有的互动性体验，再一次从根本上改变了传者与受者的角色。公众的角色变得重要起来，他们从原来的观赏者转化成了主动的体验者和传播者。

13.3.2.2 新型交通广告

如果广告主打算瞄准生活和工作在大都市里的人群，那么，交通广告将发挥极大作用。户外广告最早就是指路牌广告和交通广告，交通广告是路牌广告的近亲，也常常和路牌广告联合使用。

所谓交通广告包括那些可以移动的交通媒体，如航班、被包裹起来的公交车或穿梭于地下的地铁，以及与之相关的机场、公交站或地铁站等。此外，空中广告，如在空中拉起标牌或条幅的飞机、空中拉烟的大型软式飞艇也应包括在内，但在我国，由于对空中飞行器的管理比较严格，所以，空中广告的应用范围还比较狭窄。

交通广告最适合用来建立并保持品牌的知名度，或集中推出某次活动，它们大多出现在人们周而复始的必经之路上，为讯息的反复亮相提供了优越的条件，而这里所谓的新型交通广告是指采用创新性材料、工艺或数字化和电子化技术，来体现广告信息的广告作品。与循规蹈矩的传统交通广告相比，它能给消费者带来更新的感受和更多的趣味。

■ 案例：材质+创意+科技

英国广播公司世界频道（BBC World）利用墙壁的转角，巧妙地设计了一个户外展示，它的广告语是"看故事的两面"（see both sides of the story），简单却有力地体现出了BBC World的新闻态度——准确是新闻最重要的道德，真相则存在于信息的全面之中（图13-12）。

IBM在开展"智慧地球"营销活动时，曾推出会变色的广告牌，这些广告牌利用感应器和LED照明装备，可根据过往行人的穿着，自动变换颜色。（图13-13）

图13-12　BBC：看故事的两面

克里斯通·奈澈尔（Koleston Naturals）是德国威娜（Wella）旗下的子品牌，以推广天然染色剂为品牌定位，目标市场是25～40岁喜欢户外运动的女性。为此，克里斯通·奈澈尔在海边树立了一面4×3米的路牌，路牌中间有个曼妙的女性轮廓，但奇怪的是，其长发和五官采用了镂空处理，于是，随着日出日落，过路行人可通过镂空处看到碧海蓝天，也就意味着女性的发色将随自然而变，从而传递出"天然染色"的产品诉求（图13-14）。

图13-13　IBM"智慧地球"户外广告

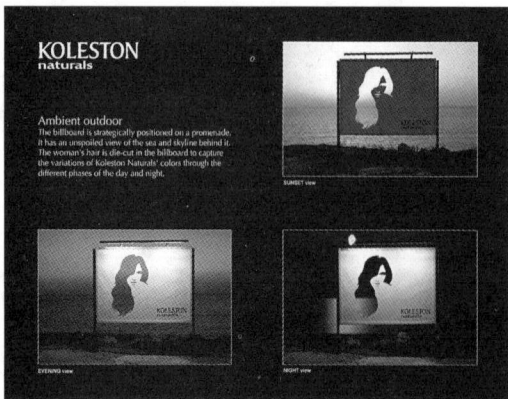

图13-14　克里斯通·奈澈尔户外广告

一些公益组织也利用全新的视觉技术进行观念传播，西班牙儿童及青少年援助基金会（ANAR）就曾制作过一款从不同角度观察，可获得不同讯息的路牌装置。当成年人或高于120厘米的人注视它时，会看见一个悲伤的男孩，以及一段写着"有时候，虐待儿童的行为只有受害者才看得到"的文字；如果站在广告牌前的是一个低于120厘米的孩子时，则会看到一个遭到痛殴的男孩，讯息显示："如果有人伤害你，请拨打下方的电话，我们会帮助你。"（图13-15）

交通广告也能让通勤或出差的人们在享受趣味中打发时间。例如，维也纳MINI交通灯（MINI Traffic Lights in Vienna）是一个斩获全场大奖的新型交通广告装置。它出现在交通流量很大的市区街头，交通灯旁的MINI车图案可根据交通灯颜色变化而变化，不仅展现了MINI车的敏捷性，还能体现车身颜色的丰富性，当然，司机在等红灯时也可免于无聊（图13-16）。

英国航空（British Airways）则树了一块互动式广告牌，由于与航运系统数据打通，使这块广告牌可以精确显示当前的航班起降，并促发广告牌中的男孩起身指向飞机位置。该广告在英国伦敦索霍区的皮卡迪利广场（Piccadilly Circus）进行投放时，让疲惫无聊的旅客们深感惊喜。

13.3.2.3　新型售点广告

售点广告（Point of Purchase Advertising, POP），泛指利用销售场所的内部和外部设施来进行推广的各类广告。传统的售点广告包括吊挂、堆头、海报、展架等，它不仅有助于生产商赢得宝贵的货位，使商品陈列区位更明显，还能使自己的产品有更多机会受到终端消费者的青睐。而新型售点广告则因与高科技的结合而变得更具魅力。例如互动电子陈列曾是最为昂贵的售点广告之一，但随着成本下降，它们开始获得了广泛使用。此

图13-15 西班牙儿童及青少年援助基金会户外广告

图13-16 维也纳MINI交通灯广告

外，一些特殊创意的运用，也令销售点变得趣味盎然。

13.3.2.4 新型礼品广告

广告礼品是企业在经营商务活动时，为扩大知名度，提高产品市场占有率，或提高销售业绩和利润而特别采购或定制的物品。礼品广告通常会包含广告主的标志，有时还会包含更多的宣传讯息。作为销售推广和广告的交叉产物，礼品广告具有很多优越之处，例如：广告主可以有针对性地制作不同形式，

可以保留较长时间，由于可免费或以较低费用获得，还可帮助消费者建立对品牌的好感。

传统礼品广告常常是棒球帽、环保袋之类的日常用品，新型礼品广告则包含更多。和许多其他辅助性媒体一样，礼品广告也存在着空间有限的问题。另外，在做决定时还需小心谨慎，因为礼品接受者一旦将品牌与他们视为垃圾货的廉价玩意儿联系起来，品牌形象就可能受损，从而让制作礼品的广告主得不偿失。

■ 案例：麦当劳线下

上海麦当劳就曾将热门手游"愤怒的小鸟"中的场景等比放大为装置，设立在餐厅门口，而在2016年《愤怒的小鸟：冲冲冲》新版手游全新上线及电影《愤怒的小鸟》登上大银幕时，则索性将餐厅整个变身成"欢乐战场"，具体内容包括设置3D互动拍照墙以及被称为"史上最大游戏机"的"愤怒的小鸟：冲冲冲"官方游戏机。

至于创意礼品，几乎可以算是麦当劳的伟大发明。1979年，在麦当劳第一套官方"开心乐园餐"中，除标配的汉堡（芝士汉堡）、炸薯条、曲奇饼干以及饮料外，还装有一个马戏团马车玩具，这是一组系列玩具，每次点餐只能获得其中一个。自此，麦当劳成功地改变了儿童的点餐方式，边吃边玩成为孩子们在麦当劳最快乐的体验。根据Nutrition Nibbies数据显示，麦当劳每年通过全球3.5万家门店卖出了15亿个玩具，随餐一乐的玩具居然让它成为全球最大的玩具经销商之一。而随着时代发展，麦当劳玩具的科技含量也越来越高。例如，2012年，麦当劳就推出了六款可玩性很强的变形金刚，而2016年，瑞典麦当劳更是推出了高科技版的"开心乐园餐"，当消费者吃完汉堡薯条后，只要依据图示把包装盒一折就能获得一副VR"开心眼镜"（Happy Goggles）。配合这款VR眼镜，麦当劳还发布了特别定制的VR游戏——"坡道之星"（Slope Stars），当然，游戏灵感来自瑞典国家滑雪队，内容则是向孩子们传授滑雪技巧。游戏是免费的，眼镜需要购买，但并不贵，大约4.10美元，限量3500副，只在瑞典14家指定麦当劳有售（图13-17）。

13.3.3 网络媒体的广告应用

现在，几乎所有公司都在考虑网络营销的问题，而与营销传播关系最为密切的应用则包

图13-17　麦当劳VR"开心眼镜"

括：创建网站、进行在线广告和促销、建立和参与网络社区、使用电子邮件以及采用移动营销。在这些内容中，有些部分和传统广告有着类似的思考和运作方式，有些部分则以全新面貌出现。在此，我们将论述有关创建网站以及在线广告和促销的内容，而将建立和参与网络社区，电子邮件以及采用移动营销的内容放在下一章整合营销中再作介绍。

13.3.3.1　创建网站

对大多数公司来说，开展网络营销的第一步就是创建公司网站，但是，因为营销目的和内容的不同，这些公司网站也将呈现出多样化的面貌，其中，最基本的网站类型是

公司网站（corporate Web site）。这种网站并不致力于出售商品，但通常会提供丰富的信息和功能，作用是回答消费者的问题，建立更加密切的客户关系，并引起人们对公司的广泛关注。此外，还有一些企业会建立营销网站（Marketing Web site），设计这种网站的意义是为了让消费者参与互动，从而使他们更有可能购买产品或达成企业主预先设定的某些营销目标。

然而，创建网站是一回事，让大家访问是另外一回事。为了吸引消费者，公司还应通过印刷广告或电波广告，并通过其他网站的广告和链接来积极推广自身的网站。与此同时，一个网站在建设时也应考虑应用问题，例如，它必须有效，在外观上有吸引力，还应容易使用。

13.3.3.2　进行在线广告和促销

随着消费者在互联网上花费的时间越来越多，许多公司正在把越来越多的营销资金投向在线广告（Online Advertising），用以树立品牌或把访问者吸引到其网站上。

在线广告的主要形式包括在线分类广告、展示型广告和搜索型广告。其中，分类广告是一种网络广告服务形式，主要用来满足企事业单位和个人商户在互联网上发布各类产品和服务信息的需求。而在线展示型广告可能出现在用户屏幕的任何地方，其传统类型包括：横幅式、通栏式、弹出式、按钮式、插播式、文字链等，新型展示型广告还可以包含卡通、影像、声音以及互动设计。在线广告的另一个热门增长点是搜索广告或关键字广告。搜索广告是指文字广告或链接出现在搜索引擎网站的搜索结果中，如用百度搜索"智能手机"时，人们会在搜索名单的前10个结果中看到10条或更多的广告，而关键字广告则是指广告商会在搜索网站上购买一些关键字，当消费者使用搜索引擎搜索到这些关键字，例如"手机"时，所有显示的优先结果无一例外是那些付费的广告商。

在线推广的其他形式还包括内容赞助和病毒营销。企业可赞助各类网站的特定内容，如新闻、金融信息或某个话题，以提高其在互联网上的曝光率。赞助式广告的形式多种多样，一般放置时间较长且无需和其他广告轮流滚动，当广告主有明确的品牌宣传目标时，赞助式广告将是一种低廉而有效的选择。

最后，网络营销可使用病毒营销（Viral Marketing），即互联网上的口碑传播营销。病毒营销一般需要设计一个非常具有感染力的电子邮件或营销事件，受众接收到这个信息后非常希望把它传递给自己的朋友。因为由受众自发传递这些信息，所以，病毒营销的成本很低。与此同时，信息来自朋友，被阅读的可能性也更大。有时，一个制作精良的正常广告也可在适当策划下像"病毒"那样去传播。有些广告在电视台播放后，大众可以不断地从网络上看到它的重播，甚至是电视上无法播放的加长版。病毒信息终结于何方，营销人员似乎无从得知，但是，创意显然在其中扮演着重要角色，如果大家不喜欢它，它根本没机会被传播，如果大家热爱它，它会像火焰一样燎原。

小结：

印刷媒体和电波媒体的主流地位正在受到挑战，数字技术挟带着无限可能扑面而来，当品牌需要唤起消费者全新的心理感受时，新的表现形式也必将应需而生。然而，对广告从业者来说，这一切不过是旧元素的新组合，而组合方式则如艾略特（T.S.Eliot）所言，"艺术家借鉴，业余者剽窃"。

课堂练习：

1.2016年"双十一"即将来临之际，天猫将其品牌资产"猫头"授权给品牌方，由品牌方在"猫头"框架中融入自家品牌所代表的生活态度及价值主张。而天猫自己则将"双十一全球狂欢节"总结为——"你所有的热爱,全在这里。"你看过这一系列广告吗?你对前些年的"双十一"广告还有印象吗?谈谈你对它们的综合感受。

2. 电讯品牌"One2Free"曾借助《麦兜故事》的流行热度,让广告歌曲《仲有最靓嘅猪腩肉》唱到街知巷闻,请问,借助热播影视的影响力是一个好方法吗?谈谈你的见解。

3. 新媒体让营销人员眼界大开,但它们又大多面临信度、效度和可靠性等新问题。你在日常生活中最常使用的新媒体是什么?你怎样看待新媒体?

思考题:HBO

HBO电视网于1972年开播,全天候播出电影、音乐、纪录片、体育赛事等娱乐节目。与绝大多数电视频道不同的是,它不卖广告,而是将付费节目作为收入来源,所以,对它而言,剧集的精彩度是决定生存发展的重要因素。事实上,HBO制作的《黑道家族》(The Sopranos)、《欲望都市》(Sex and the City)、《兄弟连》(Band of Brothers)等系列剧集都是美国电视界最受欢迎的剧集,所以,不断增强剧集对观众的吸引力也是HBO的宣传重点。

2008年,BBDO纽约为美国HBO家庭影院频道(HBO TV CHANNEL)创制的综合性广告运动《偷窥者》一举获得了戛纳广告节"促销"和"户外"双项全场大奖,而其新媒体和传统媒体的综合运用,可谓别出心裁、悬念迭出。

首先,在HBO频道网站的广告网页上,观众只要单击"双筒望远镜"图标按钮,就会迎面看到一个窗户横竖排列的公寓大楼;再点击某个窗户,外墙随即消失,观众可以清楚地看见"墙"后那家房间里的活动情景,而大楼的八套住房里,正在同时上演八个戏剧场景,有凶杀现场、刑警、神秘灵堂,有过着日本和西洋生活的家庭主妇,还有搞笑的轻喜剧。由于是经过望远镜"窥视",所以人们只能见到剧中人的动作,却听不到说话内容,而且,每次只能看到两个房间……于是,很多被吊足了胃口的网民按捺不住,便直接付费去看个究竟了。

与此同步,HBO的户外广告也令评委赞不绝口。这个创意是在纽约下东城一栋建筑物外墙上表现的:整面墙壁被铺满了视频画面,图像中的房间比例与实物大小并无二致,所以,极易给观众造成错觉,仿佛那是建筑工地上一幢尚未完工的楼房,但房间内部的隐秘却被暴露出来,这一新奇场景引来了路人的围观,而BBDO在打造这款户外广告时,还通过多面立方体展示出同一片段的不同角度,它们通过同样的演员,却上演了罗生门般完全不同的情节,所以,给人的感觉正如同HBO广告语所说,"it's more than you imagined"(永远超出想象)。

通过以上案例,我们可以看出,媒体的界线已经模糊,不同载体的完美融合正在涌现。那么,请通过你的理解,阐释这种跨媒体广告带来的影响力,并预测它的发展趋势。

第14章

整合营销传播

■ 案例：小玛丽娜

从2011年3月开始，轻博客始祖汤博乐（Tumblr）上就出现了一位多才多艺的神秘博主——小玛丽娜（Little Marina），这个"小姑娘"不仅对时尚评论驾轻就熟，还对纽约时装周（NYFW）和著名意大利针织品牌米索尼（Missoni）了如指掌，此外，她非常亲和，受众只要登录她的博客、推特，向她提出任何关于时尚和美丽的问题，她都会用连珠妙语一一回复。更让人惊讶的是，她的关注者中名流云集，连米索尼天生丽质的女继承人玛格丽塔·米索尼（Margherita Missonis）也频频与之互动。

终于，在当年9月时装周开幕时，人们如约见到了这位传说中的时尚达人，出乎所有人预料的是，这位小玛丽娜一点都不小，而是一位高达25英尺，每天都穿着漂亮新衣的可操控充气娃娃，此外，她的真实身份是塔吉特为米索尼制造的玩偶代言人（图14-1）。

2000年，成立于1962年的戴顿—赫德森公司（Dayton—Hudson）更名为塔吉特（Target）公司。塔吉特公司的总部设在明尼苏达州的明尼阿波利斯美市，它在美国47个州开设有一千多家商店，并应时代要求增加了网络营销环节。

塔吉特是美国第一家提出打折概念的商店，其顾客群中80%是女性，平均年龄为40岁，家庭平均年收入为5.1万美元，这些女性既热爱时髦，又崇尚实惠，既要求品质，也要求省时，作为一个消费力旺盛的群体，她们非常乐于光顾那些给她带来新鲜快感的购物场所，对购物体验的要求也相对较高。所以，塔吉特公司的营销策略之一就是以较为便宜的价格，购买著名设计师昂贵设计的仿制权，而被公认为针织品典范的米索尼正是塔吉特重要的合作伙伴。至于"小玛丽娜"，则是代理公司挖空心思创造出来的一个新鲜刺激并贴切持久的时尚偶像。

接下来，小玛丽娜便出现在了世界各大时装周的秀场和发布会现场，当超过真人数倍的巨大偶像出现在人群中时，自然也产生了巨大的轰动效应。成千上万的观众见证了这壮观的一幕，令她们惊喜的是，小玛丽娜非常亲民，她会时不时地俯身与粉丝合影，随机拍摄她身边走过的时尚行人，有时候，她也会妩媚地顾影自怜。

小玛丽娜的存在使米索尼服装和塔吉特商场在高端市场声名远扬。由于她是时尚专家，也是时装周历史上"最大的博主"，所以，仅时装周第一天，她的博客就获得了90000多次点击量，在这个虚拟空间里，她引导着时装周的舆论话题，和成千上万的网民进行着深入互

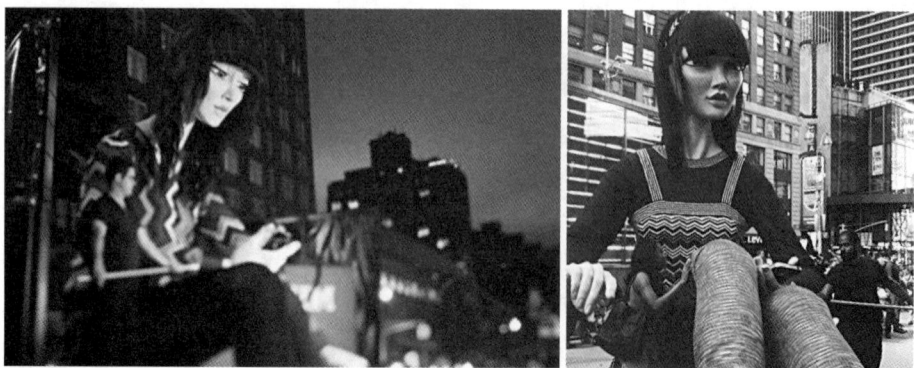

图14-1　米索尼为塔吉特制造的代言人小玛丽娜

动。与此同时，空前巨大的网络访问量和下单量使Target.com整整瘫痪了一天，塔吉特商场的米索尼服饰也在数小时内销售一空。此外，时尚界非常自然地接纳了这个硕大的"美少女"，他们没有把她当作一件营销工具，而是当成了自己团队中的一员。所以，在时装周结束后，小玛丽娜没有归隐，而是继续作为大尺码的流行符号靓丽地存在。

通过以上案例，我们可以看到，新型营销更注重一种长期而持续的交流关系，在此过程中，公关、广告、销售推广和直效营销都会加入进来，而对它们的综合应用，将会在这个信息碎片化的时代，带来更优的传播效果。

通过本章的学习，我们将掌握以下内容：
（1）公共关系的基本战略
（2）销售推广的分类及内容
（3）直接营销与网络营销的现状及趋势

广告无疑是营销传播中可资利用的重要工具，但它只是之一，整合营销沟通的每种工具都有其独特的魅力和弊端，都将凭借各自的优势和潜力为品牌创造形象，而所谓整合营销传播（IMC）虽然并不是一个全新概念，却在电波媒体日益分流，消费者注意力日益分散的情形下，重新突显其重要意义，其中，公共关系、销售推广及直接营销的作用正日渐增强，它们与广告的关系也体现为在竞争中合作，或引爆其一，波及其余。

14.1　公共关系

在消费意识高涨的今日，分众族群的多样化，使大众的偏好及购买动机变得越来越难以归类，于是，很多企业放弃了大规模的广告投放，而开始借助另一项非常重要的传播工具——公共关系来为其建立知名度。

14.1.1　企业公关的含义

奥地利人迪特里希·梅茨齐兹（Dicmich Mateschitz）创建的功能性饮料红牛，来自他在泰国喝到的一种流行饮品——克雷汀糖（Krating Daeng）。之后，红牛在几乎没做广告的前提下，就获得了世界范围的知名度，事实上，作为一个低科技含量品牌，它的成功正得益于大量企业公关的存在，而最初带动红牛公关宣传的一个事件居然是其成分中一些物质因剂量过大而在德国被禁，政府的这个做法激起了年轻人想要尝试的欲望。

由于每个人的认识角度不同，对公共关系内涵的理解各异，所以，对公关的定义也各不相同。而与营销关系密切的企业公关，最初是由企业宣传（Publicity）发展而来的。最初的企业宣传包括宣传人员准备的用以接触和影响目标市场的各种文字或图片材料，可能是年度报告、小册子、公司文件、新闻通讯和杂志等印刷文件，也可能是影片、幻灯片和录音录像磁带等视听材料。

和营销主体一样，企业公关的主体是商业企业，其目的是为企业塑造良好的形象，并通过传播和双向沟通来影响公众的态度和行为。在实践层面，许多公司都设立了营销公关部门，用以直接支持公司的产品推广和形象塑造，与此同时，也有越来越多的公司开始雇用公关公司为其处理公关事务。

14.1.2　企业公关的目的

总的说来，企业公关的目的是利用正面的公关活动以获得公众的认识、理解和好感，并处理与企业活动相关的不利事件。

14.1.2.1　树立形象，增强好感

企业公关最重要的功能就是树立形象，增强好感。1922年，沃尔特·李普曼（Walter Lippmann）在《公众舆论》（Public Opinion）一书中提出过两个重要概念："拟态环境"（Pseudo-Environments）和"刻板印象"

（stereotype）。所谓拟态环境是指传播媒体通过对已选择的象征事件进行加工、重新结构化后向人们提供的信息，通常伴随着对该事物的价值评价和好恶情感；而刻板印象则是指特定社会成员广泛接受的对事物约定俗成的看法。

在一个更多凭借主观判断，而非客观事实进行购买决策的时代，作为企业，必须不断塑造或巩固那些对他们有利的刻板印象，淡化或改造那些对他们不利的刻板印象，公共关系由于具有客观真实感，对建立、巩固或改造人们的固有印象将起到巨大作用。

14.1.2.2 促进商品和服务的销售

营销公关的另一个功能是在针对产品或服务的营销活动中，帮助企业开展对公众的管理。企业可能面对各种有关公众的营销问题，它们可能是由企业内部的活动引起的，也可能是由企业无法完全控制的外部力量引起的。以往，企业公关仅用来控制危害，而现在，它们更可以帮助企业进行建设。

"一切生意源于信息的不对称。"在网络时代到来前，这被视为一条"真理"，但随着网络技术的发展与深化，消费者拥有了越来越便利的信息分享环境，所以，广告这样的单向传播已不能完全满足消费者的需要，公关作为一种更真实的信息分享模式，则受到了越来越多的企业的重视。所有企业都开始重视新闻发布，以及有关产品宣传的公关活动，因为这些活动不仅可以提高品牌的知名度和美誉度，还可真切地介绍关于新产品的信息，甚至推进销售。

14.1.2.3 提供建议和咨询

企业公关还可用来提供建议和咨询，例如协助管理层进行内部沟通，帮助他们预测公众反应，进行游说，从而发展与各界人士的关系等。

企业内部的日常沟通不仅可以传达信息，增强企业的凝聚力和员工的忠诚度，还可更正错误，消除谣言影响。企业公关也可用于维持与股东及其他金融界人士的关系，帮助企业建立和维护与立法者及政府官员的关系，甚至帮助他们建立对自己有利的法律和规章。

英文中"游说"（Lobbying）一词来源于建筑物的门厅（Lobby），100多年前，说客们在议会大楼的门厅或议员所住酒店门厅内对他们进行游说，而如今，西方企业仍可公开雇佣说客，根据美国"政府关系专家协会"的定义，"说客的工作是代表客户或相关方的利益，使议员及其助手知道法律或条例草案将对客户产生什么影响"。

14.1.2.4 危机公关管理

公共关系还有一个非常重要的任务就是当公司遇到突发事件时，帮助公司处理对其不利的流言和传闻。随着社会环境的不断演变，不可臆测的危机将不断涌现，而危机管理就是指当企业遇到危机时，可通过一系列公关管理活动来获得公众谅解，进而挽回影响。著名的危机管理顾问杰弗里·卡波尼格罗（Jeffrey R Caponigro）曾说：危机管理的作用是将企业危机可能引发的损害降至最低，甚至将危机化为转机，并从中受惠。

危机公关属于公共关系的危害控制功能，但控制的目的并不是掩盖，而要在及时处理的前提下，防止负面事件给企业形象或品牌造成伤害。企业有时也会同时运用公共关系和企业广告两种工具来应付无法控制的负面传闻。

■ 案例：口香糖和超市

针对一般人认为嚼口香糖显得叛逆而不礼貌这一见解，清至口香糖（Trident）策划了一个公关活动。他们在艺术馆内设置了一个特别区域，让几对双胞胎正襟危坐，他们（她们）的面貌难分彼此，唯一的区别则是一个在咀嚼口香糖，而另一个没有。来访者可以对他们（她们）进行观察，也可以通过耳机向他们（她们）提问，问题的范围很广，从哪个人看起来更友善，到哪个人更性感不等，而通过活动结束后的数据显示，与人们的通常认知不同，竟然是咀嚼口香糖的人让人感觉更友善，形象更完美。这一公关事件有力地削弱了关于社交场合咀嚼口香糖不雅这一"刻板印象"，为口香糖的推广扫除了障碍。

此外，超市被认为是一定会以利益最大化作为经营原则的，而英国一家超市的老板则通过一个名为"安静时刻"（Quiet Hours）的活动改变了人们的成见。他发现残疾人对超市的音乐、推车以及电梯都非常敏感。于是，他便在特定的一天，将电视屏幕、广播和音乐全都关掉，手扶梯、推车、广播也停止使用，他将这一天的"安静时刻"留给了那些有特殊需求的人，而当这一善举被报道后，这个"安静时刻"立即成为很多人心目中的"温暖时刻"，大大提升了人们对超市品牌的认可和赞赏。

14.1.3 公共关系的主要工具

最常见的企业公关工具包括：新闻、活动赞助、公益活动、公关事件等，它们中的一些需与广告密切配合才能发挥作用。

14.1.3.1 新闻

新闻报道是一种通过报纸、电台、广播、电视台等大众媒体传播有价值信息的方式。那些关于企业的有意义和趣味的内容，可能是被媒体挖掘出来的，也可能由企业主动创造。但无论如何，新闻媒体对企业产品或活动的报道应该是无偿的，这是公关和广告之间的区别。所以，如果企业信息足够有新闻价值，它可通过比广告更低的成本，产生比广告更强的影响力，而且，它的真实性使这种影响力更为正面和持久。

星巴克在它成立的最初五年，只花了总计不到1000万美元的资金在美国做广告。对于一个每年能带来十几亿美元销售额的品牌来说，这只是一笔小钱。与此同时，世界第一大零售商沃尔玛（Wal－Mart），价值几十亿美元的品牌甲骨文（Oracle）、思科（Cisco），以及药品领域的伟哥（viagra）、百忧解（Pnzac）等，几乎都没做过什么广告就赢得了现在的世界性地位。新闻是它们获得广泛知名度的手段。当它们的革命性产品或概念作为新闻频繁地出现在媒体上时，它们自然而然地获得了极大的关注。

此外，越来越多的公司领导者都已清醒地意识到了新闻传播对企业发展的巨大价值。搜狐CEO张朝阳著名的"眼球"理论就说明了利用免费公关手段，可获得更多企业资源的道理。而如今，圆满答复媒体提问，或在行业协会及销售集会上发表演说，早已成为每个企业高管必须正视的问题，因为，他们的一举一动都会对公司形象产生影响。

14.1.3.2 活动赞助

作为到达消费者的方法之一，活动赞助正在普及。在活动赞助的早期，赞助商们多半不太清楚自己能从付出的赞助费中得到什么回报，但随着活动方式的日渐成熟，人们可以通过调查数据，确凿地获知赞助的价值。活动赞助是指生产商为某项活动提供财力或物力支持，作为回报，可在活动现场获得展示品牌名称、标志或广告讯息权利的行为。

活动赞助具有多种形式，可以是国际性的，又可以是地方性的，可以找一个现成的活动进行赞助，也可专门设计一个活动进行赞助。由于观看或参与活动的观众是自愿而来，他们将在这种有利的接受环境中接触品牌，品牌就可以从观众的有利态度中得到益处。此外，活动本身还可能通过广播、电视和印刷等媒体进行报道。所以，活动赞助商不仅可以获得与真正消费者面对面接触的机会，还可同时得到大众媒体的报道。宝马汽车公司就曾尝试过很多方法，以"更加接近"自己的潜在顾客，这些活动要么使消费者直接与自己的车辆发生关系，要么将宝马公司的名称与目标消费者关注的事情或活动联系起来（图14-2）。

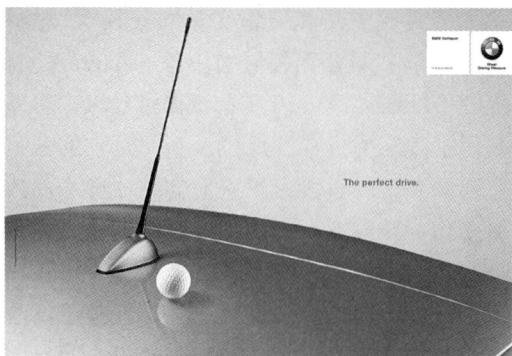

图14-2　宝马赞助高尔夫球赛事

14.1.3.3　公益活动

在社会营销理念的指导下，市场营销体系的目的不应是消费的极大化，而应追求最佳的生活质量。所谓生活质量，则不仅是消费产品和服务的质与量，还应包括生活环境的质与量。而发动或参与公益活动就是指企业从长远利益着手，通过出人、出物或出钱赞助和支持某项社会公益事业而改善企业声誉的公关实务活动。很多企业，特别是一些经济效益比较好的大型企业，每年都会预留专门的经费，用以策划和执行各类公益活动，例如，戒烟控酒、减少交通事故、保护环境、保护弱势群体等。企业这样做的目的是希望消费者理解：他们在经营企业的同时，也会考虑环境成本以及全人类的共同利益。

14.1.3.4　公关事件

企业公关中另一个被普遍使用的工具是策划公关事件，公关事件的内容非常广泛，形式也异常丰富，从产品发布会、记者招待会，到开幕典礼、激光演唱会、校园路演，不一而足。它们是为接触目标受众并引起其兴趣而策划和实施的，目的是在企业和消费者之间建立桥梁。此外，创造有价值的事件，也可吸引消费者的主动关注和主动传播，从而形成以消费者为中心的传播方式，而这样的传播要比由消费者被动接受有效得多。

公关事件往往由专门的公关策划公司根据组织形象的现状和目标要求，在分析现有条件的基础上设计完成。在此过程中，公关人员首先要依据公关调查中所确定的组织形象，提出新的形象目标和要求，并据此设计出公关活动的主题，然后，制定出实现目标应采取的最适当、最有效的行动方案。

■ 案例：别眨眼

2016年苹果秋季新品发布会在9月9日凌晨召开，苹果在发布会上推出了iPhone 7、iPhone 7 Plus、Apple Watch 2三款新品。作为一年一度的"科技春晚"，苹果发布会总会吸引万千观众去熬夜观看网络直播，而对于错过直播的受众，苹果官方则贴心制作了一则发布会回顾视频。这则名为《别眨眼》的剪辑版，用107秒的时间，以快节奏、弹幕及黑底白字的Keynote风格，回顾了整场发布会的精彩片段。例如，蒂姆·库克卖力哼唱歌曲《I Lived》，发布会的万众一心，以及纽约物理教授的科普背书。"尼特"是一个形容屏幕亮度的参数，而蜡烛是日常用品，教授将1尼特比喻为一支蜡烛的亮度，于是，关于iPhone 7 700尼特的亮度概念就立即变得浅显易懂了。此外，在宣传iPhone7的双镜头时，苹果还针对中国消费者巧妙地运用了社会高频词汇——"脱单"，其良苦用心可见一斑（图14-3）。

14.1.4　企业公关的基本战略

营销公关战略分为主动式战略和反应式战略两个大类，但它们并非彼此分离，而是同步进行的。有人说，维珍卖的从来都不是航空、CD或保险，而是消费者对这个品牌的特殊情感，而这种感情的建立既需要制造机会，也需要消除误会。

图14-3　2016年苹果秋季新品发布会

14.1.4.1　主动式公关与反应式公关战略

主动式公关战略是指以营销目标为导向，努力宣传企业及其品牌，在公关活动中采取进攻而非防守姿态的运作方式。主动式公关往往是企业营销计划的一部分，它的流程与广告相似，也包括制定目标、选择信息和工具、执行公关计划以及评估成果等过程。

在现实社会中，非商业化传播是很难控制的，流言蜚语具有强大的威力，坏口碑常常会使整个公司陷入瘫痪，而反应式公关战略就是侧重于解决企业无法控制的那些问题，尤其当危机出现时，它需要帮助企业在第一时间处理和应对危机。所以，如果说主动式公关是促进好事的发生，那么，反应式公关就是避免坏事的发生，两者是相辅相成的关系。

14.1.4.2　主动式公关战略的流程

实施主动式公关战略时，企业需制定全面的公关计划，而计划一般由以下几个关键部分组成：确立公关目标、制定公关计划、执行公关计划和评估公关成果。

1. 审核报告，确立公关目标

企业首先需要一份公关审核报告，说明企业的特征，以及策划活动的有利因素和新闻价值。审核报告中需要收集相关信息，包括：企业产品和服务描述、品牌表现、可盈利性、产品目标、市场趋势、新产品介绍、重要供应商、重要顾客、员工计划和设备、社区计划、慈善活动等，并在这些内容的基础上，确定与企业传播活动相关的目标，通常这些目标需要考虑产品/服务的使用时机和方法。

2. 制定并执行公关计划

公关公司会根据由营销计划设定的公关目标，选择适当的公关信息和工具，并将其转换为明确的方案。公关公司可以主动制造新闻，例如：主办重要的学术会议、聘请名人演讲、召开记者招待会等，每个事件都可为不同的接收者发展出不同的新闻故事，也可挖掘使人感兴趣的产品故事，提供给新闻界。执行公关活动时需关注每一个细节，对媒体来说，意义重大的故事固然很容易被刊登，但多数故事并没那么伟大，所以，细节加工才显得格外重要。

此外，公关人员的主要资产还包括他们与媒体长期合作而建立起来的私人友情，有些公关人员是过去的新闻记者，他们认识许多媒体编辑，而且了解编辑们需要怎样的新闻。

3. 评估公关成果

执行公关活动还需评估公关活动的成果。

如果公共关系与其他促销工具合并使用，则公关成果较难评估，如果公关活动是单独策划并执行的，其贡献量则较易测量和评估了。

销售和利润的变化被视为最直接的效果衡量，但这些标准往往只能间接地发挥作用。比较合理的衡量方式是测试公关活动对产品或服务关于"认知—了解—态度"阶段的改变，这种改变可以表示消费者对该产品了解程度的提高，而评估这种改变首先需要测定使用方法的事前与事后水平。此外，另一个最易衡量传播效果的标准是媒体的展露次数，公关人员应定期为客户提供报道，以展示所有新闻媒体对该活动的宣传报道，报道的深度，而刊载媒体的素质也应被考虑在内。

14.1.4.3 反应式公关的流程及最佳操作

反应式公关是指一种预防或处理危机的管理战略，危机则是指由于某些人为或非人为的突发事件及重大问题的出现，打破了组织正常的运转状态，使组织声誉和利益受到损害，甚至遭遇生存危险，从而不得不面临的一种紧张状态。危机的类型非常多，例如：产品危机、经营危机、管理危机、违法危机、竞争危机、自然灾害危机、社会环境危机等。

企业在发展过程中，将面临千头万绪、错综复杂的社会关系，所以，企业也将面临各种矛盾、冲突和纠纷，当这种矛盾、冲突和纠纷在短时间内积累并呈现为某个事件时，就会发生危机。所以，在执行反应式公关策略时，同样需要准备一份公关审核报告，以确定其中的薄弱环节。一旦危机发生，企业则应迅速启动危机处理程序，例如：快速成立危机处理小组、着手对危机进行调查和判断，制定具体对策等。

尽管成功的危机管理可以修正错误，挽回损失，获得人们谅解，甚至可以加深人们对品牌的印象，但解决危机毕竟是无奈之举，预防危机才是正确的处理之道。传播学专家凯瑟琳·弗恩·班克斯（Kathleen Fearn-Banks）就曾指出："平时对外沟通良好的组织在发生危机时，会比沟通不良的组织，遭受比较轻微的财务和形象损害"。安东尼·马拉（Anthony Marra）则把组织在危机之前的公关作为和努力称为"最佳操作"（best practices）。虽然这些操作不能使企业百分之百地免于危机侵袭，却绝对可以减少危机的伤害程度，也就是说，对任何企业来说，避免危机是不可能的，只能积极地去增强对危机的免疫力。

■ 案例：澳大利亚国家银行

1858年，澳大利亚国民银行（National Australia Bank）成立于维多利亚州，由于早期业务仅面向维多利亚州的城市，所以作为补充，不断有别的银行和新的业务加入进来。但是，多方合作的方式并非一帆风顺，很多业务和服务系统也始终无法兼容，到2011年时，澳大利亚国民银行对庞杂交错的经营状态相当不满，终于做出了和其他合作银行彻底划清界限的决定。银行间的拆分和变动都将给用户带来心理上的不适感，如何让这种恐慌和不安降到最低？怎样才能令拆分后的用户做出有利于自己的选择呢？

为了将不利因素降至最低，澳大利亚国民银行最终决定在2011年情人节期间开展一个名为"分手"的公关活动，活动的主题"分手"是将银行间的合作比喻为一种情侣关系，彼此间曾拥有过美好时光，但是，和很多情侣一样，当一方做得越来越不好，大家的目标越来越不一致时，分手变得无可避免。

活动采取了各类媒体的综合运用，他们在电视上播放了"分手"广告，在网络上征集情侣间"分手"的故事，用巨型户外广告和飞机旗帜向其他三大银行发出公开信，信件的口吻则是每个谈过恋爱的人都懂的：

"不是你，而是我……将远行""至少，我竭力成为一家更好的银行。"而在户外广告中，他们写道"虽然我们分手了，但还会和平相处。"

澳大利亚国家银行将这次活动策划得相当精致，它将矛头对准了其他三大银行，但它的目的不仅是为了和他们划清界限，更希望客户能转户到澳大利亚国民银行这里来。为了配合活动的整体需要，澳大利亚国民银行还答应承担客户转户的相关费用。

14.2　销售推广

销售推广是营销组合中快速成长的一支。无论是公司内部，还是公司外部，普遍面临着业绩增长和竞争加速的巨大压力，而无论普通消费者，还是渠道成员，都很熟悉并容易接受来自销售推广的利益。

14.2.1　销售推广的内涵及分类

销售推广（Sales Promotion）是指通过刺激手段，鼓励试用或批量购买和重复购买，以提高短期销售的商业行为。作为营销传播的重要工具之一，销售推广可产生强烈而快速的反应，以戏剧性的方式推出新产品或提升不断下降的销售量。

早在商业营销的早期，销售推广就被视为趁手的工具，例如，可口可乐在最初的营销中，就曾推出大量的销售推广活动，如品尝可口可乐即可获赠日历、时钟、明信片、剪纸等精美礼物，此举大大促进了可口可乐商标的普及，时至今天，那些托盘、花镜和画工精细的海报，早已成为古董市场的热门商品了。

典型的销售推广应做到以下两点：要么引起消费者对品牌的注意，要么给消费者和流通渠道提供更大的价值。而一般情况下，销售推广会按照对象的不同而被分为三个大类：针对消费者市场的销售推广，针对贸易市场的销售推广，以及针对企业内部员工的销售推广，具体手段会因目的不同而不同，在此，我们主要介绍前两个类型。

14.2.2　针对消费者市场

虽然一些营销战略家坚信，如果合理运用，销售推广也可为生产商带来长期回报，但总的来说，针对消费者的销售推广还是用来在短期内迅速提高销售量的。

14.2.2.1　推广目标

在决定对消费者市场实施销售推广战略后，生产商仍需制定明确的战略目标。例如：

引起尝试性购买。如果某家企业希望吸引新用户，那么销售推广可以降低消费者尝试购买新品牌的风险，所以，降价或现金返还都可以刺激消费者进行尝试性购买。

推荐新品牌。由于销售推广可引起注意，刺激尝试性购买，因此，生产商常常利用销售推广来推介新品牌。例如，派送样品。

刺激重复购买。方便消费者下次购买的优惠券或重复购买积分可以使消费者对特定品牌保持忠诚，航空公司率先采用这种优惠方式，其"经常旅行者计划"就是对旅行的公里数赠以点数，最后还能折成免费机票。

刺激批量购买。降价或"买二送一"的方式可促使消费者大量购买同一品牌的商品。这样做，企业可减少库存或加快现金流通，洗发香波经常被成双成对地包装售卖，就是为了给消费者带来额外价值的。

对抗和破坏竞争对手的战略。由于销售推广经常鼓励消费者大批量购买或尝试新品牌，因此，可用来破坏竞争对手的营销战略。如果某家企业知道自己的竞争对手正在投放某款新产品或发动新一轮广告战役，它就可以找准时间，通过提高折扣幅度或附加赠送量等销售推广手段来加以干扰，如果在打折基础上再在包装里附赠下次购买的优惠券，更可大大削弱对手的努力。

提高商店的客流量。通过特别的销售推

广或特别事件，零售商可以提高商店的客流量。例如，门票对号抽奖，停车区减价活动或店内现场广播等，都是增加客流量的惯用手段。

协助整合营销传播。在企业开展的广告、公关及其他活动的配合下，销售推广可以通过降价、赠品或抽奖等方式为商品增加附加价值。

14.2.2.2 推广方式

由于销售推广是一种专业化的沟通形式，因此，企业经常需要专门的销售推广公司来负责设计并实施相关活动。消费者市场的销售推广活动包括：优惠券、现金返还、减价优惠、样品派发、免费试用、光顾奖赏、赠品、竞赛与抽奖等，这些都是吸引普通消费者购买本公司而非竞争对手产品的方法。

优惠券。优惠券是一种有价证券，当购物者购买某种特定产品或服务时，可凭券在价格上享受一定幅度的优惠。优惠券是销售推广中最古老、最常用的形式，其首次使用可追溯到1895年，当时，C.W.邮购公司就是用一种免除零头的优惠券来吸引人们尝试他们的葡萄果仁麦片的。

现金返还。现金返还与优惠券类似，不同之处在于现金返还是在购买后才退款，而且不是在零售店内退款。经过多年的推敲改进，现金返还在各行各业都得到了应用，并发展出不同的表现形式来。

减价优惠。减价优惠是指在销售地点通过特别注明的包装给消费者提供折扣的方式，这种折扣产生的损失通常由生产商而非零售商的利润来承担。生产商喜欢减价优惠，因为它便于控制，从销售的角度来看，减价优惠还可使消费者在比较价格时形成优势。

样品派发。样品是指向消费者提供产品的货样，目的是给消费者提供一个试用的机会。让消费者试用某个品牌的做法会对他们最后的决策产生巨大影响，所以，样品派发常常用于新品上市，生产商也可利用样品派发来促进某些特定地区市场占有率比较低的老品牌的销售。

免费试用。免费试用与样品派发的目标近似，但前者一般用于比较贵重的物品，例如健身器材、家用设备、钟表和汽车等。由于企业付出的代价可能是巨大的，因此这种方式选择的细分人群必须具备很高的购买能力。

光顾奖赏。光顾奖赏也被称为常客优惠，是指给公司的产品或服务的经常使用者提供折扣或免费的商品奖励。航空运输业就擅长使用常客优惠活动来巩固消费群，为防止顾客流失，更多的品牌和连锁店也纷纷效法。

赠品。赠品是指以成本价或免费供应某些产品作为购买某一特定商品的激励。生产商在运用赠品时有两种选择方式。一种是免费赠品，其中又分为相关赠品和不相关赠品，前者如一盒巧克力中包入的一条免费巧克力，后者如企业赠送的免费工艺品、玩具和购物卡等。另一种是自偿式赠品，自偿式赠品要求消费者支付获赠物品的部分价格，例如麦当劳套餐联合推出的一些精美玩具，就需要另外付出一小笔费用。

竞赛与抽奖。竞赛与抽奖是指为消费者提供赢得现金、旅游或商品等有价事物的机会。竞赛要求消费者凭技巧和能力竞争奖品，并由客户提供的裁判小组决定优胜者，而抽奖则是一种完全由随机方式决定获奖者名单的销售推广方式，消费者只需报名就有资格参加。相对于抽奖，组织竞赛的成本往往较高。

14.2.3 针对贸易市场

我们平常看到的大部分销售推广都是针对消费者的，但事实上，企业会将更多经费花在零售商和批发商身上。贸易市场的销售推广被用来说服零售商或批发商同意销售某一品牌、给予更多货架空间，或更多投放某一品牌的广告，以便将这一品牌积极地"推"

给消费者。

14.2.3.1 推广目标

同消费者市场一样，贸易市场进行销售推广时也应设定明确目标，其中包括：

打入分销系统。由于消费者市场品牌数量的不断增加，生产商为争夺销售空间而展开了激烈的竞争，而流通渠道成员在分配销售空间时，也需找到支持自己选择的相应理由。

扩大订货量。生产商愿意流通渠道成员保持大量库存，因为这样，生产商自己就可以降低库存和运输成本，但与此相对，渠道成员却愿意频繁地少量订货，并保持较小库存，因此，销售推广可用来刺激批发商和零售商大量订货，从而将生产商的库存压力转嫁给流通渠道。

配合消费者市场的销售推广。如果流通渠道不配合，生产商就很难在消费者市场展开销售推广活动。因为在活动期间，批发商也许要保持更大的库存，而零售商也许要提供和处理特别陈列，为了获得协同效力，生产商往往会在开展消费者销售推广的同时，进行贸易市场的销售推广。

14.2.3.2 推广方式

生产商通常运用推销奖金、补贴、联合广告、贸易展览会和销售培训等方式，来促使经销商、批发商和零售商在他们的销售活动中储存和突出自己的品牌。

推销奖金。所谓推销奖金是指提供给渠道成员的各种优惠手段。为达到预定的销售目标，生产商会以旅行、礼物或现金的形式吸引零售商和批发商，促使他们对生产商品牌给予特别关注，去努力"推销"生产商的产品。

补贴。为提高零售商和批发商对某个品牌的关注程度，生产商还可以提出各种补贴形式。补贴包括免费产品和各种商业折让。制造商可提供免费商品，每当中间商购买一定数量或一定大小的商品后，就会得到额外

的免费商品。制造商也可提供各种商业折让，例如当渠道成员进货到一定数量后可获得相应的优惠，此外，还有广告折让和陈列折让，前者是对经销商为产品所做广告活动的一种补贴方式，后者是对举办特殊展示的补偿。

联合广告。联合广告又被称为纵向联合广告，也有人把它称为卖方联合方案。生产商可以通过两种方式对联合广告的内容加以控制：其中之一是严格规定广告的规格和内容，然后要求零售商证明自己投放的广告符合要求，例如英特尔在"Intel Inside"计划中所作的那样，另一种是给零售商提供广告模板，零售商只要填入自己的商店名称和地址即可。

贸易展览会。贸易展览会是指众多生产商向流通渠道展示和演示相关产品的活动。在这些活动中，企业代表应在现场讲解产品的用法，有时还需为销售人员牵线搭桥。对于那些做不起广告，又没有庞大的销售队伍足以达到所有潜在客户的小公司来说，贸易展览会可以发挥至关重要的宣传作用。

销售培训。给零售商提供员工培训也成为一种日渐普遍的贸易推广手段，这种手段常用于推销耐用消费品和特制商品，如个人电脑和健身器材等。随着这些产品的日渐复杂化，生产商必须保证那些恰如其分的真实信息和说服主题能够到达潜在顾客。所以，生产商可以针对大型零售商的员工举办特别培训班，或提供培训资料，还有一些生产商会将自己的销售培训讲师派到零售店，与商店员工并肩作战。

14.2.4　机会、风险以及与广告的关系

销售推广能否成功的关键在于消费者是否认为从中可以获得价值的最大化。这其实是一种心理感觉，所以，销售推广有着自身的机会和风险，并与建立品牌形象的广告保持着密切联系。

14.2.4.1 销售推广的机会与风险

随着市场竞争的逐步升级，销售推广已成为最令人瞩目的营销活动之一，其原因包括以下一些内容：

首先是对效益的更高要求。在一个削减开支、缩小规模的时代，企业希望所有的营销活动都更加有效，而当生产商以能否有助于销售和利润作为衡量营销活动的标准时，广告的成效较难计算，销售推广的效果却非常明显。其二，精明的顾客每购买一件物品都希望获得附加价值。优惠券、赠品和其他销售推广手段都有利于提升品牌在这些顾客心中的价值，而他们对品牌的有利态度还会传染给其他以价值为重的消费者。其三，每年都会有成千上万的新品牌进入市场，而在品牌林立的环境中抓住消费者的注意力并不容易，于是，生产商转而采用了销售推广的手段。面对消费者要求以更低价格享受更多更好商品的新环境，强势的大型零售商（包括电商）也会要求生产商给予更多优惠。此外，媒介混乱是广告活动中始终存在的问题，由于广告媒体挤满了争夺同一个目标的广告，所以，销售推广反倒成为突破重围的有效方式。

然而，无论是消费者市场，还是贸易市场，当生产商在立竿见影地获得销售成果的同时，也不能无视销售推广的风险，其中包括：由于大多数销售推广或多或少地依赖于某种形式的价格刺激或赠品，所以实施这种手段的企业很可能被视为除了便宜一无长处。另外，销售推广通常只是一种短期战术，目的在于减少库存，加快现金流动，或在短期内迅速扩大市场份额，但这种做法的缺陷在于企业有可能预支了未来的销售，所以，一旦企业主要依赖抽奖或常客优惠来维持顾客，尤其是品牌忠诚顾客的话，则可能因为一些小的变化或失误而失去他们。销售推广还有关于时间与花费，以及相关法律等问题，因为开发和管理有效的销售推广活动要求企业投入大量的人力、物力、财力和精力。

14.2.4.2 销售推广与广告的关系

销售推广影响市场需求的方式不同于广告，大多数广告的目的是在品牌知名度、形象和偏好方面施加影响，销售推广则要立即吸引消费者注意力、提供信息，并给响应者以快速奖赏。西方有句谚语说"你可以把马拉到河边，却不能强迫马喝水"，但营销学家认为，如果广告是把马引到河边，那么销售推广就是诱惑马立即喝水。

正确的广告可以为销售推广创造出恰如其分的品牌形象，只有当消费者认可这个品牌，才会将这个品牌所进行的销售推广视为获得超额价值的大好机会。所以，销售推广与广告宣传应该是相辅相成的，而企业在进行销售推广时，也要注意品牌问题，销售推广的形式和方式，需尽可能与广告传递出来的品牌形象保持一致。例如，同样是销售推广广告，匡威时尚个性，中兴百货神秘古怪，而家乐福则简单明了（图14-4～图14-6）。

其次，销售推广往往需要在整合营销概念的统领下完成，即便是一个简单的样品发放，也可能需要贯彻整合营销的核心创意，而销售推广的信息有时就是广告发布的内容，两者的某些部分是重叠的，在实际工作中，要把两者截然分开也并不容易。

14.3 直接营销与网络营销

事实上，在很多方面，直销都不仅仅是一个传播工具，而成为将传播和分销渠道合二为一的整合营销方法了。

14.3.1 直接营销

广义的直接营销（Direct Marketing）就是指与顾客进行的直接沟通或交易。营销者往往会与经过仔细筛选的目标顾客进行直接接触，而除了创建品牌形象外，直

图14-4 匡威主题广告及销售推广广告

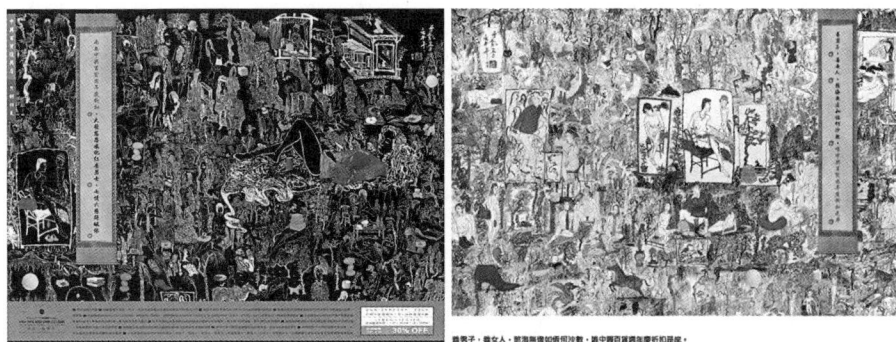

图14-5 中兴百货销售推广广告

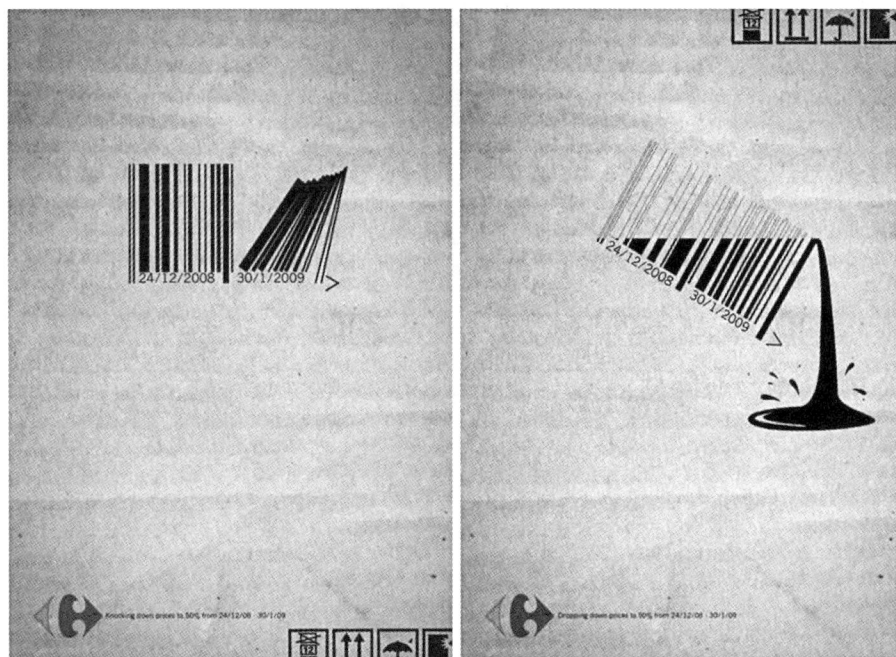

图14-6 家乐福销售推广广告

销者通常会追求直接的、即时的、可测量的顾客反应，并与之建立持久的关系。早期的直接营销（目录公司、直邮企业以及电话营销者）主要通过邮寄和电话销售商品，时至今日，数据库技术的快速发展和互联网的出现，使直销从形式到内容上都发生了翻天覆地的变化。

好的直销应该开始于一个好的客户数据库。如果公司不了解它的顾客，就无法很好地满足他们的需求。客户数据库（Customer Database）是个体客户和预期客户综合信息的有序集合，其中包括地理、人口统计、消费心态，以及消费行为等相关数据。

虽然大多数公司仍把直销作为营销产品的辅助渠道或媒介，但对某些公司来说，直接营销已不再仅仅是一个辅助渠道或媒介，而是一个新型的完整的商务模式了。

14.3.2 网络营销

网络的诞生导致了现代营销方式的剧变，究其根本，并不在于巨大的规模，不在于全球性的硬件设施，而在于某种不可逆转的趋势，这种趋势不仅表现为传统行业的集体下滑，更体现为新兴行业的迅速崛起。

14.3.2.1 网络营销的内涵

直效营销是营销传播的重要手段，网络营销则可视为直接营销增长最快的形式。

互联网改变着世界，其中一个显著的背景就是所有企业的数字化常态，这种新常态对买方和服务于他们的营销人员都产生了巨大影响，而另一个特别之处则是新型电子中间商的出现，中间商原本指在制造商与消费者之间专门进行商品交换的经济组织或个人，而所谓新型中间商，主要是指基于网络的以信息服务为导向的电子中间商，其中又细分出一个更新的类型——移动中间商。

目前的网络营销主要有四种形式，即：B2C（Business-to-Customer，公司对顾客），

指通过互联网为终端消费者提供产品或服务，代表网站是京东；B2B（Business-to-Business，公司对公司），指大型营销商提供在线产品信息、客户采购服务和客户支持服务，代表网站是阿里巴巴；C2C（Consumer to Consumer，顾客对顾客），指感兴趣的当事人通过网络进行在线交流，内容涉及各种产品和主题，代表网站是淘宝；C2B（Customer to Business，顾客对公司），指顾客可便捷地与企业对话或在网上搜索买家。

互联网以及与之相关的新技术的广泛应用使世界出现了前所未有的扁平化趋势。在此基础上，国家与地区间的联系也得到了前所未有的强化。我们曾在上一章探讨过开展网络营销的方式，并介绍了创建网站和在线广告和促销的内容，而在这里，我们将介绍有关电子邮件营销，网络社区以及移动营销的内容。

14.3.2.2 使用电子邮件

作为一种网络联络方式，电子邮件广告是指通过互联网将广告信息发送到用户电子邮箱的广告形式。在一定程度上，电子邮件广告和传统直邮广告的性质是一样的。电子邮件使一些公司能向那些有需求的顾客发送高度目标性、个性化、有关系导向的信息。虽然，日益增长的电子邮件也有其弊端，例如垃圾邮件的爆发已引起了消费者的反感甚至愤怒，但是，如果使用恰当，电子邮件仍然是直接营销的有力媒介。因为它具有目标有效性和低成本的特点，所以，其投资回报率比所有其他任何形式的直销媒体都要高。

14.3.2.3 建立和参与网络社区

互联网的兴起产生了一系列被称为社交网站（Social Network Site，SNS）或网络社区的东西。不计其数的社交网站使得消费者能够在线上聚集、社交、交换观点和信息。虽然从1971年世界上第一封电子邮件开始，互联网就以一种社交性特征呈现在受众面前，但直到社交网络的真正兴起，才彻底改变了

人们的沟通方式。

社交网站从21世纪开始正式进入全球视野：2001年，Meetup.com网站成立；2002年，Friendster上线；2年后，Facebook在哈佛大学寝室上线，将社交媒体带入了鼎盛期，而至今，活跃在世界范围内的社交媒体包括：Twitter、Facebook、Instagram、Pinterest、LinkedIn、Snapchat、Live-Streaming等。

中国社交网站的发展也紧随世界，早期是BBS（Bulletin Board System，电子布告栏）时代，也称论坛，代表网站是天涯、猫扑和西祠胡同；2007年，受Facebook启发，人人网在大学生中流传，开启了中国社交网站的井喷式发展；2008年，开心网成立，其娱乐性、互动性受到了白领阶层的推广；2009年，新浪微博作为社交媒体的新形式出现；2011年，腾讯推出微信（WeChat）……如今可谓一个垂直社交媒体的应用时代，它与其他三个阶段在时间上交相辉映，并与游戏、电子商务、分类信息等彼此结合。

网络社区满足了志趣相投的小群体间的信息交流，也让营销人员更方便了解某一特定群体的兴趣和偏好。他们运用社交媒体主要通过两种形式：加入一个已经存在的网络社区（图14-7）或自行建立一个。前者如著名的社交平台微博，微信，网络问答社区知乎等。以知乎为例，目前官方公布的日活跃用户已达1300万，月页面浏览量超过50亿，而除这些量化概念外，在对某些公众及品牌类话题讨论时，知乎还可承载舆论风向前置引导的作用。后者则为一些著名公司所建立，例如，在Nike's Nike Plus网站上，就有全球上千万跑步爱好者上传、记录、分享他们的运动经历，而前文提到的佳能照片链（EOS Photochains）也具有类似的性质。

14.3.2.4　采用移动营销

随着手机、智能设备、平板电脑的普及，更多人开始使用移动终端。移动营销将营销信息和促销信息通过移动设备传递给消费者，营销人员可以使用移动营销在任何地点、任何时间与消费者进行互动。

移动终端的营销活动可能包括展示型、搜索型以及在网络社区置入视频等方式，移动媒体的传播能创造持续的影响力和参与度，例如，当营销者将视线从大规模市场移开，企图在微观市场与顾客营造亲密关系时，App内置广告就应运而生了。

种类繁多的App（Application）主要是指安装在智能手机上的各类软件（图14-8）。而伴随平板电脑和大屏触摸手机等硬件产品的普遍使用，Wi-Fi、3G、4G对流量限制的解放，App将对数字营销产生更深远影响。对企业来说，将品牌信息植入App无疑是一个绝佳方案。其植入方式往往有以下几种：加载应用时植入广告，运行应用时穿插广告，运行主界面中呈现商家标志广告等。相对那些自动弹出的广告，这种让用户不经意获取的商业信息，可

图14-7　杜蕾斯入驻facebook

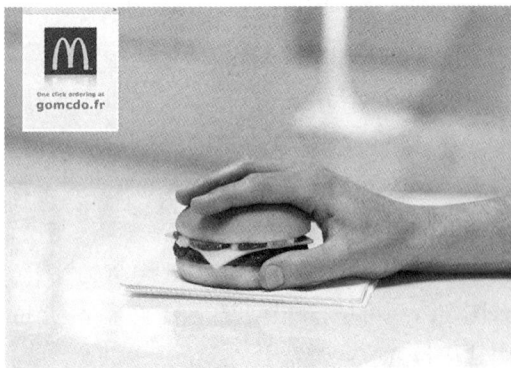

图14-8　麦当劳采用iPhone app下单

实现润物细无声的宣传效果，而一些App的创造性应用，更会给人以惊艳之感。例如，来自瑞典的IF保险公司就推出了一款导航App，与其他导航类App不同，当用户使用这款App导航至学校、幼儿园等儿童经常出没的区域时，App就会用儿童的声音替换掉大人的声音，并通过这种方式提醒司机，在这里开车，需要更加谨慎！

■ 案例：杜蕾斯

论追热点，如果杜蕾斯（Durex）自称第二，那就没人敢说第一。事实上，面对每一个可能的机会点，杜蕾斯可能迟到，但从未缺席，即便是在2017年11月24日一个平淡无奇的感恩节里，杜蕾斯也在没有通知其他品牌的情况下，从早上10点到晚上11点在其官方微博上，以每小时发布一张海报的方式，一口气撩了包括绿箭、德芙、Jeep、美的、宜家、Levi's在内的13个品牌。被撩品牌纷纷呼应，你来我往，煞是有趣，而在持续一天的"商业互吹"中，还有些品牌主动加入，不为别的，只为蹭个热点（图14-9）。不过，无论如何，观众们还是非常感激杜蕾斯发起的这场文案烟花秀，正是这些有趣的文字，让不相关的路人也有了狂欢的理由。

小结：

在市场营销的舞台上，广告不是在演一出独角戏。作为集体演出中的一员，广告必须与其他成员，例如公共关系、销售推广和直销营销和谐一致，共同努力，方能演绎出最好的效果，因为归根结底，每个消费者都希望从自己的购买活动中受益，而企业也不会放过任何一个可以抵达用户内心的工具。

课堂练习：

1. 市场背景分析包括哪些内容？它们对制定主动式公关策略有什么帮助？

2. 只销售绿色产品的"美体小铺"（The Body shop）为宣扬他们的正直，便用"人类学部"来取代广告部，你认可这种做法吗？为什么？

3. 销售推广和广告常常是结合在一起的。例如，特价包装总是将两件相关的产品绑在一起，如牙刷与牙膏，而广告会在包装上直接体现出来。你会购买这类商品吗？为什么？

4. 建立社交网络的理念之一是"六度分隔理论"，它于1967年由哈佛大学心理学教授斯坦利·米尔格拉姆（Stanley Milgram）提出，按照六度分割理论，最多通过6个人，通过'熟人的熟人'，你就能认识世界上任何一个陌生人，而个体社交圈的不断扩大，最终将形成一个大型的全球化的网络。你怎样看待社交媒体，如果通过它们进行商业活动，你能接受的方式是什么？

思考题：麦当劳

作为快餐行业的大哥大，遍布全球的麦当劳餐厅总是不遗余力地开发新的创意手段，以锁定并吸引目标消费群，而其宣传手段广泛地分布在不同领域，从极简路牌到店头包装，再到萌趣玩具，无不用花样繁多的创意

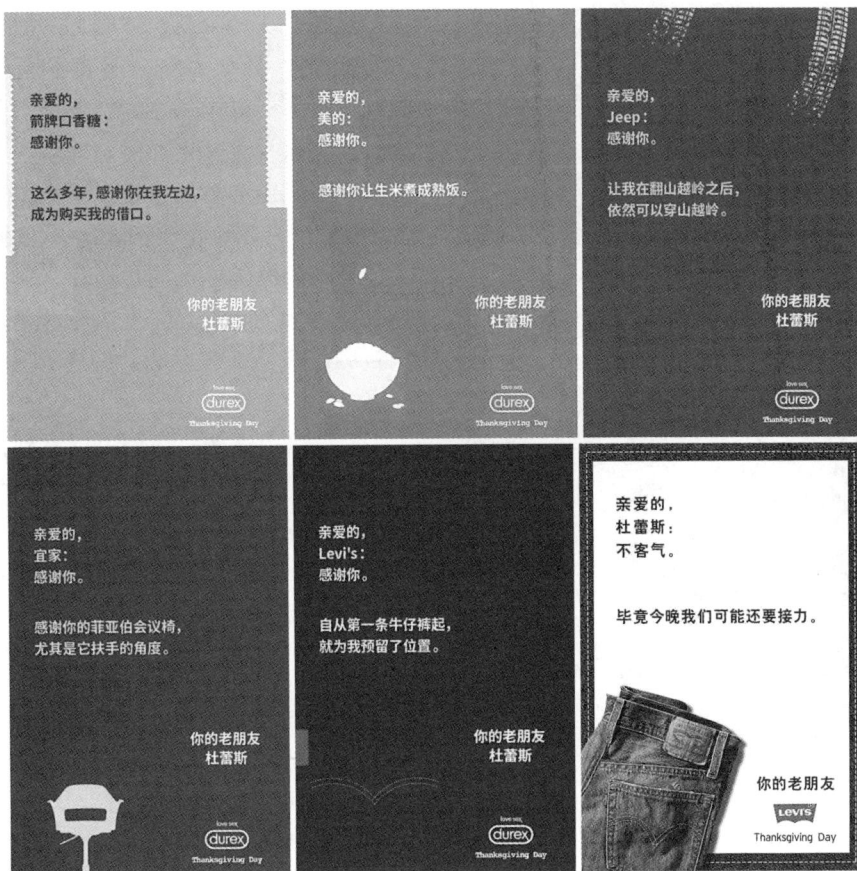

图14-9　杜蕾斯微博广告

语言向全世界宣告，即便简单如面包，也可以倾倒众生。

麦当劳2007年推出24小时服务时，曾制作了一个霸气十足的户外路牌广告。具体做法是在纯红色的路牌背景前，用两束交叉的黄色射光组成了麦当劳的"M"型标识，而文案只是"夜间开放"（Open At Night）三个简短的单词。醒目、智慧，一个多余的标点符号都没有（图14-10）。

像麦当劳这样的业界老大，如果没几个敌对头，简直不好意思称王，而不负众望，麦当劳的确有数位缠斗不休的"老冤家"，汉堡王就是其中之一。在法国，麦当劳设有超过1000家公路旁店面（Mc Drive），而对汉堡王来说，类似的店面尚不足20家。于是，在

法国一条公路旁，麦当劳竖起了一个小小的路牌，告知司机：再走上5公里，就可以去麦当劳用餐了。然后，它又为老冤家汉堡王竖起了另外一块大大的路牌，上面，麦当劳贴心地提示司机："只需要左拐右拐左拐右拐二十多次，就可以吃上258公里外的汉堡王了！加油！"在地广人稀的高速公路上，能看见路牌的司机显然有限，恶毒至此的麦当劳绝不可能轻易地善罢甘休，它要通过网络满世界去讲这个"故事"。所以，麦当劳随后特意制作了一个用于病毒传播的小短片，详细讲述了制作路牌的幕后花絮。片中，那些看见一高一低两块路牌的司机，无不将车停将下车，捧着肚子笑个够，再去麦当劳喝两杯咖啡，才能继续出发。

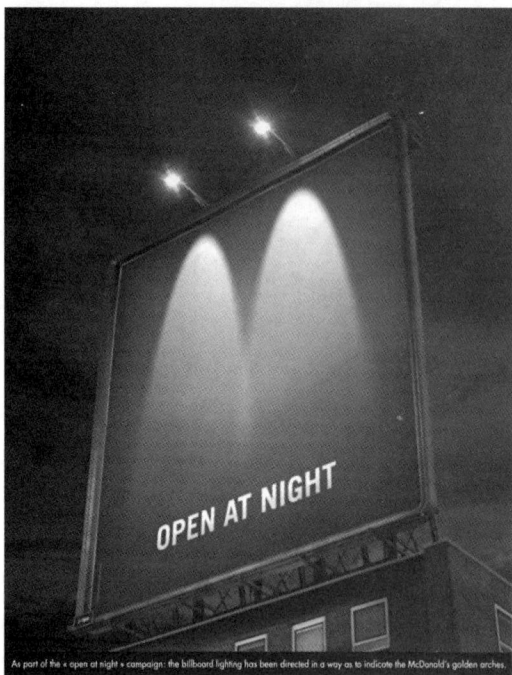

As part of the « open at night » campaign: the billboard lighting has been directed in a way as to indicate the McDonald's golden arches.

图14-10 麦当劳户外广告

此外，在一个新媒体崛起的时代，麦当劳不仅要打击对手外，还要不断地突破自我。一旦不能开风气之先，不能引领时尚潮流，就会被视为落伍而濒临险境，为此，瑞典麦当劳别出心裁地推出了一个"巨无霸线上生活馆"，在这个平台上，不仅销售巨无霸，还销售巨无霸的周边产品，例如巨无霸内衣、巨无霸睡衣等。麦当劳这是要转行干点新事业吗？显然不是，它只是想让消费者高兴一下。

通过以上案例，我们可以看到，营销传播其实可以有各种各样的方式，请就此问题谈谈你对整合营销的理解，就个人兴趣而言，你更愿意从事哪个领域的工作？

第15章

与广告相关的社会伦理及法律法规

■ 案例：正义与偏见

　　贝纳通公司（Benetton）是一个诞生于意大利的家族企业，最初以生产手工编织套衫为主，后扩展到休闲服、化妆品、玩具、泳装、眼镜、手表、文具、内衣、鞋、居家用品等更为广泛的领域。1982年，摄影师奥利维罗·托斯卡尼（Oliviero Toscani）加入贝纳通，负责服装广告。起初，托斯卡尼乐于使用各民族年轻人欢聚嬉戏的照片，他们拥有不同肤色，身穿不同色彩的贝纳通时装，肤色与服装相映成趣，婉转地表达出关于种族平等、世界大同的美好愿望，但尚未脱离一般服饰广告的基本特征。

　　1985年，托斯卡尼担任贝纳通的广告总监，这个雄心勃勃的广告人并不甘于安享收入颇丰的职位，他希望用更狂放的形式让贝纳通和他自己名垂青史，于是，在获得充分授权后，托斯卡尼推出了著名的"贝纳通色彩联合国"（The united colors of Benetton）。这一系列平面广告与其说是广告，不如说是一组寓意独特的照片，它们触及了各种社会敏感问题：恐怖主义、艾滋病、环境污染、种族歧视、战争、废除死刑、宗教冲突等，而它们和摄影照片间的唯一区别仅仅是附上了贝纳通的商标。此举正是托斯卡尼为贝纳通"脱离平庸"而特意设计的，他宣称：我们的广告将不同于任何传统广告，我们将没有文案，没有产品，不会要求你购买我们的衣服，甚至不会如此暗示，它们所有的努力只是提出一个吸引公众的问题。

　　它们果然吸引了公众的目光，因为它们是如此与众不同。在1985年的《接吻儿童》篇中，两个黑人儿童，一个裹着美国的星条旗，另一个则裹着原苏联由镰刀、锤子和五角星组成的红色国旗正在接吻。是年，戈尔巴乔夫与密特朗进行巴黎会晤，当车队经过飘扬着贝纳通广告的香榭丽舍大街时，诧异不已的戈尔巴乔夫忍不住询问随行人员："贝

纳通是谁？"同样令人震撼的还有1988年的《哺乳篇》和1989年的《手铐篇》，前者是一个黑人妈妈正在哺育白人婴儿，后者则是一只白人的手与一只黑人的手被金属手铐牢牢地铐在了一起。

　　进入20世纪90年代后，贝纳通广告与现实的联系更加紧密。1991年是国际局势剧烈震荡的一年，这一年爆发了海湾战争，也面临着苏联的解体，而这一年贝纳通几乎每张广告都能引发轩然大波。

　　《天使和魔鬼》继续了之前对种族与肤色的探讨，画面中有着一头金色卷发的白人女孩和梳着怪兽犄角辫的黑人女孩相拥而笑，但"谁是天使？谁是魔鬼？"，隐藏至深的偏见和歧视从她们诞生那一刻就被注定（图15-1）；而引发争议最多的则是一张名为《上帝之吻》的广告，画面上神父和修女相拥接吻，让观者目瞪口呆，而贝纳通的解释是：爱，能超越所有禁忌。

　　这一年，贝纳通还发布了《彩色安全套篇》，贝纳通是最早关注艾滋病问题的企业，也是第一家将安全套这种被人们讳莫如深的"私物"当作时尚公然亮出的企业。1993年，贝纳通再次推出了"HIV病毒呈阳性/感染者"系列广告，这三张照片，分别是手臂、背部和腹部的特写，其上赫然可见的字迹是"HIV POSITIVE"（HIV病毒呈阳性/感染者），含义是作为HIV病毒携带者的艾滋病人，就如同打上烙印一般成为全社会的"异类"，生活在可怕的隔离和歧视之中，广告同时告知大众，HIV感染的主要渠道是静脉注射和不安全的性行为。

　　然而，贝纳通的激进态度常常会招惹各类政府机构和社会团体的反对，有些广告会触犯某些国家的习俗或宗教信仰，甚至会触碰法律底线。例如，《哺乳篇》声称提倡种族和谐，却招来黑白双方的抗议，白人团体将其视为污蔑，黑人团体则认为广告画面隐含了对殖民时期黑人奴隶的嘲弄，英美各家杂志都以争议太大为由拒绝刊登；《手铐篇》也

被认为有种族歧视的嫌疑，在美国媒体刊登几次后便销声匿迹了；《战争墓地》是在海湾战争爆发前夕被刊登在意大利日报上的，随即因过于敏感而被意大利广告主自我管理委员会禁刊，在英、法、德等地区同样如此；《上帝之吻》（图15-2）因触犯宗教禁忌而被意大利广告当局严格禁止；《脐带相连篇》推出后，英国广告规范局下令贝纳通撤回广告，并通知各媒体"在刊登任何贝纳通广告前，必须征询英国广告规范局的意见"。

除政府管制外，对现实生活的伦理冲击也不是毫无代价的。《彩色安全套篇》虽然开启了安全套非神秘化的先河，也为关注艾滋病、普及艾滋病知识和预防艾滋病做出了卓越贡献，但在当年，这些广告不仅被社会规则所排斥，还激怒了很多普通读者，在意大利和美国，不断有人指责其色情低俗、不堪入目。另一个例子是1994年名为《知名战士篇》（也被称为《血衣》）（图15-3）的广告，画面上是一件沾满鲜血的血衣，它的主人是萨格勒布农科院的学生Marinko Gagro。他临近毕业，并准备和交往多年的女友结婚，但一切都在1993年的波黑战争中化为泡影，只剩下死前穿着的血衣，静静地躺在白色背景中。广告的主旨是反战，然而，据资料显示，自从血淋淋的T恤广告刊出后，专卖店的生意就一落千丈。

事实上，贝纳通所有引发争议的广告，实际刊登的次数都很少，由于经常遭到禁播，所以，消费者多数是在新闻版面，而非广告版面看到它们，也就是说，贝纳通的广告投放策略就是把会引发争议的广告刊登在一些花费很少的小媒体上，一旦遭到禁播，就会有大媒体随之跟进，这样，不仅可以免费获得大范围的报道，还会引发好奇的受众特意找来阅读——不能不说，这是一个非常精明的举动。所以，虽然贝纳通广告的主题永远围绕着人类的正义、平等和理想而展开，却总有一个声音在提醒人们：在这些看似冷峻、高尚和非商业诉求的广告背后，依然是强大

图15-1 《天使和魔鬼》

图15-2 《上帝之吻》

图15-3 《知名战士篇》

的商业利益的驱动。

通过本章的学习，我们将掌握以下内容：
（1）广告的社会因素
（2）广告的伦理因素
（3）广告的管理因素

广告是否受人操纵，具有欺骗性，是否浪费资源，加重了拜物主义，或者，广告是否揭露了重要问题，提高了人民的生活水准，再或者，广告是否老套不变，破坏了人们的审美情趣……作为社会不可分割的组成部分，对广告的研究也不应局限于商业领域，而应

致力于包括社会发展和文明进步在内的人类生活的全部。所以，作为本书的最后一章，我们将考察广告与社会、伦理等宏观因素间的互动，同时探讨法律法规对广告的约束以及广告行业的自律问题。

15.1 广告的社会因素

广告是商品社会的产物，从诞生之日起，广告就和社会发展息息相关，而伴随着社会生活的日益复杂和丰富，相关的讨论非但没有结束，反而保持着越来越开放的状态。

15.1.1 对生活水平的影响

广告究竟是提高了生活水平，还是导致商品价格过高，并扩大了贫富差距呢？

15.1.1.1 提高生活水平

拥护广告的一方认为，由于广告而产生的规模经济降低了产品的生产成本，使消费者在实际购买中享受到了更便宜的产品，而竞争压力以及对扩大市场的渴望，也促使企业不断研发和生产更好的产品，另一方面，由于广告可以缩短消费者搜索商品的时间，所以，也算变相地提升了消费者的生活品质。

此外，广告主投放的巨额广告费，为杂志社、报社、广播电台、电视台提供了强大的资金支持，而媒体唯有通过来自广告的巨额费用，才有可能制作和播放各类丰富多彩的节目，人们也才有机会以较低的价格享受到这些信息和娱乐资源。否则，电视网和广播网的节目就不会成为免费商品，报纸也可能会贵上2～4倍。

15.1.1.2 导致价格过高

现代市场营销也被指责由于过多的广告而导致产品价格升高。广告主在产品陈列和包装方面花费了大量费用，这些费用占到了制造商给零售商价格的40%以上，而大部分包装和陈列效果仅仅增加了产品的心理价值，而非功能价值。此外，包括广告在内的各种销售促进活动同样需要成本，这些费用最终也被加在消费者头上，导致了产品的价格远远高于成本。

还有一些人认为，品牌间的差异其实毫无意义，品牌种类的繁多并没有给大家提供实质上的选择余地，广告主利用营销，特意将那些差别并不大的产品，如化妆品、洗衣粉、香水、肥皂等制造出差别，从而营造出一种过度生产、相互竞争的社会氛围。结果，它们只是提高了某些人的生活水平，却扩大了贫富差距。例如，化妆品巨头雅诗兰黛公司（Estee Lauder）总是在广告中宣称自己的产品是那些追求理想肤色的女性的终极解决方案，但事实上，它每一美元的销售额中有近30美分都用于品牌推广，而它的实际作用不过是满足了高阶层妇女的虚荣心而已。

15.1.2 对社会风气的影响

广告人曾因为普及现代文明和倡导新兴生活而获得尊重，但近年来，广告已日渐成为社会的噪音，那么，广告究竟是推动了社会进步，还是败坏了社会风气呢？

15.1.2.1 推动社会进步

以言谈刻薄著称的英国首相温斯顿·丘吉尔（Winston L.S. Churchill）曾给广告以非常正面的评价，他说："广告培育了人的消费力，为人们争取更好的衣着、更好的饮食立下目标，它激发个人的努力，也刺激了生产。广告的速度和到达率推动了新事物的传播，这就意味着新发现可以非常迅速地被传达至市场中的大批消费者中。"美国总统富兰克林·罗斯福（Franklin D. Roosevelt）则更为推心置腹地感慨："如果我能够重新生活，任我挑选职业的话，我想我会进入广告界，若不是有广告来传播高水平的知识，过去半个世纪，各阶层人民现代文明水平的普遍提高是不可能的。"

此外，文化学者也认为，在当代消费出现之前，许多商品的享用都受到了社会阶层的限制，是广告促使了商品的民主化，因为广告可以教育消费者，用他们所需要的信息武装他们，从而使他们得以在知情的状态下做出购买决策。

15.1.2.2 助长消费主义

但也有学者认为，广告浪费资源，助长消费主义，是资本主义操纵人类的得力工具。

消费主义是指人们毫无顾忌地消耗物质财富和自然资源，并把消费看作人生最高目标的社会观和价值观。消费主义表现为对物质产品的大量占有，毫无必要的更新换代，以及消耗各种能源和资源，并随意抛弃仍具有使用价值的产品等。

广告被认为强化了消费主义，早在20世纪60年代，西方就有批评者认为，人们如此重视物质，并非出于天性，而是由于包括广告在内的市场营销所产生的错误引导。企业雇用广告商刺激消费者对物质的欲望，广告商则利用媒体创造超越自然承受能力的物质生活模式，于是，整个世界的秩序按照品牌进行编码和排列，进而形成"物的体系"，这种体系导致了人类毫无节制的贪婪，从此，人们努力工作不再是为了赚钱购买必需品，而是为了购买广告中创造出来的那种奢华生活和那些人们并不真正需要的东西。

这种源源不断的对物的消费和占有，除了体现生活方式、身份地位和优越感外，并无其他价值，却支撑着整个消费社会的无限扩张，并毫无顾忌地造成了对环境的污染和对能源的消耗。甚至，由于文化、教育类节目的受众相对较少，广告主只热衷于购买通俗节目的广告版位或时段，还导致了整个社会文化品质的集体降低。

20世纪80年代，西方世界对财富及物质的追求达到了高潮，而中国大陆在改革开放后的40年里，对物的崇拜也如日中天，这种社会风气赤裸裸地体现在广告中，如"年收入100万以下的人请勿阅读本广告"或"尊贵稀有，引来万众艳羡目光"等无不是消费主义的本质体现。

■ 案例：REI

"黑色星期五"是感恩节的第二天，也是美国人心目中极为重要的购物日。然而，户外用品零售商REI却选择在这个一年中最忙的购物日将旗下143家门店暂停营业，同时，让自己的12000名员工全部外出玩耍。是什么原因导致REI放着生意不做，竟做出闭门谢客的惊人之举呢？

原来，作为运动品牌的REI觉得美国人民的购物热情逐年升高，已近乎癫狂状态，而这样下去，将彻底失去和自然与天性的联系，于是，它决定通过这样的举动来倡导人们回归理性，将业余生活重新放在亲近自然的户外休闲上。此外，REI不仅身体力行，从自家员工做起，也呼吁其他商家加入其中。

虽然，这一举动的出发点依然与行业利益相关，但这种反其道而行之的创意还是引起了各大媒体的关注，也引发了大众对消费主义的深思。

15.1.3 对审美的影响

审美是建立在理智与情感、主观与客观基础上，对事物进行认识、理解、感知和评判的过程。作为商业艺术的广告，究竟是在创造美，还是在贬损美，也是一个值得探讨的问题。

15.1.3.1 创造美

广告主以及为之服务的广告公司需要表现出比常人更多的敏感性，他们需要寻找那些抓住并维持受众注意力的新方法。一些精彩、新颖的广告创意已被公认为人类创造力的突出代表，很多文化人士甚至宽容地将其列入最重要的社会文化资产之一。在文化氛围浓厚的法国，就有一个极其流行的半小时周末节目，名叫《文化酒吧》，在每个周日的晚上，知识分子们会在节目中闲聊最新的广告，并发表他们的独特见解。此外，法国人让·玛丽·布尔西科（Jean Marie Boursicot）还创办了举世瞩目的"广告饕餮之夜"。早在1980年，他就曾以"布尔西科资料中心"的名义在巴黎一家影院举办过一次名为"甜食"的广告放映活动，这次活动连续放映了几百部优秀的广告影片，此后，每年一度的广告盛宴便成了巴黎人的固定大餐，而从1984年开始，布尔西科又把这道甜食推向海外，这个由500部当年影视广告精品所组成的专辑，会在包括中国在内的40多个国家巡回放映。

15.1.3.2　贬损美

创意平庸、缺乏美感、可视性不强的广告堪称广告暴力，是对受众审美的折磨，但在某个时期，这样的广告竟然占到了广告投放的绝大多数，例如，著名的恒源祥《十二生肖篇》就在长达1分钟的时间里，让北京奥运会会徽和恒源祥商标组成的画面静止不动，而单调的童声则从"恒源祥，北京奥运会赞助商，鼠鼠鼠"、"恒源祥，北京奥运会赞助商，牛牛牛……"一直念到"恒源祥，北京奥运会赞助商，猪猪猪"。丑陋浅薄、毫无创意的"创意"，加上高密度的播出频率，让观众在惊吓之余吐槽不止。

此外，另一些广告对美感的贬损并非在形式层面，而在精神层面，如下文中的"喜欢就按"，虽可以激起人们参与商业活动的欲望，也不存在强制性购买等非道德因素，却是对带有羞辱效果的恶趣味的提倡，是有失格调的低层次的诉求主题。

■ 案例：喜欢就按

2012年，澳大利亚零食商神奇公司（Fantastic）在澳大利亚购物中心建立了一个

互动式自动贩卖机，而它的目的是证明人们对薯片的热爱程度。其活动规则为：只要按照自动贩卖机的要求做出相关动作，就会得到免费薯片一包。

那么，为了得到这包免费薯片，人们到底愿意做些什么呢？

一开始，人们的任务不过是根据屏幕提示的数量点击红色按钮，但随着机器提出条件的越来越苛刻，需要按钮的次数也越增越多，机器设置的任务也越变越困难，比如，它会要求人们发出怪异的声响，跳"斗鸡舞"，甚至双膝跪地高举双手来"膜拜"它。如果人们愿意执行这些"丢脸"的动作，当然就证明人们对薯片的狂热迷恋了。此后不久，他们还推出了另一项街头活动——"小白鼠实验室"，希望再次证明人类对薯片的忠诚。

但是，人们真的有必要为一包薯片，奋不顾身地去完成这许多"无理要求"吗？这是一个好创意的出发点吗？这样的活动将美感置于何处呢？

15.2　广告的伦理因素

伦理是人们行为的参照标准和原则。是否合乎伦理在某种程度上，既取决于社会规则，也取决于个人判断。在此，我们将从真实性和社会道德感两个方面来展开讨论。

15.2.1　广告的真实性

广告的真实性是一个重要的法律问题，但也包含着相关的伦理因素。广告最基本的伦理就涉及是否欺骗的问题。早在20世纪初期，百货业巨子沃纳梅克就曾塑造了广告行业的最高标准，在他创办的费城和纽约的百货店内，沃纳梅克将价格和"质量不符即保证退款"的承诺放置在一起，并用公开投放的广告予以支持。到20世纪五六十年代，广

告人已将诚实地执行广告作为职业道德的重要部分来遵守,例如,伯恩巴克就曾将对客户和消费者的诚实视为信仰,而李奥·贝纳则说,"即使不考虑道德因素,不诚实的广告也将被证实无利可图。"虽然没有人会公然否认诚实的价值,但直到今天,利用欺骗博取信任,进而换来销售的做法依然盛行,很多广告主和广告公司依然无法抵御利益的诱惑。

链接:虚假广告史

广告在产品层面的虚假性,可能会存在相当大的危害。19世纪后期,大多数媒体所刊登的广告都是以药品和医疗设备为主的,这些万灵药总是向消费者做出包治百病的承诺,从疟疾到脊髓炎直至瘫痪,无所不能。进入20世纪后,情况有所改善,但即便如此,一些公司甚至大公司依然难辞其咎,例如,从1921年开始,华纳兰伯特公司(Warner-Lambert)就在广告中宣称李施德林(Listerine)漱口水可以预防感冒和咽喉痛,到1975年时,这条广告被认为具有欺骗性,而该公司被勒令拿出1000万美元发布"更正"广告,以消除它留在人们脑海中的错误印象。

除明白无误的谎言外,某些广告则擅长利用花言巧语来掩盖事实。例如,某种面包在广告中声称其所含热量较低,事实情况却是它将面包片切得更薄。而一种减肥药号称,一经服用,就可随时随地吃任何东西而不影响减肥效果,结果呢?这项声明竟然相当真实,因为药丸的主要成分是幼绦虫,这些寄生虫会在人体内生长,吸干人体所有的营养,长期服食,几乎会让人活活饿死。

广告也可能用虚假的托词来吸引购买者。例如某些广告用特价商品来吸引受众,但当消费者真正去购买时,这款特价商品不是缺货,就是被告知存在某些无法接受的瑕疵,进而被诱导去购买另外一款更贵的商品。

此外,还包括虚假示范。在1990年沃尔沃的一则广告中,巨大的卡车用超常的硕大轮胎从一排小车顶上隆隆驶过,除一辆沃尔沃轿车外,其余小车悉数压扁,沃尔沃的安全性让人叹服,然而,口碑良好的沃尔沃公司,竟在这次展示中做了手脚:沃尔沃轿车的顶部被加固,其他轿车的顶部却被相应减弱。

另外,在电视购物广告中,戏剧化的产品演示,大幅度的降价、限时销售,以及各种名不符实的销售信息都存在着或大或小的消费陷阱。

还有一些商家惯用的小把戏,如推销汤料时将透明小石子铺在碗底,以使汤料中的内容物看起来更多,或将商品照片进行美化,使它远远优于实物等,当然,如今的广告商已经学会了用"产品展示仅供参考"之类的法律声明来为这样的欺骗开脱,导致消费者在失望和愤懑之余,却无话可说。

广告的利益企图是如此露骨,广告的欺诈手段又是如此繁多,难怪人们在谈起广告时,总是一副厌恶的样子。

15.2.2 是否违背社会道德

道德是指衡量行为是否正当的观念标准,一个社会往往有全社会公认的道德规范,它可以通过社会舆论来约束人们的行为,但不具备强制性。此外,道德和文化关系密切,不同时代、不同社会、不同文化所重视的道德元素、优先性及标准也会有所不同。

有一部分广告会直接或间接地对社会道德产生不良影响。如在海王金尊的广告中,张铁林分别以清朝皇帝和现代人的装扮来推销一种可以缓解酒精伤害的产品,广告内容先是"干干干"的酒桌呼喝,随后是一位女士忧心忡忡的发问:"肝可怎么办?"接下来,张铁林斩钉截铁地回答道:"要干,更要肝!"接下来"干干干……"的吵闹声继续响起,最后出现广告语"有海王金尊,第二天舒服一点儿。"从产品到广告,都在提倡一种不文明的饮酒文化。

有些创意手法也被认为不够道德,例如,

比较式广告会引发笑料，但也会因互相攻击而遭人反感。在美国，只有当广告主对自己或对方的产品、服务、活动做了不实表现时，才有可能引起民事诉讼，而在中国，竞争式广告是被明令禁止的。

广告的道德影响力，在针对妇女、儿童、青少年等弱势群体时体现得更为明显。在一支国外广告中，女孩说她妈妈比她漂亮，所以她恨妈妈，在另一支中，广告主让"一群小大人"议论起了父母的性生活。这些内容都是对未成年人的亵渎和诱导。此外，广告信息还会得到未成年人的效法，在某支床垫广告中，为证明床垫的舒适，广告商设计了这样一个情节：小孩被闹钟吵醒，他狠狠地将闹钟摔在地上，并继续呼呼大睡。诱导孩子睡懒觉和毁坏东西成为家长们普遍反对这支广告的理由。

■ 案例：CK

假如回顾时装品牌的"禁片"史，CK必然首当其冲。

CK是卡尔文·克雷恩（Calvin Klein）1968年创办的一个以自己名字命名的美国时装品牌，旗下有"Calvin Klein Collection"（高级时装）、"CK Calvin Klein"（高级成衣）、"CKJ"（牛仔）三大系列，另有休闲装、袜子、内衣、睡衣、泳衣、香水、眼镜、家饰用品等产品类型。

挑逗性感向来是CK广告的重要标志。早在20世纪80年代，CK就邀请波姬·小丝（Brooke Shields）为其拍摄了牛仔裤广告。彼时的波姬·小丝只有15岁，国色天香，她在广告里展示了自己的窈窕身材，并在轻佻地吹完一声口哨后，说出了那句著名的广告语，"想知道我和卡文之间隔着什么吗？什么也没有。"这支广告迷住了成千上万的年轻人。

之后，CK继续态度鲜明地走在通往极致性感的小路上。1995年，CK在广告中描绘了

一群青年男女参加角色选拔的场面。这些演员看上去只有十几岁，通篇没有裸体镜头，但他们摆出各种带有性暗示的姿势，有些镜头还露出了模特的内裤，画外音则是一个年长男人的发问，问题具有明显的挑逗性，而广告的格调和布景也在模拟20世纪70年代地下室放映的那些色情电影的路子。广告招来多方投诉，教会和家庭团体扬言要把经销CK产品的百货店包围起来，纽约市议员呼吁大家抵制CK产品，业界专家提出尖锐批评，媒体主管为是否接受CK广告争论不休，连CK自己的经销商也恳请公司撤回广告，甚至，联邦调查局（FBI）也介入其中。

尽管如此，性感依然是CK的核心价值。最近的CK 2016春夏广告再次惹来是非。这次，模特克拉拉·克里斯汀（Klara Kristin）被采取偷拍者常常使用的仰角拍摄的手法，令缤纷的裙底风光一览无余，结果，这支广告因涉嫌"粉饰及美化性骚扰"而被"美国国家性剥削中心"（National Center on Sexual Exploitation）正式举报，举报声明中宣称，该广告"违反女性意志或在被拍者无意识情况下偷拍裙底，不仅在许多州属于犯罪，也侵犯了隐私和公众信任。"

15.2.3 是否对部分群体构成歧视和冒犯

除公共道德外，广告主也会因冒犯部分人群而引发不满。广告内容总是会直接或间接地涉及人类共同体关于利益、地位、声望的分配问题，所以，对一些敏感事件，不同的人会有不同的解释，例如在美国，使用有色人种作广告模特时就需时刻注意"政治正确"，而在欧洲，当广告涉及历史问题和宗教问题时，也会在不经意间得罪部分人群。

另一些冒犯来自表现手法，例如恐怖诉求法就很容易引起社会学家和心理学家的质疑，疾病控制中心（Centers for Disease Control, CDC）发布的艾滋病预防广告常因太过直露而招致批评。同样，在香港街头，一幅来自公益

组织的禁烟广告也饱受争议。这幅图片是采用黑白色调处理的成人胸部X光片，但在两肺间积聚了上百支色彩逼真的香烟头，它的确达到了令人警觉的传播效果，却因画面"惊悚"而使部分市民感觉晦气。

■ 案例：女性的地位

在一则1935年的力士平面广告中，女子因担心丈夫嫌弃自己的汗味而焦虑不堪。当时正值大萧条时期，妇女没有太多的工作机会，所以，维护和丈夫的关系似乎是必不可少的，而在一个每天洗澡还很罕见，个人卫生意识正在兴起的社会里，妇女的焦虑就是商机所在。于是，在这则广告中，力士公司宣传它的产品可以帮助女性去除内衣散发的汗味，结果是，力士不仅挽救了衣物的色彩和纤维，还挽救了可能崩溃的婚姻——"有了Lux，Bob就可以回家吃晚饭了。"

80年过去了，今天的广告依然会采用类似的诉求，例如，在一则抽油烟机广告中，女主人在沾满油污的厨房里辛苦擦洗，烦恼不堪，忽然，镜头切换，新型抽油烟机无需清洗，就可银光闪闪，于是女主人露出了灿烂的笑容，广告词则强调"没有油烟味，只有女人味"。很多女性对这一情节非常反感，认为广告表现存在着明显的男权视角，它的诉求基础无非是能讨男人高兴的才是好女人这样的腐朽价值观。与此同时，那些贩卖苗条身材，突出三围的广告都会被女性主义者认为具有潜在的性别歧视。

15.2.4 是否强制性入侵以及侵犯隐私

广告的另一个可恶之处是其强制性入侵的方式，以及对人们隐私的侵犯。

广告经常以一种强制性的方式进入人们的感觉器官：广告版面霸占了印刷刊物的醒目位置；广告牌破坏了自然风景；电视剧集中大量插播的广告让观众饱受突然打断的苦恼。此外，数据库虽然为企业主创造了极大的便利，却无情地剥夺了消费者的隐私。稍不留神，消费者的名字、电话、住址、邮箱就会进到某些公司的数据库中，而营销者从此可以轻而易举地联系到他们苦苦寻求的人群。也许部分消费者愿意收到与他们兴趣相符的商品，但绝大多数情况下，这些广告都将是对消费者隐私的侵犯。

15.3　广告的管理因素

我们将广告的管理因素分为政府管理和行业自律两个方面加以解析。政府对企业的经营活动制定了各种各样的详细规定，所以，营销人员必须经常咨询和学习有关产品安全性、广告真实性等方面的具体内容。此外，行业自律也将作为一种趋势而受到业内人士的广泛关注。

15.3.1　广告法律法规的制定

中华人民共和国成立之后，党和政府对旧的广告业进行了社会主义改造，使其适应经济恢复和发展的需要。而从20世纪60年代中期开始，受到"左"的路线的严重影响，我国与国际广告界的接触与交往逐渐断绝。

中国广告理论和广告活动的真正发展，始于党的十一届三中全会的召开。此后，我国不仅恢复了广告的制作和播出，还开设了广告专业，发表了广告理论著作，并加强了对广告的法制建设。1982年2月，国务院正式发布了《广告管理暂行条例》，同年，国家工商行政管理局发布了《广告管理暂行条例实施细则》。1987年10月，国务院在总结经验的基础上正式颁布了《广告管理条例》。1988年1月，国家工商行政管理局发布了《〈广告管理条例〉施行细则》。1995年2月1日，《中华人民共和国广告法》正式实施，而2015年9月1日，由中华人民共和国第十二届全国人民代表大会常务委员会第十四次会议修订通过的《中华人民共和国广告法》（2015版）宣告正式施行。

15.3.2　广告行业的自律

除政府的严厉监管外，广告主及广告公司也开始实行了自我管理，这其中很大一部分原因来自消费者的觉醒。

15.3.2.1　当代消费者的态度

曾经，信息的不对称是消费者面对的头号问题，但现在，虽然产品变得越来越复杂，越来越危险，消费者却也变得越来越聪明，越来越有辨识力。他们中的一些人受过更好的教育，更有见识，而互联网的发达，也促使他们更具学习能力。他们希望知晓关于商品的各类事项，包括产品每单位的真实价格、产品的基本成分、产品的新鲜度（标明使用期限）和产品的真正好处（真实的广告）。当他们发现自己的某项交易不公平时，还会向产品所属的公司或大众传媒申述。另外，少数更具前瞻性的消费者还会促进企业的社会化营销。例如，他们会思考品牌的广告体系是否能够在满足消费者需求的前提下不损害环境，他们希望企业在做出经营行为时，其目的不仅是消费的极大化，更可提供最佳的生活质量，而这里的生活质量不是单纯的产品和服务，还包括可持续发展的生态系统。

来自消费者的运动是从欧美等发达国家兴起的，如今已遍及包括中国在内的整个世界。这场看起来不会终结的运动，将对广告主及广告公司的思考和行动产生深刻影响。

15.3.2.2　广告行业的回应

广告行业当然不能漠视消费者的需求和愿望。所以，不论是在真实性，还是在社会道德以及审美趣味方面，都应积极观察和回应来自消费者的诉求。

除了避免设置那些会受到法律惩罚的陷阱，如欺骗性或诱导性广告外，广告主和广告公司还应努力提升品牌的正面作用。包括

可口可乐在内的世界著名品牌都设有专门的品牌监测部门，他们会时时关注自己的品牌表现，一旦自己的品牌和一些不健康的事情发生联系，公司便会采取相应措施立即消除这种联想。

此外，用社会营销观念来修正市场营销观念也是全社会的努力方向，社会营销观念不仅应考虑消费者的需要和公司目标，还应考虑整个社会长远的利益。所以，改善不良空气、污染水质及化学处理过的食品，抵制有毒废弃物和随处乱丢垃圾对生态系统的危害，让人与自然和谐相处，这些概念都要求企业在决策时加以考虑，并在广告中得以体现。

■ 案例：看得见的善意

很多人不愿从事公益，或向慈善机构进行捐赠，并非缺乏同情心或性格冷漠，而是对公益机构缺乏信任，对慈善捐助之后的实际用途缺乏感知。

成立于1958年的德国米索尔（Misereor）是一家公益组织，致力于为菲律宾、秘鲁等第三世界国家提供帮助。为了让人们真实地感受到行善的意义，为了让慈善变得更加直观，来自德国汉堡的创意代理商Kolle Rebbe以Pose机为原型帮助米索尔制作了一个户外广告装置——"刷卡捐助"（The Social Swipe）。

看起来这是一个普通的电子路牌，画面中央是一块普通的面包，当路人拿信用卡轻轻一刷，他们就实实在在地为贫困人群捐出了2欧元，而画面上的面包也应声切开，这个设备还可结合后台的信用卡验证数据进行统计，等用户的捐款到达指定账户时，屏幕上的面包就会被拿走，同时屏幕上会显示感谢语，而当每个月的信用卡账单寄送到捐赠人手中时，他还可以再次看到自己的捐献记录及感谢语。

这台装置得到了在线支付公司Stripe的

支持，而这种温暖的即视感，让小笔捐赠的参与者真切地感觉到"给比拿快乐"的真理。

小结：

本章探讨了广告活动在社会、伦理及管理方面的影响，包括它们最常面临的批评，以及应该如何呼应对消费者的需求等。有时，广告主及其广告公司会把广告视为传递个体思想的载体，而他们应时刻铭记，只有在社会框架和法律框架的规定内，这些思想才能发挥作用。

课堂练习：

1. 随着近年来全世界反烟运动的高涨，万宝路颓势已现，你认为莫里斯公司应采取什么样的措施来应对这个不断变化的世界？

2. 商业社会的奇怪规律之一就是：每当有解决问题的商品被发明后，总会带来新的需要解决的问题。你怎么看待这个规律？

思考题：广告人的职业道德

伯恩巴克不仅拥有超越同侪的才华，还具有崇高的职业尊严和道德勇气，在整个广告生涯中，他的天才形象始终像一位鼓舞人心的父亲。在主持公司的37年间，他只做那些对消费者有利的广告，对于那些在他看来有害的商品，即便提供再多的广告费，也能抵制诱惑。此外，某些公司为争取客户会不择手段，无论是奉承夸口，还是蔑视妥协，无所不用其极，但伯恩巴克领导下的DDB却能够做到既不循规蹈矩，也不卑躬屈膝。

不仅对消费者和客户保持尊重和礼貌，对待员工也是如此。在伯恩巴克一手建立的工作理念中，管理层应该像对待同事而不是对待工人那样与雇员平等相处，伯恩巴克自己经常会离开办公室，到创意部和大家围坐在圆桌前，一起讨论客户的方案或发想创意，这样的做法，不仅让员工产生敬意，也大大激发了他们的创造力。

伯恩巴克于1982年因白血病去世，但他的名字却被整个广告界铭记和怀念，甚至有人认为，是他把广告提升为一种高雅的艺术，把广告从一种工作提升为一种受人尊敬的职业。

通过以上描述，我们不仅简单回顾了一位伟大创意人的一生，还将在结束本门课程前，留给大家一个问题：作为广告人，除了具备智慧、趣味和判断力外，还应具备怎样的品质和精神？

参考文献
References

著作：

［1］许舜英，《中兴百货广告作品全集》，湖南美术出版社，2001.10

［2］朱海松，《国际4A广告公司基本操作流程》，广东经济出版，2002.4

［3］陈培爱，《中外广告史》，中国物价出版社，2002.8

［4］陈培爱，《广告学概论》，高等教育出版社，2004.8

［5］魏炬，《世界广告巨擘》，中国人民大学出版社，2006.3

［6］余明阳，《品牌管理学》，复旦大学出版社，2006.12

［7］冯象，《木腿正义》，北京大学出版社，2007.1

［8］阳翼，万木春，《港澳台广告：行业解读与案例赏析》，暨南大学出版社，2007.11

［9］吴军，《浪潮之巅》，人民邮电出版社，2016.5

［10］（美）乔治·路易斯著，刘家驯译，《蔚蓝诡计》，海南出版社，1996.11

［11］（美）路克·苏立文著，乞丐猫译，《文案发烧》，商业周刊出版，2000.4

［12］（法）让—马贺．杜瑞著，陈文玲译，《颠覆广告》，中国财政经济出版社，2002.11

［13］（美）托马斯·C.奥吉恩，克里斯．T.艾伦，理查德.J.塞梅尼克著，程坪，张树庭译，《广告学》，机械工业出版社，2002.5

［14］（美）大卫·奥格威著，林桦译，《一个广告人的自白》，中国物价出版社，2003.7

［15］（美）阿尔·里斯，劳拉·里斯著，罗汉，虞琦译，《公关第一，广告第二》，上海人民出版社，2004.4

［16］（德）艾尔布、莱特·罗赛切著，黎晓旭译，《品牌背后的故事——企业文化与全球品牌》，广西师范大学出版社，2006.11

［17］（美）詹姆斯·特威切尔著，屈小丽译，《美国的广告》，江苏人民出版社，2006.8

［18］（美）奇普·希思，丹·希思著，雷静译，《让创意更有黏性》，中信出版社，2007.11

［19］（美）菲尔·杜森伯著，宋洁译，《洞人心弦》，上海远东出版社，2008.1

［20］（英）安妮·格里高利编，张婧，幸培瑜，王嘉译，《公共关系实践（第2版）》，北京大学出版社，2008.5

［21］（美）菲利普·科特勒著，王永贵，于洪彦，何佳讯，陈荣译，《营销管理》第13版，格致出版社，2009.11

［22］（美）克劳德·霍普金斯著，邱凯生译，《我的广告生涯＋科学的广告》，华文出版社，2010.10

［23］（美）霍华德·舒尔茨，多利·琼斯·扬著，文敏译，《将心注入》，中信出版社，2011.4

［24］（美）霍华德·舒尔茨，乔安·戈登著，张万伟译，《一路向前》，中信出版社，2011.4

［25］（美）沃尔特·艾萨克森著，管延圻等译，《史蒂夫·乔布斯传》，中信出版社，2011.10

［26］（加）菲利普·马尔尚著，何道宽译，《麦克卢汉传——媒介及信使者》，中国人民大学出版社，2015.1

论文：

［1］赵伟光，《高校广告学专业学科体系的构建》，《商业文化》，2011.11

［2］李岩，《从电视广告创意看大陆——香港两地文化观念的差异》，浙江大学学报，2003.3

［3］余有利，《百事可乐VS可口可乐——挑战与防守的经典博弈》，《现代企业教育》，2009.1

［4］韩纪扬，《独特≠创新——08戛纳广告大奖有感》，《广告大观》，2008.8

［5］纪辛，《大卫·肯尼：所有战略决策始于人》，《国际品牌观察》，2010.7

［6］蒋科峰，《央视黑马"标王"难以再现》，《中国商界》，2011.12

［7］刘晓玲，《士力架营销主打运动和能量》，《国际公关》2012.1

［8］钱丽娜，《打开麦当劳叔叔的魔法盒》，《商学院》，2016.1

［9］易阳，《士力架的"饿货"营销》，《光彩》，2016.9

［10］张菁，《4A公司充满危机感，他们却说这是广告的黄金时代》，《第一财经周刊》，2016.10

学位论文：

［1］赵雨田，《耐克广告的文化传播研究》，西安体育学院，2013.5

［2］王成，《耐克公司社会化媒体营销策略研究》，北京体育大学，2015.5

［3］江钰青，《可口可乐品牌文化的嬗变》，黑龙江大学，2015.1

［4］朱津亿，《无印良品的符号消费研究》，吉林大学，2015.5

网络资源：

[1]《懂你，爱你：达克宁的"小V日记"》，每日头条，AndyTsai，2011.9

[2]《伊莎贝尔2011：结婚，其实还不错》，广告门，陈雯斐，2011.9

[3]《红派壹号平板电脑号称领导专用》，金羊网，2012.1

[4]《读完你就懂了！传统商业、电子商务、移动电商的区别到底在哪？》，市场部网，2014.12

[5]《麦当劳其实是个艺术设计公司，为了卖汉堡也是蛮拼的》，墙艺术，2015.1

[6]《NIKE最全热血文案全集》，文案与美术，2015.4

[7]《揭秘可口可乐"Open Happiness"广告语为何被换掉？》，bq1208，2016.1

[8]《5个创新案例告诉你，为什么说产品创新是营销新趋势》，SocialBeta，2016.5

[9]《2016戛纳广告节促销类金奖作品赏析》，PConline，2016.6

[10]《钻石的存在只是证明了这个世界是何等荒谬》，知乎，2016.9

[11]《为什么人们都说沃尔沃是"最安全的汽车"？》，Rosy SocialBeta，2016.10

[12]《未来广告代理商的形态会是什么样？》，Juni SocialBeta，2016.10

[13]《Airbnb是如何通过邮件营销为用户创造更好的旅行体验的？》，Webpower SocialBeta，2016.10

[14]《周末来碗毒鸡汤，提神又醒脑》，CMO俱乐部，2016.11

[15]《营销部门请注意！别被数字广告坑了》，CMO俱乐部，2016.11

[16]《有一种经典，叫<左岸咖啡馆>》，shukewenzhai，2017.6

[17]《周六撩起来，看杜蕾斯的感恩节品牌调戏》，CMO俱乐部，2017.11

[18]《国际品牌如何取好"中文名"？》，CMO俱乐部，Jerry/Jack，2017.5

后 记

Postscript

　　这本教材于2015年确定书名和写作内容，却拖至2017年底才完成写作，虽然很大程度上是因为一些无可奈何的个人原因，但还是颇感惭愧。

　　个人在进入高校前曾在4A公司的创意部工作8年，经历过广告人频频自嘲的所谓焚膏继晷的职业生涯，只不过每次回首，都将其视为趣事。但这段经历所造成的心理定势，却仿佛保留了下来，总在等一个更好的想法，总在等一个有感觉的时刻，总在等一个Deadline。2017年6月，和中国建筑工业出版社李主任、唐主任一行参加了"艺术设计专业图书出版暨教学研讨会"，大家曾推心置腹地谈到了学科的发展，也曾信誓旦旦地定下了最后的截稿期，但最终又拖了个把月。

　　广告的发展是日新月异的，营销模式的更新换代也快到可以用沧海桑田来形容。但内心总是暗想，固然是拖延了，有些东西应该是不会变的吧，就像那句歧义重重的名句"老兵不死，只会逐渐凋零！"按照个人的理解，说的应该是本质不灭，只是换了形式和内容而已。所以，作为形式的广告纵然换了无数种马甲，内在的实质却还是那些东西，换句话说，关心的还是人，研究的还是人，最后还是要做给消费的人看的。

　　本书只是一本普通的教材，一路走来，也离不开众人的关心、支持和帮助。首先要感谢建工出版社编辑部的各位老师，在写作过程中，有幸得到了唐旭、吴佳等老师的协助，尤其是李东禧主任，一位颜值爆表、情商过人的魅力人物，一位既为我们提供机会，也对我们宽容以待的出版界大哥。其次，还要感谢我们的合作团队，本系列丛书的撰写团队主要来自北京工业大学和天津工业大学的广告系教师们，其中，天津工业大学的高彬老师既是我们的丛书主编，又在其间承担了很多额外的工作，所以，必须在这里表示深深的感谢，至于北工大团队的各位成员，则原本就是朝夕相处的同事兼好友，感激之情更在不言之中了。

　　尽管颇有志向，但由于篇幅有限，以及在编写过程中的一些周折，使本书的讲述并不能做到期待中的全面和完整，在此，希望读者能够通过相关书籍或网络查阅以进行弥补。同时，由于个人水平和经验的有限，使本书中存在许多瑕疵，也敬请各位读者给予批评和指正。

　　作者声明：书中部分资源来自网络，如有引用不当之处，请与出版社联系以便进行弥补。